L 9
SUR FRIEDRICHSHAFEN
République du Niger
Poste Aérienne
150F
RETROSPECTIVE ZEPPELIN

Deutsche Luftpost
Hundert Jahre
Graf Zeppelin
25

500F
POSTE AÉRIENNE
DIRIGEABLE ''HINDENBURG'' 1933
''RHEINGOLD EXPRESS'' 1933
HINDENBURG
ETAT COMORIEN

DER ZEPPELIN

Michael Bélafi

Motor
buch
Verlag

Einbandgestaltung: Luis dos Santos

Bildnachweis:
Wo nicht anders erwähnt, stammen die Aufnahmen und Abbildungen vom Autor oder den Archiven von Brandenstein-Zeppelin, Horn, Krug, Provan, von Gablenz, Wolfgang von Zeppelin.

ISBN 978-3-613-03409-9

1. Auflage 2012

Sie finden uns im Internet unter www.motorbuch-verlag.de

Lektorat: Alexander Burden
Innengestaltung: Luis dos Santos
Druck und Bindung: Stürz GmbH, 97080 Würzburg
Printed in Germany

Inhalt

DER MYTHOS ZEPPELIN

25. MÄRZ 1874. AUF DEM KRANKENBETT SCHREIBT EIN KAVALLERIEOFFIZIER IN SEIN TAGEBUCH: »DAS FAHRZEUG WÜRDE AUF DIE DIMENSION EINES GROSSEN SCHIFFES AUSZURECHNEN SEIN«.

Die junge Frau schaut besorgt auf ihren vom Schüttelfrost geplagten Mann. Zum x-ten Mal hat sie frische Eiswickel um seine Waden und die Stirn gelegt, auch Dutzende Schröpfköpfe und Blutegel angesetzt – doch das Fieber will nicht sinken.

Dabei liegt der schwere Reitunfall doch schon einige Tage zurück. Vor einer Woche, am frühen Morgen des 18. März 1874, stürzte das Pferd des Kommandeurs der 5. Schwadron des Schleswig-Holsteinischen Ulanen Regiments Nr. 15 und begrub seinen Reiter unter sich, der kein anderer war als Ferdinand Graf von Zeppelin.

Nachts, im Fieber, wollte seine Frau ihren Ohren nicht trauen: Ihr Ehemann fantasierte von »fliegenden Schiffen« und »Passagieren, die durch die Luft fliegen« und dabei schneller am Ziel sind als mit der Eisenbahn oder den flinksten Pferden.

FERDINAND
GRAF VON ZEPPELIN

Sie spricht ihren Mann am nächsten Morgen nicht darauf an. Es wäre ihr peinlich gewesen, ihn in Verlegenheit zu bringen, denn selbstverständlich waren das lächerliche Fantastereien eines gemarterten Hirns. Und so vergisst sie vollständig die seltsamen Träume.

Ganz anders Zeppelin. Befreundete Stabsoffiziere hatten ihm zuvor einen großen Stapel Bücher und Zeitschriften der verschiedensten Genres angeschleppt, damit er sich ablenken könne. Darunter war der druckfrische Vortrag seines Verwandten im 21. Grad »Weltpost und Luftschifffahrt« von Heinrich von Stephan.

Ein Viertel Jahrhundert später baute der Nichtingenieur Zeppelin einen Luftschifftyp, der seitdem alle (fälschlicherweise) Luftschiffe bezeichnet: Zeppelin. Warum gelang gerade ihm diese unvergleichliche Leistung? Keine Erfindung ist mit dem Namen seines Schöpfers so eng verbunden wie beim Zeppelin.

Wie kam es, dass seine Erfindung zuerst zu dem nationalen Symbol des Kaiserlichen Deutschlands wurde und dann von den Nationalsozialisten schamlos missbraucht und schließlich vernichtet wurde? Dass diese uns auch heute noch fasziniert und die auch in abgeschotteten und exotischen Ländern Asiens, Südamerikas und Afrikas nicht unbekannt ist, obwohl dort nie ein Zeppelin je gesehen wurde?

Was machte den Giganten der Lüfte um so Vieles besser als seine nationale und internationale Konkurrenz, trotzdem dort zum Teil kapitalkräftigere Sponsoren, ja sogar der Staat selbst Regie führte? Und warum versagte die vermeintliche Wunderwaffe Zeppelin so kläglich im Ersten Weltkrieg? Musste die große Zeit der Friedenszeppeline Mitte der 1930er Jahre so jäh enden, wie sie endete?

Schließlich stellt sich die Frage, ob Zeppeline, ob Luftschiffe heute überhaupt noch eine Daseinsberechtigung und eine Zukunft haben.

Vor dem Hintergrund der spannenden Biografie des Grafen Zeppelin versucht das Buch hierauf Antworten zu finden und die Geschichte und Zukunft der Luftschifffahrt uns näher zu bringen.

GENERALPOSTMEISTER HEINRICH VON STEPHAN, VERSCHWÄGERT IN DER SEITENLINIE IM 21. GRAD MIT FERDINAND GRAF VON ZEPPELIN.

ZEPPELIN

Graf Zeppelin mit seiner Frau Isabella und Tochter Helene (genannt Hella) am Ende seiner militärischen und diplomatischen Laufbahn, Saarburg 1890.

FERDINAND MIT SEINER UM ZWEI JAHRE ÄLTEREN SCHWESTER EUGENIA IN ELTERLICHER OBHUT, 1839. IHR JÜNGERER BRUDER EBERHARD WURDE DREI JAHRE SPÄTER GEBOREN.

ARISTOKRATENSOHN MIT SORGLOSER KINDHEIT

2. AUGUST 1838. KONSTANZ. PFARRER PARTENHEIMER: »AM ACHTEN JULI, EINTAUSEND ACHTHUNDERT ACHT UND DREISSIG, MORGENS HALB ELF UHR, WURDE DAHIER EHELICH GEBOREN EIN KNÄBLEIN, UND DEN ZWEITEN AUGUST GETAUFT: FERDINAND ADOLPH AUGUST HEINRICH«.

Keiner der wenigen Taufpaten und Beurkundungszeugen konnte an jenem schönen Augusttag auch nur im entferntesten ahnen, dass dieses kleine Bündel Mensch, das da in den Armen seiner Mutter lag, nach einem nahezu abgeschlossenen, völlig andersartigen Berufsleben, ein neues Kapitel Technikgeschichte schreiben und hierin so eng wie kein anderer vor und nach ihm seinen Namen mit seiner Erfindung, Zeppelin = Zeppelin, verbinden würde.

Der Name Zeppelin – ursprünglich Zepelin – tauchte im Mecklenburgischen erstmals gegen Ende des 13. Jahrhunderts auf. Dort erinnert noch heute die kleine Ortschaft Zepelin bei Bützow an die Urheimat des Grafen Zeppelin. In dieser Region lebten die Herren von Zepelin jahrhundertelang als Gutsherren. Seit dem Dreißigjährigen Krieg verdingten sie sich verstärkt auch als Offiziere und Söldner in vielen europäischen Heeren. Drei Abkömmlinge derer von Zeppelin kamen in Württembergischen Dienst und übten dort hohe Ämter in Verwaltung, Diplomatie und Militär aus. Aus dem jüngeren gräflichen Zweig stammte der Vater Zeppelins. Da die Württemberger den Namen anders betonten als die Mecklenburger, fügten sie das doppel »p« ein..

Mütterlicherseits zeichneten sich die Vorfahren Zeppelins durch ganz andere Wesensmerkmale aus. Der Urgroßvater des Grafen Zeppelin kaufte vom österreichischen Kaiserhaus die kleine Insel in Konstanz samt dem darauf stehenden, inzwischen aber säkularisierten, Dominikanerkloster. Einzige Auflage: In den dortigen Gebäuden ist Gewerbe anzusiedeln. So entstand im heutigen »Inselhotel« eine Kattunfabrik. Sie erlebte einen erstaunlich raschen Aufschwung. David Macaire, der Sohn des Firmengründers, führte das Industrieunternehmen fort und erwarb weitere kleine und mittlere Betriebe in der Gegend um Konstanz. Aus seiner Ehe ging Amalia Francisca Paulina, die Mutter des Grafen Zeppelin hervor. In denselben Räumen des umgebauten Dominikanerklosters, in denen seine Mutter geboren wurde, erblickte 22 Jahre später, am 8. Juli 1838, Graf Zeppelin das Licht der Welt.

Zu dieser Zeit hatten sich die Eltern des Grafen bereits vom württem-

Schlossgut Girsberg in Kreuzlingen/Schweiz. In der Bildmitte das ehemalige Wohnhaus der Familie Zeppelin.

Zeppelin als 15jähriger Realschüler an der polytechnischen Schule.

bergischen Hofleben verabschiedet und waren in die Fußstapfen der mecklenburgischen Ahnen getreten. Sie übernahmen das Schlossgut Girsberg in Kreuzlingen in unmittelbarer Nähe von Konstanz. Fast alle landwirtschaftlichen und handwerklichen Arbeiten lernte sich der Graf an und erledigte sie zumeist auch selbst. Außerhalb der Erntezeit hatte er zumeist nur einen Gehilfen. Dabei stand der kleine Ferdinand natürlich nicht abseits, zumal andere Ablenkungen wegen des etwas abgelegenen Gutes sich selten anboten.

Für die Bildung der drei Kinder Eugenia, Ferdinand und Eberhard wurde ein Hauslehrer angestellt.

Bildung und Erziehung der jungen Zeppelins unterschieden sich erheblich von den damals in aristokratischen Kreisen üblichen Maßstäben. Vor allem die Naturwissenschaften, aber auch Geschichte und Geografie standen bei Hauslehrer Moser im Vordergrund. Viel Zeit und Mühe verwandte er für die Entwicklung eines guten Sprach- und Schreibstils seiner Zöglinge. Noch heute bestechen die Korrespondenzen, Artikel und Aufsätze Zeppelins durch ihre klare Ausdrucksweise und hohe Schreibkunst. In den Hunderten handschriftlichen Dokumenten des Grafen, ja selbst in seinem mehrer Bände fassenden Tagebuch sind ihm keine bemerkenswerten orthographischen oder grammatikalischen Fehler unterlaufen.

Moser richtete nach eigenem Bekunden sein Hauptaugenmerk stets auf die Herausbildung selbständigen Denkens und Arbeitens und eines freudvollen Lernens. Im Gegensatz zu ihrem Lehrer beherrschten alle Zeppelins die französische Sprache von Haus aus perfekt.

Die Kinder nutzten die herrliche Landschaft und den nahen Bodensee ganzjährig für allerlei körperliche Betätigungen, weshalb der spätere Luftschiffbauer möglicherweise von Kinderkrankheiten verschont blieb. Diesen Lebensstil behielt er auch später streng bei. Gewiss nicht zufällig wies er zeitlebens eine erstaunliche Gesundheit auf.

Nach dem Tod der Mutter im Jahre 1852 verpachteten die Zeppelins Girsberg und siedelten nach Gut Münster bei Cannstatt, um die weitere Schulbildung der beiden Jungen höheren Lehranstalten zu überlassen. Moser war an der Grenze seiner Lehrkunst angelangt, insbesondere in Fragen der Trigonometrie und Analysis, aber auch der Sprachen fühlte er sich überfordert.

Ferdinand wurde bei seiner Vorliebe für die Naturwissenschaften in die Abschlussklasse der lateinlosen Real- und Polytechnischen Schule in Stuttgart eingeschult.

Der Besuch einer Polytechnischen Schule war für einen Angehörigen seiner Klasse durchaus nicht gewöhnlich.

In ganz Deutschland waren um diese Zeit mehrere Polytechnische Lehranstalten gegründet wurden. Ihre Aufgabe bestand darin, die rasch zunehmende wechselseitige Durchdringung der exakten Naturwissenschaften und der modernen Technik zu befördern, wofür sich die meisten traditionellen Universitäten in ihren erstarrten Strukturen noch nicht geöffnet hatten. Aus einigen Polytechnischen Schulen entwickelten sich später die Technischen Hochschulen und Universitäten. An der Stuttgarter Einrichtung lehrten oder studierten ein knappes halbes Jahrhundert später die für das Zeppelinprojekt so außerordentlich bedeutsamen Techniker und Technikwissenschaftler von Bach, Kober, Kübler, Dürr, Daimler, Maybach und Baumann.

Zeppelin war sich in jenen Jahren über seinen weiteren Lebensweg noch nicht endgültig klar geworden. Das unterschied ihn durchaus nicht von Jugendlichen seines Alters. Er war wissbegierig, fleißig und gehörte mit seinen schulischen Leistungen zu den Besten seiner Klassenstufe. Der Halbwüchsige war von den naturphilosophischen Anschauungen Rousseaus fasziniert und ein überzeugter württembergischer Patriot mit einer dementsprechend antipreußischen Haltung.

Kadett, Technikstudium, Generalstabsoffizier

Dezember 1859. Eugenia, seine Schwester, an Zeppelin: »...ich dem Herrn Generalstabe sehr dankbar wäre, wenn er Dich ein wenig ausschnaufen liesse«.

Nach Abschluss der Polytechnischen Schule fiel es Zeppelin nicht leicht, der Tradition seiner Familie folgend, eine militärische Laufbahn einzuschlagen, zumal sein Vater ihm bei der Berufswahl freie Hand ließ.

Dennoch trat Ferdinand am 21. Oktober 1855 als Kadett in die Königliche Kriegsschule in Ludwigsburg ein. Sie war dem Generalquartiermeisterstab direkt unterstellt. Aber offensichtlich fühlte sich der junge Zeppelin an dieser Kadettenschule nicht so recht wohl, denn immer wieder erlitt er kurzzeitige seelische Depressionen. Der praktizierte Drill widersprach dem Wesen des jungen Mannes.

Nach Abschluss der dreijährigen Kriegsschule wurde Zeppelin am 20. September 1858 zum Leutnant befördert und kurz darauf zum Generalquartiermeisterstab in Ludwigsburg abkommandiert.

1858 als Leutnant im Generalquartiermeisterstab in Ludwigsburg.

In den deutschen Generalquartiermeisterstäben dienten ausgewählte technisch talentierte Offiziere. Zu ihnen zählte zweifellos auch Zeppelin, trotz seines jungen Alters und der fehlenden Truppen- und Kriegspraxis.

Allerdings blieb der Graf nur ein knappes Viertel Jahr im Stab. Ihn zog es wieder zurück zum Studium der modernen Technikwissenschaften. Deshalb ließ er sich im November vom Dienst beurlauben und an der Universität Tübingen immatrikulieren. Besonders interessierten ihn die Disziplinen der Mechanischen Abteilung, einer sehr jungen, aufstrebenden Fachrichtung. Deren Absolventen bildeten flächendeckend die Kaderschmiede der künftigen ingenieurtechnischen Elite Deutschlands, insbesondere im Verein Deutscher Ingenieure.

Wäre es nach den Vorstellungen des mittlerweile 21-jährigen Zeppelin gegangen, so hätte seine Studienzeit gewiss länger als nur reichlich zwei Semester gedauert, und es wäre vielleicht ein tüchtiger Ingenieur aus ihm geworden. So aber bedeuteten der Beginn der kriegerischen Auseinandersetzungen des napoleonischen Frankreich mit Habsburg und Italien und die daraufhin erfolgte Mobilmachung in mehreren deutschen Staaten das Ende seiner universitären Ausbildung. Er wurde wieder einberufen und in die Ingenieurtechnische Abteilung des Generalquartiermeisterstabes nach Ludwigsburg versetzt.

Die Ingenieurtechnischen Abteilungen der Stäbe und Armeen sowie die Artillerieschulen verkörperten zu jener Zeit noch am ehesten den technischen Fortschritt innerhalb der feudalen Armeen Europas. Während innerhalb der Kavallerie und den meisten anderen Waffengattungen der Adel, oft ohne Rücksicht auf besondere Fähigkeiten des einzelnen, fast absolut herrschte und sich aus dünkelhafter Überheblichkeit nahezu jedem Fortschritt versperrte, erkannten einige weitsichtige Vertreter in den Generalstäben und Akademien, dass in den Ingenieurtechnischen Abteilungen und Artillerieschulen die technischen Wissenschaften zu einer wesentlichen Verbesserung der Kriegstechnik führen können. Sie ermöglichten damit zahlreichen befähigten, aber weniger protegierten Adligen und auch Bürgerlichen bzw. Wissenschaftlern den Zugang zu Führungspositionen in diesen militärischen Bereichen.

Deshalb, so war Zeppelin überzeugt, werde er gerade hier jenes Umfeld vorfinden, in dem er am besten und nutzbringend für die Verteidigung seiner württembergischen Heimat wirken könne.

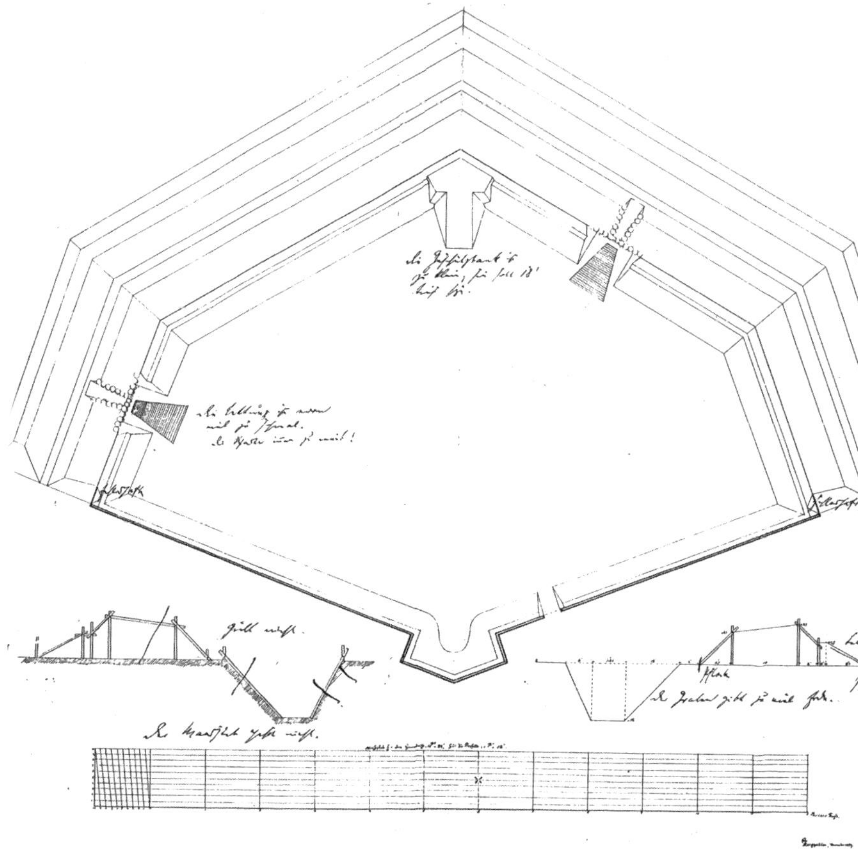

ZEICHNUNG ZEPPELINS AUS DER GENERALSTABSARBEIT »DIE BEFESTIGUNG« 1859.

In der Ingenieurtechnischen Abteilung des Generalquartiermeisterstabes fertigte Graf Zeppelin 1859 seine erste bemerkenswerte umfangreiche ingenieurtechnische Arbeit unter dem Thema »Die Befestigung« an.

In ihr stellte er neben seinem beachtlichen ingenieurtechnischen auch sein überdurchschnittliches mathematisches und geodätisches Wissen unter Beweis.

Zeppelin blieb knapp vier Jahre im Generalquartiermeisterstab und festigte und erweiterte sein Wissen in Topographie, Ballistik, Statik und Befestigungskunde - alles Disziplinen, auf die er später bei seinen bahnbrechenden Überlegungen zum Bau eines starren Luftschiffes erfolgreich zurückgreifen konnte.

Gefesselte Beobachtungsballons gehörten zu den Kriegstechniken der Unionsarmee.

Freiwilliger und Abenteurer im Sezessionskrieg

März 1863. Zeppelin erklärt seinem Vater, warum er nach Amerika reist: »Ich hoffe, den Gegenstand, den ich mir zum Hauptstudium meines Lebens wählen musste, den Krieg, einmal mit Händen zu fassen in seiner blutigen Wahrheit«.

In den letzten Monaten seiner Ludwigsburger Zeit, also bis zum Frühjahr 1863, war Zeppelin fast ständig auf dienstlichen Reisen durch halb Europa. Diese intensive Reisetätigkeit geschah auf allerhöchste Anordnung des Generalquartiermeisterstabes. Der Geheimauftrag für den Stabsoffizier könnte gelautet haben: Wie kann auch in Zukunft unter militärischen Gesichtspunkten die Souveränität Württembergs gesichert werden? Wie sind die militärischen Potenzen der europäischen Staaten einzuschätzen? Welche Bündnispartner wären im Krieg mit Frankreich oder im Falle eines Bruderkrieges zwischen Preußen und Habsburg für

Graf Zeppelin (3. v. li.) mit einigen Offizieren des Generalquartiermeisterstabes.

Als Zivilist inspizierte Zeppelin im Jahre 1863 über mehrere Monate hinweg verschiedene Armeen beider Gegner im Amerikanischen Bürgerkrieg.

Württemberg denkbar?

In der ersten Etappe bereiste Zeppelin Österreich, Frankreich und Italien, wo man ihn auf Grund der traditionell guten Beziehungen seiner Familie zu den dortigen Herrscherhäusern und seines weltmännischen Auftretens sowie seiner guten Fremdsprachenkenntnisse überall gern empfing.

Die zweite Etappe führte Zeppelin nach Nord- und Westeuropa, so nach England, Belgien und Dänemark. Auch hier öffneten sich ihm Türen, die anderen verschlossen blieben.

Einen interessanten Höhepunkt und Abschluss seiner intensiven militärpolitischen Studienreisen als württembergischer Generalstabsoffizier bildete die Exkursion nach Amerika, wo der seit zwei Jahren entbrannte Bruderkrieg zwischen den Süd- und den Nordstaaten im Frühjahr 1863 noch einmal eskalierte.

Kein Krieg war bis dahin so ausführlich dokumentiert worden. Die europäischen Militärs konnten deshalb sehr aufmerksam jede einzelne Schlacht verfolgen. Graf Zeppelin reichten die Zeitungsberichte aber nicht. Er wollte vor Ort sein.

Am 30. April stach er von Liverpool aus in See Richtung Amerika. In New York angekommen, erhielt er eine Einladung von Präsident Abraham Lincoln ins Weiße Haus.

Hier muss erwähnt werden, dass Zeppelin neben drei hochstehenden französischen Gesandten der einzige Ausländer war, den Lincoln als offiziellen Kriegsberichterstatter je legitimierte. Was Zeppelin reichlich ausnutzte.

In Philadelphia hatte Zeppelin das Glück, die »reizende Nichte« des Befehlshabers der Konföderierten, General Lee, so gut kennen zu lernen, dass diese ihm einen »warmen

ZEPPELIN INMITTEN DES STABES VON GENERAL GILMORE (SITZEND) IN CHARLESTON.

Empfehlungsbrief« an ihren Vater überreichte, der ihm bei einer möglichen Gefangennahme wenigstens das Leben retten sollte.

Nach einem fast siebenmonatigen Aufenthalt in Amerika kam er jedoch zu einem enttäuschenden Urteil über die Kriegsführung der beiden Seiten: »Nirgends planmäßiges Zusammenarbeiten, kein örtlicher Sicherheitsdienst, keine Aufklärung gegen den Feind, kein Generalstab, keine Karten, keine aus verschiedenen Waffen kombinierten Corps und keine dem Gelände angepasste Taktik«.

Sehr lobend äußerte sich Zeppelin über die Rolle der Freiwilligenheere für Verteidigungszwecke und das auffallend kameradschaftliche Verhältnis der Offiziere zu ihren Mannschaften. Besonders beeindruckte den ingenieurtechnisch bestens ausgebildeten Offizier die Fähigkeit der Amerikaner zur Nutzung der modernen Technik für militärische Zwecke. Sie seien hierbei »sehr erfinderisch«.

Dennoch prägte die Amerikareise des jungen Zeppelin aus einem gänzlich anderen Grund seinen weiteren Lebensweg zum bedeutendsten Luftschiffbauer aller Zeiten: Während einer kurzen Waffenruhe schloss er

Als Artillerist interessierte sich Zeppelin besonders für die Befestigungstechnik der Amerikaner, hier eine Parrot-Kanone mit einer Reichweite von 6 km.

Zeppelin an einer 7,6-cm-Kanone.

sich einer Abenteuerreise an, die zwei Russen mit zwei indianischen Begleitern in den noch »wilden« Nordwesten der USA unternahmen.
Am Ende dieser abenteuerlichen Expedition gelangte Zeppelin nach St. Paul in Minnesota, wo er sich wieder der Potomac-Armee anschließen wollte.
Doch dort kam es am 17. August 1863 zu einem bemerkenswerten Treffen zwischen dem Grafen und dem deutschstämmigen Ballonpiloten John H. Steiner, der der Luftschiffertruppe als Aufklärer mit einem am Boden gefesselten Wasserstoffballon angehörte
Wäre nicht Zeppelin der Passagier gewesen, mit dem Steiner am 18. August 1863 in einem Fesselballon aufstieg – niemand hätte jemals von dieser Auffahrt Notiz genommen. Aber Zeppelin war nicht irgendwer. Er ahnte die fantastischen Möglichkeiten, die künftig ein lenkbarer Ballon bieten könnte. An seinen Vater schrieb er später: »Während ich über St. Paul schwebte, hat mich die Idee der Luftnavigation beeindruckt« .
Aber er wusste, dies hatte ihm Steiner in vielen Gesprächen ausführlich erklärt, dass die derzeitige Wissenschaft und Technik noch meilenweit von der Lösung des Problems der Lenkbarkeit eines Ballons entfernt waren.

ZEPPELIN (MIT GESCHULTERTEM GEWEHR) ALS ABENTEURER IM QUELLGEBIET DES MISSISSIPPI.

HAUDEGEN IM DEUTSCH/ FRANZÖSISCHEN KRIEG

2. SEPTEMBER 1870. SEDAN. KAISERPROKLAMATION. ZEPPELIN AN SEINE FRAU ISABELLA: »ES IST EIN GROSSES, DEN GRÖSSTEN TAG DES JAHRHUNDERTS MITERLEBT ZU HABEN«.

Am 10. April 1865, eineinhalb Jahre nach seiner Rückkehr in seine Heimat und anschließendem Dienst in Ludwigsburg, folgte Zeppelin gern dem Wunsch seines Königs Karl I. von Württemberg in dessen königliche Adjutantur.
Mitte der sechziger Jahre des 19. Jahrhunderts spitzte sich die nationale Frage in Deutschland zu. Preußen beanspruchte die uneingeschränkte Vormachtstellung. Graf Zeppelin fühlte sich in jener Zeit noch als überzeugter Partikularist, der zwar nach einem außenpolitisch und militärisch starken Deutschen Bund strebte, aber eine Großmacht Preußen innerhalb des Bundes und auf Kosten der anderen Staaten strikt ablehnte. Im Juli 1865 bezweifelte er in seinen Aufzeichnungen, dass Preußen das »allgemein deutsche Interesse vertreten könne und wolle». Noch deutlicher wurde er im Mai ein Jahr später: »Wir sind durch die traurige Raubritter-Politik Preußens in eine Lage geführt worden, dass der drohende Krieg beinahe wünschenswerter erscheint, als die unbestimmte Verlängerung durch auf die Dauer unhaltbare Zustände«. Bismarck bezeichnete er als »nicht fein, aber rücksichtslos und gewalttätig«. Und schließlich: »Es ist Pflicht des Bundes, gegen Preußen vorzugehen«. Selbstverständlich behielt er diese Gedanken für sich.
Kurz darauf kam es zum »Bruderkrieg«. Aber er endete nicht nur schneller, sondern ganz anders als von Zeppelin vorhergesehen. Schon Ende Juli schlug er unter dem Eindruck der totalen preußischen Überlegenheit seinem König die Kapitulation vor, die wenige Tage später erfolgte. Österreich als bisherige Schutzmacht der süddeutschen Staaten wurde endgültig aus dem Bund ausgeschlossen.
Zeppelin erhielt in Würdigung seiner Verdienste das Ritterkreuz des Württembergischen Militärverdienstordens.
Gemäß einer Abmachung aller deutschen Bundesstaaten erfolgte nun die Abordnung der fähigsten Stabsoffiziere für ein halbes Jahr zur Taktischen Abteilung des Großen Generalstabes nach Berlin. In Württemberg fiel die Wahl ausgerechnet auf Graf Zeppelin.
In diese Zeit seines Berliner Aufenthaltes fiel die Bekanntschaft mit Isabella von Wolff aus Livland, seiner späteren Frau. Nach ihrer Vermählung zog es die jungen Zeppelins zusammen mit dem Vater wieder zurück nach Girsberg.

GRAF ZEPPELIN ALS FLÜGELADJUTANT DES KÖNIGS VON WÜRTTEMBERG 1869.

Wie glücklich das junge Paar in Girsberg lebte, geht aus einem Brief Isabellas an ihren Bruder vom 15. Oktober 1869 hervor: »Unser Aufenthalt (in Girsberg-M.B.) ist eine köstliche

FAMILIENIDYLLE AUF GIRSBERG: GRÄFIN UND GRAF ZEPPELIN (IM FENSTER), DARUNTER SCHWESTER EUGENIA UND BRUDER EBERHARD (STEHEND LINKS) SOWIE IHR VATER (RECHTS SITZEND).

unvergleichlich glückliche Zeit, wir leben in stiller Zurückgezogenheit. Keine Pflichten und Einladungen entreißen mir meinen Mann und unser Haus wird nicht von fremden Menschen überhäuft. Oh, solch ein Leben ist unbeschreiblich«.

Doch diese romantische Zeit sollte nur ein knappes Jahr andauern, denn der Krieg mit Frankreich warf seine Schatten immer deutlicher voraus. Württemberg machte Anfang Juli 1870 mobil. Graf Zeppelin unterstand der Badischen Felddivision bei Karlsruhe.

Da auf deutscher Seite niemand über die gegnerischen Aufmarschpläne Bescheid wusste, entschlossen sich der Badische Brigadekommandeur Generalleutnant von Beyer und sein Stabschef Oberstleutnant von Lesczynski am Abend des 23. Juli 1870, eine Fernpatrouille über die Grenze zu schicken mit der Aufgabe, zu erkunden, wo sich die III. Division des Mac Mahonschen I. Corps befand.

Die Auswahl für die Führung des Trupps war aus mehreren Gründen auf Graf Zeppelin gefallen. Er war Generalstabsoffizier im Rang eines

GRÄFIN UND GRAF ZEPPELIN IM JAHR IHRER VERMÄHLUNG 1869.

Hauptmannes, ortskundig, sprach perfekt Französisch, hatte höchste Ausbildungen absolviert und beste Empfehlungsschreiben aufzuweisen. Bis Wörth verlief der Erkundungsritt erfolgreich und eigentlich hätte Zeppelin hier den Befehl zur Umkehr geben müssen. So aber schickte er lediglich einen Leutnant mit zwei Dragonern mit allen wichtigen Meldungen zurück nach Karlsruhe. Er selbst ritt auf eigene Faust mit dem Rest der Truppe weiter nach Frankreich hinein. Dort wurden sie aber völlig aufgerieben.

Der erste deutsche Tote im noch nicht einmal begonnenen Krieg war das Mitglied des Zeppelinschen Erkundungstrupps Leutnant Winsloe. Alle anderen Mitglieder gingen zum Teil mit erheblichen Verletzungen in französische Gefangenschaft - mit Ausnahme Zeppelins.

Der wagemutige Erkundungsritt Zeppelins ging in die offizielle Kriegsgeschichte beider kriegsführenden Nationen ein und machte ihn weit über die Grenzen Deutschlands bekannt. Voller Stolz auf ihren Mann schrieb seine Frau Isabella am 24. August 1870 an ihren Bruder: »Mein Schatz wird jetzt ganz populär. Da illustriert und componiert man auf die Recogniszierung des Grafen Zeppelin«.

Zeppelin blieb während des gesamten Deutsch-Französischen Krieges im Generalstab. Er nahm als Stabsoffizier auch an mehreren Gefechten und Schlachten teil und wurde hierfür mehrfach hoch geehrt.

Der militärische Sieg der Verbündeten Armeen unter Führung Preußens über Napoleon III. setzte ganz Deutschland in einen noch nie erlebten nationalen Freudentaumel.

Zeppelin war Zeuge der Gefangennahme des Kaisers. An seine Frau schrieb er: »Ich ritt zur Höhe hinan, wo der König von Preußen stand. In weiten Kreisen ringsumher die deutschen Heere in unendlichem Jubel: 'Der Kaiser ist gefangen!' Gottes Wege sind wunderbar«.

Während die deutschen Truppen von Sieg zu Sieg eilend, Paris einkesselten, erfand der französische Generalpostmeister Rampourt eine neue militärische Verwendung des Ballons, indem er alle verfügbaren Freiballons als Flucht- und Transportmittel für Menschen, Brieftauben, Post, Dokumente und Geld nutzte.

Der erste bemannte Ballon verließ bereits am 23. September 1870 von Montmatre aus die Stadt und ging nach drei Stunden Fahrzeit wohlbehalten in Cranconville im Departement Eure nieder. Weitere 65 bemannte Freiballons folgten diesem bis zum 28. Januar 1871, dem Tag der Kapitulation der Pariser Kommune.

Die bedeutendste Persönlichkeit, die sich je in einem Ballon aus einem Kessel befreien konnte, war der Präsident der Franzosen, Gambetta, dem am 7. Oktober 1870 die Ausreise auf diese originelle Weise gelang. Die mit Abstand wertvollste Ladung trug der Ballon »La Bretagne« am 27. Oktober mit sich: Zwecks Ankauf von Waffen und Munition aus Belgien befand sich in einer besonderen Börse des Beauftragten des Finanzministers, Manceau, die riesige Summe von sieben Millionen Francs. Unter denjenigen Deutschen, die die Ballonfahrerei der Franzosen besonders aufmerksam beobachteten, war auch Zeppelin.

DER ERSTE TOTE IM DEUTSCH/FRANZÖSISCHEN KRIEG WAR LEUTNANT WINSLOE VOM ZEPPELINSCHEN ERKUNDUNGSTRUPP.

FLUCHT DES MINISTERPRÄSIDENTEN GAMBETTA AUS PARIS IN EINEM BALLON AM 7. OKTOBER 1870.

Eine steile militärische und diplomatische Karriere endet im Rauswurf

23. Februar 1891. Konstanz. Zeppelin in seinem politischen Testament: »...während der wirkliche Grund für meine Zurückversetzung im Übelnehmen meiner Denkschrift liegt«.

Aus dem Kriege zurückgekehrt, diente Zeppelin wieder überwiegend im Generalstab. Am 3. März 1879 war er zum Oberstleutnant befördert worden.

Im Herbstmanöver 1880 erhielt Zeppelin erstmals probeweise das Kommando über das Ulanen-Regiment Nr. 19 in Stuttgart. Damit war er seinem ehrgeizigen Ziel, Brigadekommandeur zu werden, einen entscheidenden Schritt näher gekommen. Doch die ungewöhnlich steile militärische Karriere brach plötzlich ab.

Am 29. September 1885 entband das Württembergische Königshaus Zeppelin vom militärischen Dienst und schickte ihn für zunächst ein Jahr als Militärbevollmächtigten bei der Württembergischen Gesandtschaft nach Berlin.

In jener Zeit standen in Deutschland tiefgreifende Militärreformen auf der Tagesordnung von Reichstag und Bundesrat. Alle dienten dem Ziel, die verschiedenen Länderarmeen

Generalstabsübungsreise im Herbst 1880. Zeppelin sitzend 2. von links.

unter ein zentrales, preußisches Armeekommando zu stellen. Das aber widersprach den föderalistischen Bestrebungen nicht nur Württembergs. Deshalb sollte Zeppelin alles daran setzen, für sein Land so viel wie möglich an Machtbefugnissen im Militärwesen zu erhalten.
Zeppelin muss eine sehr gute Arbeit in Berlin geleistet haben, denn schon nach einem Jahr berief ihn sein König zum höchsten Diplomaten in Berlin, zum Gesandten. Gleichzeitig vertrat er ab nun sein Land im Deutschen Bundesrat.
Der Bundesrat hatte schon damals die Gesetzesinitiative und musste zu allen Gesetzesvorlagen angehört werden. So beschäftigte sich Zeppelin in jener Zeit ganz besonders intensiv mit allen aktuellen staatspolitischen und ökonomischen Fragen.
Nach Ablauf der vereinbarten Frist schied Zeppelin auf eigenen Wunsch am 12. Januar 1890 aus dem diplomatischen Dienst aus. Er erhoffte sich die Rückkehr in den Militärdienst und die Übertragung einer lukrativen Führungsstelle. Da aber im Augenblick keine württembergische Brigade frei war, bat man ihn, vorerst in Berlin zu bleiben und eventuell eine preußische Kavalleriebrigade zu übernehmen. Diese Zeit nutzte Zeppelin für eine »Denkschrift betreffend die Stellung in personellen Angelegenheiten der Kgl. Württembergische Offiziere«, was er lieber hätte bleiben lassen sollen, denn sie wurde ihm zum Verhängnis. Es war wohl sein erster und letzter entscheidender politischer Fehler in seiner bisher so glänzend verlaufenen Karriere. Für ihn persönlich war die Denkschrift ein geistiger »Befreiungsschlag« - für die Luftschifffahrt ein einmaliger Glücksmoment.
Seine Streitschrift gipfelte in der ultimativen Forderung, dass die Verschmelzung der württembergischen mit der preußischen Armee nie stattfinden dürfe. Aber genau das war das strategische Ziel aller aktuellen Militärreformen.
Damit hatte er den Bogen weit überspannt, und die Reaktionen seiner Gegner ließen nicht lange auf sich warten. Kaiser Wilhelm II. tadelte die Denkschrift zwar noch mit der milden Bemerkung ab: »Bin sehr erstaunt über die hier zu Tage tretenden partikularistischen Ideen«. Doch einflussreiche Kreise in der engsten preußischen Militärführung fühlten sich auf das Heftigste brüskiert und holten zu einem hinterhältigen Gegenschlag aus, der nicht heftiger sein konnte.
Denn plötzlich erhielt Zeppelin Ende März 1890 den Auftrag, zwei Ulanenregimenter für das Herbstmanöver vorzubereiten. Danach soll-

GRAF ZEPPELIN ALS WÜRTTEMBERGISCHER GESANDTER IN BERLIN 1887.

te über die weitere Verwendung Zeppelins als Truppenkommandeur entschieden werden. Eine weitere Bewährungschance billigte man ihm nicht zu.

Das Urteil über seine Führungsqualitäten während des Herbstmanövers war vernichtend. Am meisten traf Zeppelin der Vorwurf, er wäre gegenüber seinen Untergebenen »zu weich«.

In seinem »Politischen Testament« vom 23. November 1890 schrieb Zeppelin über die Gründe hierfür aus seiner Sicht: »Das Nachstehende zur Kenntnis der mir Nahestehenden insbesondere einst meines Kindes und wenn Gott ihr einen braven Mann schenkt, auch dessen, bestimmt… Ich falle wegen der Beurteilung, die mir der Kavallerie-Inspekteur von Kleist hat zuteilwerden lassen… Vermutlich hat er meine Fügsamkeit für Schwäche gehalten und meine ruhige Art gegen Untergebene für Mangel an Energie«.

Aus Verdruss und wegen jeglicher Perspektivlosigkeit als Offizier stellte Zeppelin am 18. November 1890 sein Abschiedsgesuch an König Karl, in dem er auch an das Versprechen vom 2. April 1887 erinnerte, ihm beim Ausscheiden die allerhöchste militärische Pension zu gewähren.

Das freiwillige Ausscheiden aus allen militärischen Diensten war Zeppelin nicht leicht gefallen, entsprach aber ganz seiner konsequenten und aufrechten Gesinnung. Die Verabschiedung samt der Pensionsforderung wurde ihm am 29. Dezember 1890 genehmigt. Zuvor war er am 18. November zum Generalleutnant befördert worden. Die Stellung als General à la suite des Königs von Württemberg wurde ihm auf Lebenszeit belassen.

Zeppelin sprach später nur ungern über jene Zeit, weil er die alten Wunden nicht aufbrechen und seine neuen Pläne nicht gefährden wollte. Und im Übrigen war er materiell sehr weich in den vorzeitigen Ruhestand gefallen.

GRAF ZEPPELIN (LI.) ALS MITGLIED DES DEUTSCHEN BUNDESRATES 1889.

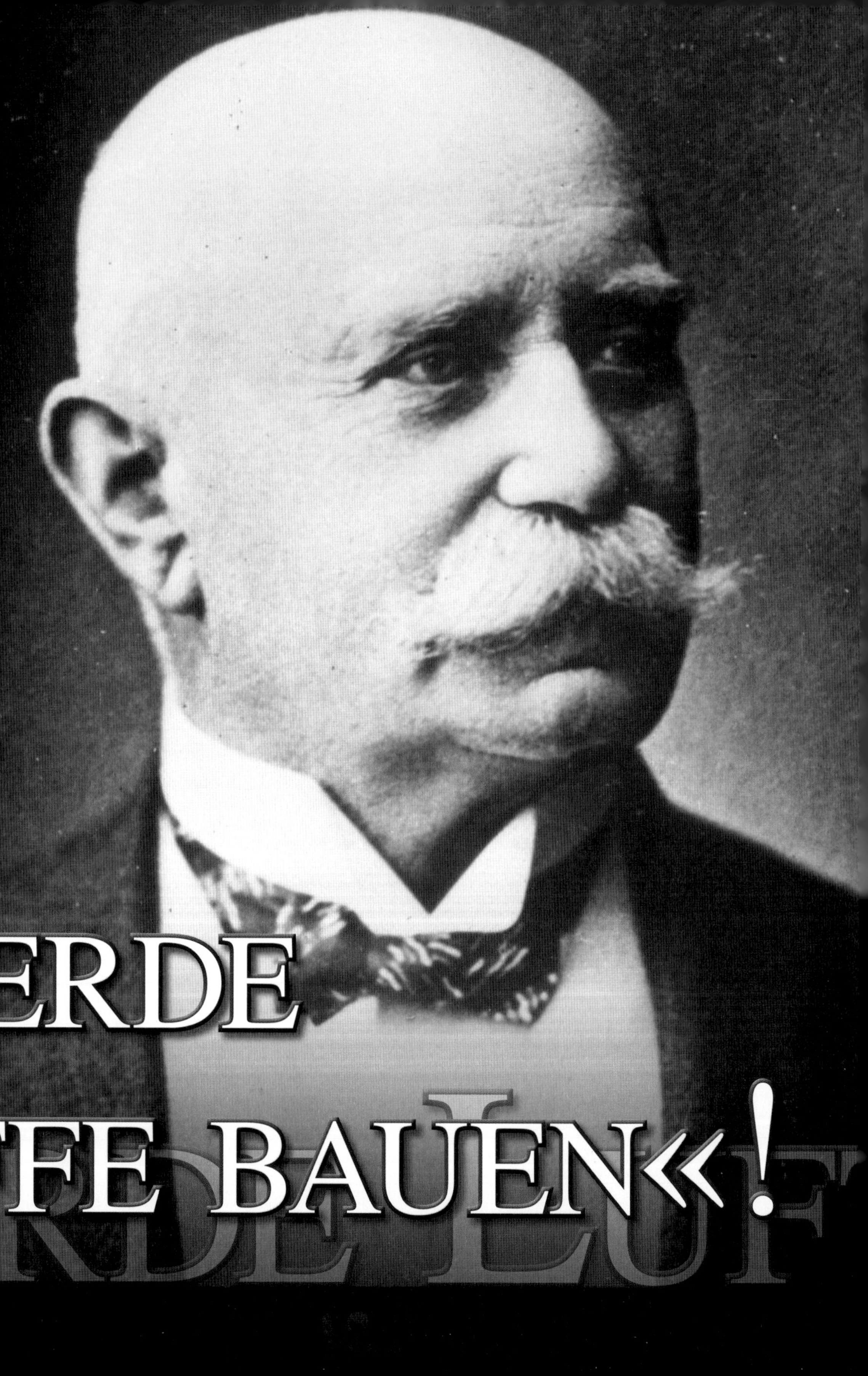

»Ich werde Luftschiffe bauen«!

SCHIFFE BAUEN«!

Zeppelin bringt seine alten Pläne auf den neuesten Stand der Technik

Juni 1891. Zeppelin an Generalstabschef Schlieffen: »Jetzt, wo ich nichts besseres mehr wirken darf und die Meinung der Menschen nur meiner Person, aber keinem Berufe, in dem ich stünde, mehr wehe tun kann, habe ich jene Gedanken (über die Möglichkeit ein Luftschiff zu bauen – M.B.) wieder aufgegriffen und ihnen Gestalt gegeben«.

»Jene Gedanken« Zeppelins lagen zu diesem Zeitpunkt mehr als ein Viertel Jahrhundert zurück. Inspiriert hatte ihn damals die druckfrische Lektüre des Vortrages von Generalpostmeister Stephan über »Weltpost und Luftschifffahrt«.

Auf insgesamt vier Seiten skizzierte Zeppelin am 25. und 26. März 1874 fast alle Grundprinzipien seines späteren Luftschiffprojektes.

Die wichtigsten: »Das Fahrzeug würde auf die Dimension eines großen Schiffes zu berechnen sein«. Mit 20.000 m^3 war es zweifellos von gewaltiger Größe gegenüber den bis dahin gebauten Luftschiffen (Giffard 1852: 3200 m^3, de Lome 1872: 3500 m^3 und Haenlein 1872/74: 2400 m^3).

»Die Steuerung geschieht wohl am besten mit möglichst geringem Konstruktionsgewicht durch Segeltuchsteuer am Bug und Stern (Heck – M.B.)«.

In seinem Tagebuch berechnete er am 26. März logarithmisch in wenigen Gleichungen 4. Grades (!) die Maße für das Fahrzeug: Im Durchschnitt 12 m breit, 30 m hoch und 60 m lang. Er ging von 20 Passagieren zuzüglich Nutzlast aus.

Die Fahrzeugform sollte »dem Körper des Vogels entsprechend« sein.

Zwar hatte er schon in seinen ersten Aufzeichnungen für den Tragkörper einzelne Gasräume vorgesehen, doch das später so einzigartige filigrane räumliche Fachwerk aus Längsträgern und Ringen, Streben und Seilen, das das Wesen des »starren Systems« ausmacht, tauchte in seinen Aufzeichnungen erst Anfang der 1890er Jahre auf. Damals nannte er die Ringe noch »senkrecht zur Längsachse stehende Wände«.

Zeppelin erkannte früher als die meisten Luftschiffbauer seiner Zeit (im Tagebuch bereits am 26. März 1874 vermerkt) dass die endgültige Lösung eines brauchbaren Luftschiffes erst gelingt, wenn der »Bau geeigneter Antriebsmaschinen« erfolgt ist. Erst »danach müssen die effektivsten Propellerformen und –größen gefunden werden«.

Damals standen weltweit nur die Muskelkraft, die Dampfmaschine, der Gas- und der Elektromotor als

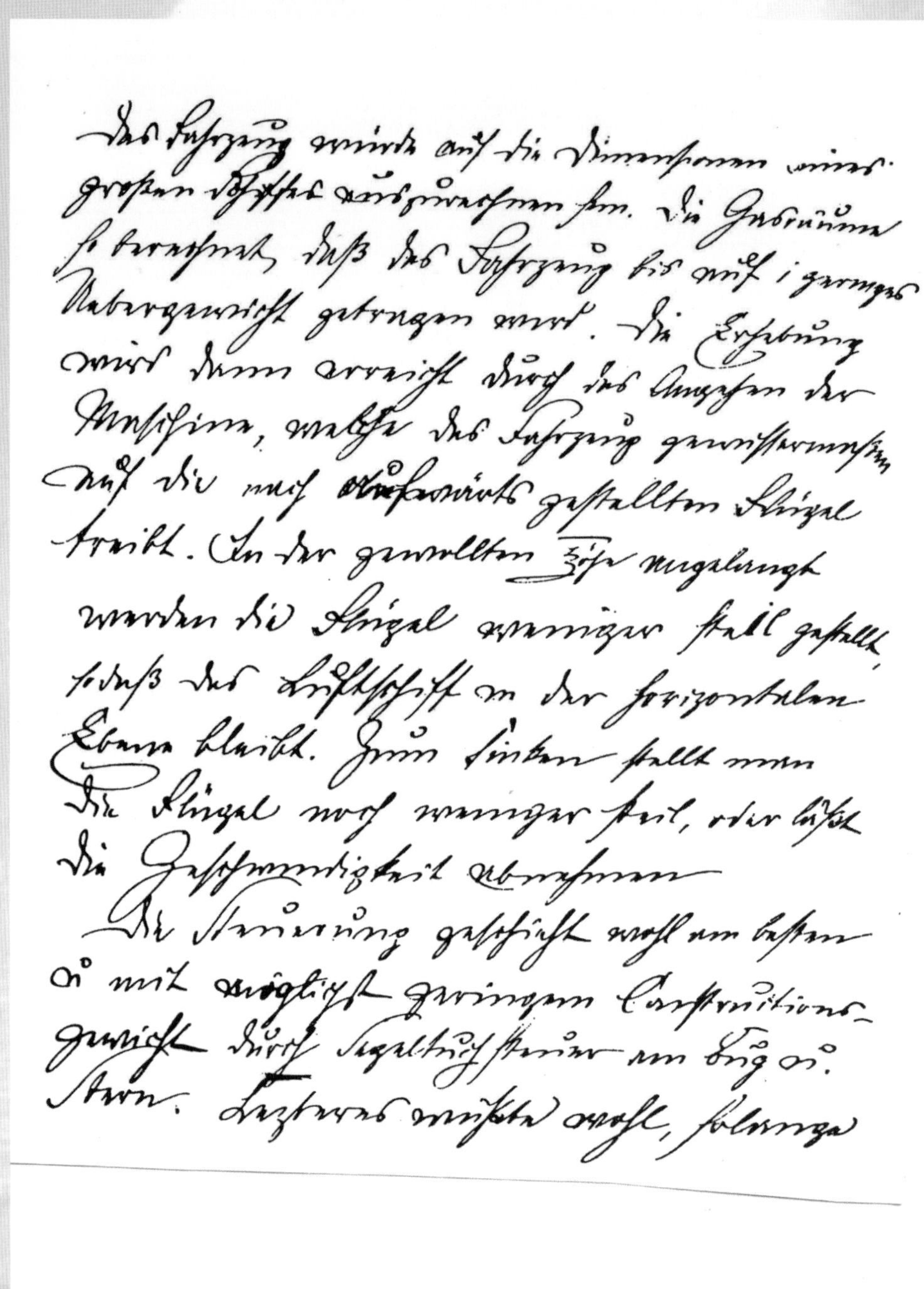

Erste konkrete technische Vorstellungen Zeppelins über das künftige Luftschiff in seinem Tagebuch vom 25. März 1874.

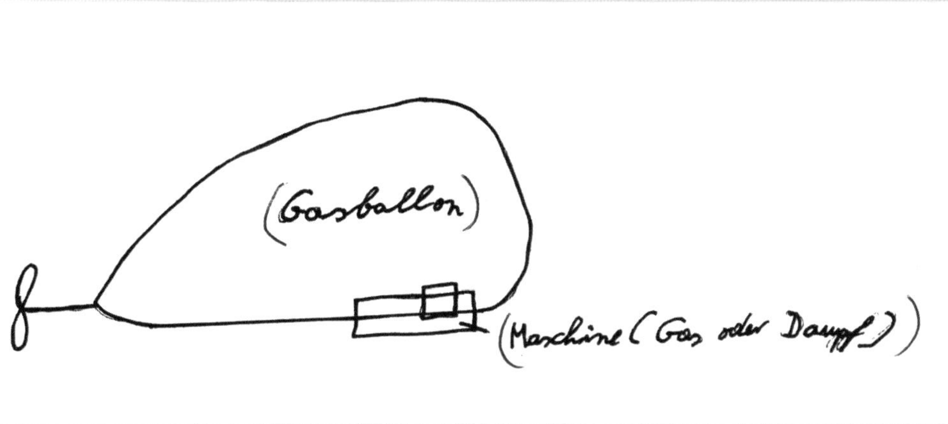

9.1.1884. Zeppelin: »Jetzt würde ich folgende Form wählen«.

Die »La France« war das erste lenkbare Luftschiff der Welt, 1884.

Antriebskraft für das Luftschiff zur Verfügung. Doch mit diesen Antrieben konnte das Problem »lenkbares Luftschiff« nicht gelöst werden, wie die gescheiterten Experimente von Giffard (Dampfmaschine), De Lome (Menschenkraft) und Haenlein (Gasmotor) nachdrücklich unter Beweis stellten. Sie bildeten allesamt Sackgassen.

Die ursprüngliche Delphin- bzw. Vogelform seines Luftschiffes hatte er Mitte der 80er Jahre aufgegeben. Die Unterseite des Luftschiffes sollte nun annähernd eben sein.

Zeppelin betrachtete sein Luftschiffprojekt von Anfang an auch unter betriebswirtschaftlichen Gesichtspunkten sowohl den Bau als auch die Vermarktung betreffend. Seine Luftschiffe seien »teils Luxusvergnügen« für Touristen, teils Verkehrsmittel. Als »Luftfähren« bezeichnete er sie am 4. April 1875, gedacht für den regelmäßigen Pendelverkehr über Gebirgsketten, Seen, dichte Siedlungsgebiete oder unwegsame Tundren und Sümpfe hinweg.

An die vorwiegend militärische Verwendung seines Luftschiffes dachte Zeppelin erst nach den sensationellen Fahrten des vom französischen Kriegsministerium gebauten Luftschiffes »La France« im August 1884.

Damals legte das Luftschiff unter der Führung der beiden Offiziere Renard und Krebs in Paris eine Strecke von 7,6 km in Form einer liegenden Acht zurück. Die bis dahin beispiellose Fahrt dauerte 23 Minuten bei einer Durchschnittsgeschwindigkeit von 5,5 m/s. Die Welt stand Kopf, denn die Verwirklichung eines uralten Menschheitstraumes schien greifbar nah.

Hauptmann Renard war felsenfest davon überzeugt, dass sein Luftschiff »im Kriegsfall die größten Dienste zu leisten im Stande wäre. Ja wohl. Wir sind jetzt Herr des Luftballons. Das Ganze ist nun nur noch eine Zeit- und Geldfrage«.

Seltsamerweise wurde aber die »La France« weder als Luftschiff bei der Armee eingeführt noch technisch weiterentwickelt. Alle Konstruktionsunterlagen verschwanden aus nie aufgeklärten Gründen für immer in den Schubfächern des Kriegsministeriums.

Im Frühjahr 1887, als Zeppelin auch noch von einem englischen Kriegsluftschiffprojekt erfuhr, legte er seinem König eine Denkschrift über die Notwendigkeit großer militärischer Luftschiffe für Deutschland vor.

Doch die Denkschrift blieb ohne jeden Widerhall. Auch während eines vertraulichen Gesprächs mit Generalstabschef Schlieffen über die militärische Verwertbarkeit von Luftschiffen fand er kein Gehör. In Deutschland hielt damals niemand die Möglichkeit eines Luftkrieges für realistisch.

Als Zeppelin zur Jahreswende 1890/91 aus allen militärischen und diplomatischen Diensten ausschied und 52jährig Frühpensionär wurde, stand für ihn unwiderruflich fest: Ich werde ein Luftschiff bauen: Man muss es nur wollen – dann gelingt es! Dabei verfügte Zeppelin weder über herausragende ingenieurtechnische Fähigkeiten noch über einfachste aeronautische Erfahrungen im Umgang mit Freiballons und auch nicht über betriebswirtschaftliche Kenntnisse für die Betriebsführung eines Unternehmens, das Luftschiffe bauen soll. Nicht zuletzt fehlte ihm auch das nötige Kapital für die Umsetzung seiner Luftschiffideen. Aus all dem machte er nie einen Hehl. Im Gegenteil.

Was war sein »Erfolgsrezept«? Niemand unter den Luftschiffbauern vor, mit und nach ihm hat die Erkenntnis des führenden Offiziers der Preußischen Luftschiffer-Abteilung (PLA) Moedebeck aus dem Jahr 1887 so beherzigt wie er. Damals schrieb Moedebeck: »Die Zahl der in das Gebiet der Aeronautik eingreifenden exakten Wissenschaften ist eine große. Man wird kaum einen einzelnen Menschen finden, der alle mit der nötigen Gründlichkeit vereinigt, um allein die Konstruktion des Luftschiffes ausführen zu können«.

Deshalb suchte und fand Zeppelin von Anfang an kompetente und begeisterungsfähige Förderer, Partner und Mitarbeiter unter den Koryphäen der technischen Wissenschaften, der besten Motorenbauer und der fähigsten Luftschiffer aus der Preußischen Luftschiffer-Abteilung, nicht zuletzt Moedebeck selbst. Dies dürfte wohl neben vielen anderen der ausschlaggebende Grund dafür sein, dass der oftmals verspottete und vom Missgeschick verfolgte Graf letztlich aber doch zum erfolgreichsten Luftschiffbauer aller Zeiten wurde. Andere, begabtere, reichere oder auch viel großzügiger durch den Staat geförderte Luftschiffbauer konnten mit Zeppelin nicht konkurrieren. Da Zeppelin auch als Unternehmer ein ausgeprägtes soziales Gespür hatte, stets kameradschaftlich und ehrlich – einfach menschlich handelte, hielten seine Mitarbeiter ihm zumeist über viele Jahre, ja sogar lebenslang die Treue. Und das nicht nur in guten Zeiten, sondern auch in jenen Jahren, in denen das Werk Zeppelins zusammen zu brechen drohte.

Das Hauptproblem der Luftschifffahrt bestand von Anfang an in der Motorenfrage. Gerade aber die unmittelbare württembergische Heimat des Grafen hatte sich in dieser Zeit zum Zentrum der leistungsfähigsten Motorentechnik herausgebildet. An ihrer Spitze die beiden Motorenbauer Gottlieb Daimler und Wilhelm Maybach.

Zeppelin wandte sich erstmals am 13. April 1891 an Gottlieb Daimler, um zu erfragen, welche Gewichte dessen neueste 10-PS-Petroleummotoren haben, ob zwei solcher Motoren synchron zusammen arbeiten können, wie deren Drehzahlen zu regeln wären und wie hoch der Kraftstoffverbrauch sei. Auch wollte er Daimlers Meinung zur Verwendung

Gottlieb Daimler, 1886.

von Aluminium für die Motorenanbringung erfahren. Anfang Juli fuhr er selbst zu Daimler nach Stuttgart.

Unabhängig von der Beantwortung dieser speziellen Motorenfragen hatte Zeppelin damals die neue Form seines künftigen Luftschiffes entwickelt, die dann auch mit wenigen Änderungen bei den ersten Zeppelinen zehn Jahre später umgesetzt wurde. Er bevorzugte den zylindrischen Mittelteil an Stelle der frühren vogelähnlichen Form, weil er längst erkannt hatte, dass ansonsten die Versteifung im Inneren des Tragkörpers viel zu kompliziert zu berechnen und zu bauen sei. Bug und Heck waren halbkugelförmig, und unterhalb des Tragkörpers waren alle wichtigen Einrichtungen wie Motoren, Propeller, Ballast, Treibstoff, Gondeln und das Gewicht zur Einstellung der Horizontalachse angeordnet.

Mit den für ihn befriedigenden Antworten Daimlers wagte Zeppelin einen entscheidenden Schritt, indem er sich mit seinem Luftschiffprojekt sowohl an das Württembergische Königshaus als auch an die Preußische Militärverwaltung wandte.

Am 29. Juni 1891 schrieb Zeppelin an Generalstabschef Schlieffen. Er bat um Entsendung eines »in den einschlägigen Fragen gut bewanderten Offiziers der Luftschiffer-Abteilung mit dem vertraulichen Auftrag einer Prüfung meines Objektes«.

Schon am 4. Juli antwortete Schlief-

Neue Form des Zeppelins am 19. April 1891.

Das Kasernement der Preussischen Luftschiffer-Abteilung in Berlin.

Die Offiziere der Preussischen Luftschiffer-Abteilung 1894/95. In der Mitte sich gegenübersitzend Moedebeck und Buchholtz, dahinter Tschudi, rechts vorn sitzend Gross , 2. von links Sigsfeld, dahinter Klussmann.

Der noch vor der Jahrhundertwende von Parseval und Sigsfeld entworfene gefesselte Drachenballon diente im Ersten Weltkrieg als ein unentbehrliches Beobachtungsmittel. Hier ein Einsatz im Jahr 1915 (Foto: Urban)

fen: »Euer Exzellenz teile ich ganz ergebenst mit, wie ich gerne bereit bin, das Ihrerseits aufgestellte Projekt eines lenkbaren Luftschiffes durch einen Offizier der Luftschiffer-Abteilung näher prüfen zu lassen, und zwar ist hierzu der Kommandeur der genannten Abteilung, Hauptmann von Tschudi bestimmt worden«.

Spätestens an dieser Stelle ist es geboten, auf die Preußische Luftschiffer-Abteilung einzugehen. Überraschenderweise wird in der Literatur ihre Rolle bei der Lösung des Problems der motorischen Luftschifffahrt völlig unterschätzt, falsch interpretiert oder ganz negiert. Lag es nur an der strikten Geheimhaltung, die sich wie ein Mantel des Schweigens über diese Elitetruppe von Anfang an legte? Dabei war es gerade die Luftschiffer-Abteilung, die seit ihrer Gründung auf Kaiserlichen Befehl vom 1. Juni 1884 bis zur Herausbildung der deutschen Luftwaffe im Ersten Weltkrieg die Luftschifffahrt und das Flugwesen maßgeblich und nicht selten allein verkörperte.

Im Unterschied zu anderen Luftschifferabteilungen im Ausland bestand die Aufgabe der PLA nicht darin, eigene Kampf-Ballons oder gar militärische Luftschiffe zu bauen, sondern lediglich im kriegsmäßigen Einsatz gefesselter Ballons zu Aufklärungszwecken im Felde oder aus der Befestigung heraus. Daneben prüfte die PLA die eingereichten und international vorhandenen Luftschiffprojekte auf deren militärischer Verwendbarkeit.

2. Juli 1900 um 20:03 Uhr. LZ 1 ist perfekt ausgewogen und beginnt seine historische Fahrt.

Der erste Zeppelin wird gebaut und steigt auf

August 1900. Hauptmann Moedebeck: »Wir sehen im vorliegenden Versuch nur den ersten schüchternen Schritt und rufen daher allen Beteiligten zu: Weiter!«

Zeppelin nutzte die ersten Julitage des Jahres 1891, um sich intensiv auf den Besuch Tschudis vorzubereiten, aber auch, um neue, zum Teil überraschende Hypothesen aufzustellen. So notierte er in seinem Tagebuch unter dem 4. Juli: »Die Schrauben rechts müssen rechts drehen, die linken links drehen«. Und tatsächlich drehten die Propeller aller Zeppeline von LZ 1 bis LZ 130 in diesen Richtungen.

Am 10. Juli besuchte Zeppelin erneut Daimler in dessen Motorenfabrik in Cannstatt. Trotz aller Bemühungen gelang es dem Grafen zwar nicht, ihn von seiner Luftschiffidee zu überzeugen. Aber immerhin lieh ihm Daimler seinen Ingenieur Theodor Groß als Berater aus.

Drei Tage später fuhr Zeppelin zu dem Ballonbauer August Riedinger nach Augsburg. Riedinger tüftelte damals gemeinsam mit den beiden Offizieren der PLA Parseval und Sigsfeld am Prinzip »schwerer als Luft«, nachdem sie dem Luftschiffprojekt keine Chancen mehr gaben. Und auch sie rieten Zeppelin, seine Ideen nicht weiter zu verfolgen.

Das Treffen mit Tschudi fand am 24. Juli statt. Es verlief aus Sicht des Grafen positiv, denn Tschudi ermutigte ihn, »das von mir ausgeheckte Projekt für ein Ballonschiff zur Aus-

führung zu bringen«. Damit stand für ihn fest: Ich baue das Luftschiff. Die Kosten hierfür bezifferte er am 23. August auf 250.000 Reichsmark.
Über Theodor Groß und dessen Bruder Adolf Groß gelangte Zeppelin im Oktober 1891 an jenen Mann, der für mehr als 15 Jahre zu einer der wichtigsten Schlüsselfiguren im gesamten Zeppelinprojekt werden sollte: Carl von Bach, Professor für das Maschinen-Ingenieurwesen an der Technischen Hochschule Stuttgart. Er gilt als der Begründer der modernen statischen Elastizitäts- und Festigkeitslehre. Im schroffen Gegensatz zur herausragenden Rolle Bachs im Zeppelinprojekt ist seine Person in der gesamten Zeppelin-Literatur nie entsprechend gewürdigt worden. Zumeist wurde er nicht einmal erwähnt.
Nach einem intensiven Briefwechsel zwischen Theodor Groß, Professor Bach und Adolf Groß schrieb Zeppelin am 27. Oktober an Bach: »Wie mir ein Telegramm des Herrn Theodor Groß mitteilt, haben Sie die Güte gehabt, Ihr Erscheinen im Bureau der Eßlinger Filiale in Cannstatt für nächsten Donnerstag 3 ½ Uhr zuzusagen, um von meinem Entwurf genauere Kenntnis zu nehmen…«.
Zum Jahresende 1891 traten im Verhältnis zwischen Zeppelin und Theodor Groß unüberbrückbare Spannungen auf, die schließlich zur Trennung führten. Er suchte von Anfang an nach einem interessierteren »jüngeren Mann«.
Diesen vermittelte ihm Professor von Bach: Es war der 26-Jährige Theodor Kober.
Kober hatte damals gerade eine knapp zweijährige Anstellung bei Riedinger in Augsburg hinter sich. Ihm traute der Professor zu, die hohen Erwartungen des Grafen zu erfüllen, schließlich kannte er dessen »energischen, weitsichtigen, zielbewussten und arbeitsfreudigen Charakter«, denn am 22. April 1890 hatte Kober bei ihm die Diplomprüfung mit dem Prädikat IIb (ziemlich gut bis gut) bestanden.
Am 1. Mai 1892 begann Kober seine Tätigkeit bei Zeppelin. Der Arbeitsvertrag war auf zwei Jahre befristet. Sein Gehalt betrug im ersten Jahr 4000 Mark und im zweiten 5000

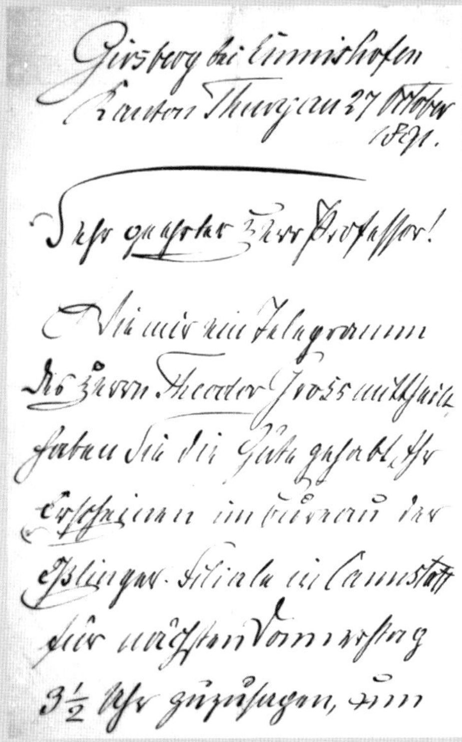
Girsberg bei Emmishofen
Canton Thurgau 27 October
1891.

Sehr geehrter Herr Professor!

Wie mir ein Telegramm
des Herrn Theodor Gross mittheilt
haben Sie die Güte gehabt Ihr
Erscheinen im Bureau der
Esslinger Filiale in Cannstatt
für nächsten Donnerstag
3½ Uhr zuzusagen, um

ZEPPELIN AN PROF. BACH VOM 27. OKTOBER 1891 (TRANSKRIPTION IM TEXT)

PROF. BACH WAR EINER DER WICHTIGSTEN FÖRDERER ZEPPELINS. ER FAND DIE TÜCHTIGSTEN INGENIEURE FÜR DEN GRAFEN UND BAND DEN VEREIN DEUTSCHER INGENIEURE (VDJ) IN DAS PROJEKT EIN.

INGENIEUR KOBER. ER BERECHNETE DEN ERSTEN ENTWURF DES ZEPPELINSCHEN LUFTSCHIFFES.

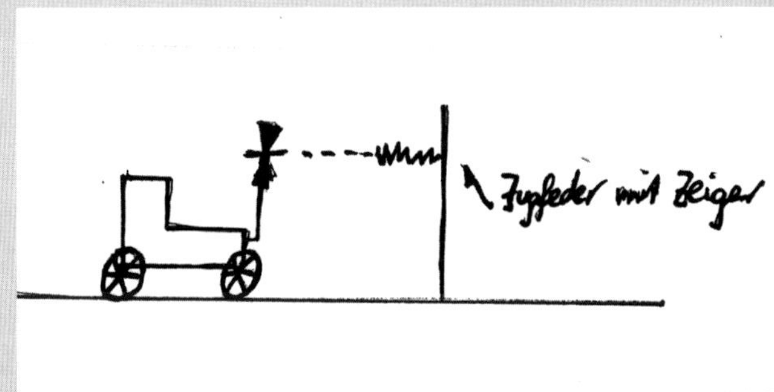

VORSCHLAG ZEPPELINS ÜBER DIE UNTERSUCHUNGEN VERSCHIEDENER PROPELLERDURCHMESSER UND -FORMEN VOM 28. NOVEMBER 1891.

Mark. In den Vertrag schrieb der Graf, Kober solle seine »ganze Kraft der Ausführung und Erprobung der von mir geplanten Luftfahrzeuge widmen und diese Aufgabe im Fall meines früheren Todes für Rechnung und im Interesse der durch mich an dem Unternehmen Beteiligten möglichst zu Ende führen«. Erfreut schrieb Kober an Bach: »Es ist nur zu wünschen, dass es diesem Luftfahrzeug etwas besser geht als denen des Herrn Riedinger in Augsburg. Hier hat sich nämlich infolge langen Misserfolges die stehende Redensart gebildet: 'Bei Herrn Riedingers Luftschiffen fliegt nur das Geld, aber nicht das Schiff'«.

Zeppelin hatte im April 1891 den neuartigen Werkstoff Aluminium als Gerüstmaterial favorisiert. Diese Idee griff Kober auf. Er berechnete den Materialbedarf für das komplette Luftschiffgerüst und ließ sich anschließend, im Sommer 1893, von dem führenden deutschen Aluminiumindustriellen Carl Berg aus Eveking in Westfalen Kostenangebote und Ausführungszeiträume machen. Die Belastungs- und Knickversuche fanden in den Materialprüfanstalten bei Prof. Bach statt.

Am 14. September 1893 wandte sich Zeppelin an den Chef des Generalstabes von Schlieffen. Dabei zitierte er die Stellungnahme Bachs, der »keine stichhaltigen Einwendungen gegen die Richtigkeit meiner Annahmen und Berechnungen« hat. Deshalb möge nun eine Sachverständigenkommission aus Technikwissenschaftlern die prinzipielle Machbarkeit seines Projektes prüfen. Und, falls diese keine unüberwindlichen Fehler entdeckt, verpflichtet sich das Kriegsministerium im Voraus »nach meinen Angaben und unter meiner Leitung, auch an dem von mir bestimmten Orte, zunächst ein Zugfahrzeug bauen und damit Flugversuche anstellen zu lassen«. Dieses Zugfahrzeug wurde intern in Anspielung auf die »La France« anfangs als die »Deutschland« bezeichnet.

Es bestand aus einem 112 m langen und im Durchmesser 11 m großen zylindrischen Aluminiumgerippe, das in vierzehn 8 m lange zylindrische Kammern für die Gashüllen aus chinesischer Seide (7000 m^2 groß und mit 300 kg Firnis getränkt) untergliedert und mit einer Stoffhülle umspannt war. Die vier vierflügeligen Propeller befanden sich paarweise in Höhe des Widerstandsmittelpunktes des Fahrzeugquerschnitts am Ende des ersten und dritten Viertels der Fahrzeuglänge. Die Seitensteuerung sollte durch ein vorn in der Zylindermitte oben und unten angeordnetes, um die vertikale Achse drehbares Ruderpaar bewirkt werden, die Höhensteuerung durch Vor- und Rückwärtsbewegung eines unter der Fahrzeugmitte angebrachten Laufgewichtes. Zwei Daimler-Motoren von je 11 PS und einer Gesamtmasse von 1000 kg sollten dem Luftschiff eine Geschwindigkeit von 9 m/s während einer Fahrtdauer bis zu 20 Stunden verleihen.

Die Idee eines »Luftschleppzuges zur Heeresversorgung« ist erstmalig in seinem Tagebuch vom 25. Oktober 1886 nachweisbar. Am 29. Juni 1891 griff er diesen Gedanken in seinem Schreiben an die Oberste Heeresleitung wieder auf: »Diese Maschinenfahrzeuge sollen aber in den meisten Fällen nicht allein fahren; sondern es werden Transportfahrzeuge für Menschen und Frachtgüter angehängt, dieselben sind vorläufig auf je 500 kg Tragfähigkeit berechnet. Die Vermehrung des Luftwiderstandes ist eine geringfügige: daher die Bildung eines längeren Zuges möglich werden wird«. Zeppelin glaubte, für das Zugfahrzeug würden eine Länge von 67 m und ein Durchmesser von 8 m ausreichen. Zur technischen Umsetzung der Idee des Luftfahrzuges kam es jedoch nie.

Die Prüfungskommission tagte zum ersten Mal am 10. März 1894 im Rektoratszimmer der Technischen Hochschule Charlottenburg. Es war die hochkarätigste, die je ein Luft-

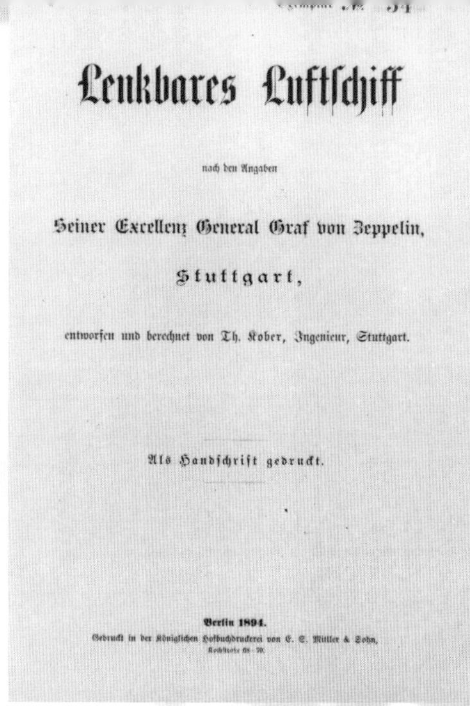

Lenkbares Luftschiff

nach den Angaben

Seiner Excellenz General Graf von Zeppelin,

Stuttgart,

entworfen und berechnet von Th. Kober, Ingenieur, Stuttgart.

Als Handschrift gedruckt.

Berlin 1894.
Gedruckt in der Königlichen Hofbuchdruckerei von E. S. Mittler & Sohn,
Kochstraße 68–70.

Streng limitierte Denkschrift des Grafen Zeppelin über sein Luftschiff.

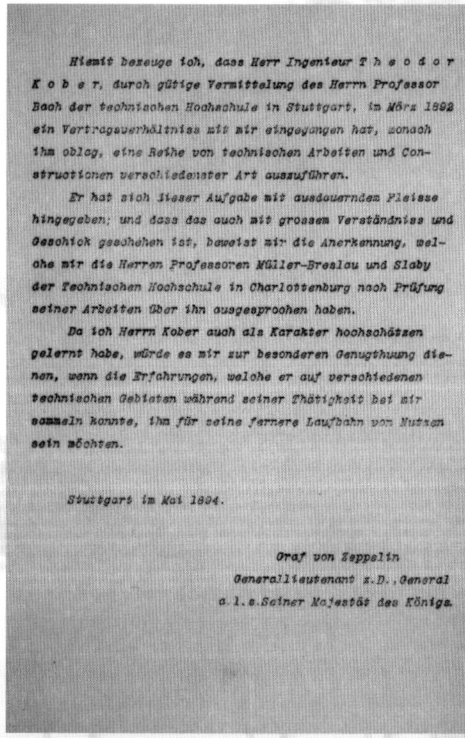

Hiemit bezeuge ich, dass Herr Ingenieur Theodor Kober, durch gütige Vermittelung des Herrn Professor Bach der technischen Hochschule in Stuttgart, im März 1892 ein Vertragsverhältniss mit mir eingegangen hat, wonach ihm oblag, eine Reihe von technischen Arbeiten und Constructionen verschiedenster Art auszuführen.

Er hat sich dieser Aufgabe mit ausdauerndem Fleisse hingegeben; und dass das auch mit grossem Verständniss und Geschick geschehen ist, beweist mir die Anerkennung, welche mir die Herren Professoren Müller-Breslau und Slaby der Technischen Hochschule in Charlottenburg nach Prüfung seiner Arbeiten über ihn ausgesprochen haben.

Da ich Herrn Kober auch als Karakter hochschätzen gelernt habe, würde es mir zur besonderen Genugthuung dienen, wenn die Erfahrungen, welche er auf verschiedenen technischen Gebieten während seiner Thätigkeit bei mir sammeln konnte, ihm für seine fernere Laufbahn von Nutzen sein möchten.

Stuttgart im Mai 1894.

Graf von Zeppelin
Generallieutenant z.D., General
a.l.s. Seiner Majestät des Königs.

Zeugnis Kobers von Graf Zeppelin.

schiffprojekt geprüft hatte. Vorsitzender war auf Vermittlung Bachs kein Geringerer als der damals bedeutendste deutsche Wissenschaftler und Präsident der Physikalisch-Technischen-Reichsanstalt Hermann von Helmholtz. Mitglieder der Kommission waren die international hoch angesehenen Professoren Müller-Breslau (Statik des starren Tragkörpers), Slaby (Fahrzeuggeschwindigkeit) und Aßmann (aerostatische und meteorologische Fragen) sowie Hauptmann Groß von der Preußischen Luftschiffer-Abteilung. Auch dessen Kommandeur Nieber gehörte dazu.

Müller-Breslau stellte die Stabilität des starren Gerüstes in Frage. Deshalb verneinte Groß die militärische Verwertbarkeit des Luftschiffes. Dennoch erklärte Helmholtz vermittelnd »die Entwürfe des Grafen Zeppelin für sehr bemerkenswert und nicht unausführbar und empfahl dem Kriegsministerium deren Sicherstellung« – ohne dies jedoch als abschließendes Urteil der Kommission verstanden zu wissen.

Auch die beiden folgenden Sitzungen der Kommission am 28. Mai und am 10. Juli sowie zahlreiche Kontakte der Wissenschaftler untereinander und mit Bach brachten keinen entscheidenden Durchbruch. Daran änderte auch die Herausgabe einer Denkschrift über sein »lenkbares« Luftschiff an die Mitglieder der Kommission nicht wirklich viel.

Auf Vorschlag von Helmholtz wurde am 10. Juli 1894 folgendes (vorläufiges) Abschlussurteil abgegeben: »Mit Rücksicht auf die Ausführungen des Herrn Professor Müller-Breslau muss dem Königlichen Kriegsministerium angeraten werden, von der Ausführung des Projektes des Generalleutnants Grafen Zeppelin Abstand zu nehmen«.

Zeppelin, inzwischen hatte Kober eine andere Anstellung angenommen, gab aber nicht auf. Im Gegenteil. Er hatte versucht, einige Hinweise Müller-Breslaus zur ungenügenden Statik umzusetzen, die dieser gebührend anerkannte. Auch sei das beschriebene Luftschiff kein Zugfahrzeug für mehrere anzuhängende zylindrische Lastfahrzeuge von 16 bis 40 m Länge, sondern ein in sich abgeschlossenes System.

Gleichwohl hielt Zeppelin an der

Kaiserliches Patentamt.

AUSGEGEBEN DEN 12. AUGUST 1898.

KAISERLICHES PATENTAMT.

PATENTSCHRIFT

— № 98580 —

KLASSE 77: Sport.

Graf F. von ZEPPELIN in STUTTGART.

Lenkbarer Luftfahrzug mit mehreren hinter einander angeordneten Tragkörpern.

Patentirt im Deutschen Reiche vom 31. August 1895 ab.

Den Gegenstand der vorliegenden Erfindung bildet ein lenkbarer Luftfahrzug, welcher im Wesentlichen dadurch gekennzeichnet ist, dafs er aus mehreren beweglich mit einander verbundenen Fahrzeugen besteht, von denen das eine das Triebwerk enthält, während die übrigen zur Aufnahme der zu befördernden Lasten dienen.

Ein derartiger Luftfahrzug ist auf der beiliegenden Zeichnung in Seitenansicht und in verschiedenen Schnitten und Einzeltheilen dargestellt.

Das Zugfahrzeug und die Lastfahrzeuge haben im wesentlichen eine cylindrische Form von gleichem Durchmesser.

Das Zugfahrzeug *Z* (Fig. 1) hat an seinem vorderen Ende eine Spitze x^1 und trägt an seinem hinteren abgeflachten Ende die bewegliche Kupplung *c* (Fig. 3) zum Anhängen der Lastfahrzeuge *L*. Die Lastfahrzeuge haben ebenfalls abgeflachte Enden und sind mit entsprechenden Kupplungen versehen. Das letzte Lastfahrzeug ist an seinem hinteren Ende abgerundet. Der Zwischenraum zwischen je zwei Fahrzeugen wird durch einen cylindrischen Mantel *e* (Fig. 3), welcher sich über die cylindrische Hülle der beiden benachbarten Fahrzeuge legt, abgeschlossen, so dafs sich der Wind nicht in dem Zwischenraum fangen kann.

Um dem Luftfahrzeug eine feste Form zu geben, ist dasselbe mit einem Gerippe aus Röhren *r*, Drahtseilen *s* und Drahtgeflechten *d* (Fig. 1 und 2) versehen, über welches eine äufsere Hülle d^1 aus Seidenstoff oder ähnlichem Material gespannt ist. Versteift wird das Gerippe im Innern durch Zwischenwände *a*, Verticalstreben *v* (Fig. 2), zwischen diesen liegenden Umfangrinnen und Diagonalstreben *w*.

Durch die erwähnten Zwischenwände wird das Luftfahrzeug in einzelne Abtheilungen — Kammern — (Fig. 2) getheilt, in welche entsprechend geformte Gashüllen zusammengefaltet, eingebracht und dann mit Gas gefüllt werden. Diese Anordnung, die jedoch nicht zur vorliegenden Erfindung gehört, sondern durch Patent Nr. 91887 geschützt ist, ermöglicht, die festen Kammern als Gasräume zu benutzen, ohne das Gas bei der Füllung mit der in der Kammer befindlichen atmosphärischen Luft in Berührung zu bringen. Die Füllung geschieht jedoch ohne Beeinträchtigung der durch die äufsere Hülle d^1 stets erhaltenen cylindrischen Form des Fahrzeuggerippes nur bis zu dem Grade, dafs noch der erforderliche freie Raum bleibt für die Ausdehnung des Gases bei Erhebung in gröfseren Höhen und bei Erwärmung. Durch diese beschränkte, aber doch genügenden Auftrieb verleihende Gasfüllung wird erreicht, dafs die erforderliche Gasmenge auch bei Fahrten von sehr langer Dauer erhalten bleibt. Die Gashüllen sind mit Sicherheitsventilen und Auslafsventilen versehen, welche jedoch für gewöhnlich nicht bethätigt werden. Um zu vermeiden, dafs bei langen Fahrten zum Ausgleich der durch Verbrauch von Betriebsmaterial entstehenden Verminderung des zu tragenden Gewichtes Gas aus den einzelnen Hüllen ausgelassen werden mufs, was infolge Eindringens von Luft ein Verderben des Gases zur Folge hätte, werden in einzelnen Kammern neben den Hüllen *o* besondere Nebenhüllen, sogen. Manövrirbehälter *p* (Fig. 4),

Das Patent Nr. 98580 auf einen »Lenkbaren Luftfahrzug mit mehreren hinter einander angeordneten Tragkörpern« des Grafen Zeppelin vom 31. August 1895.

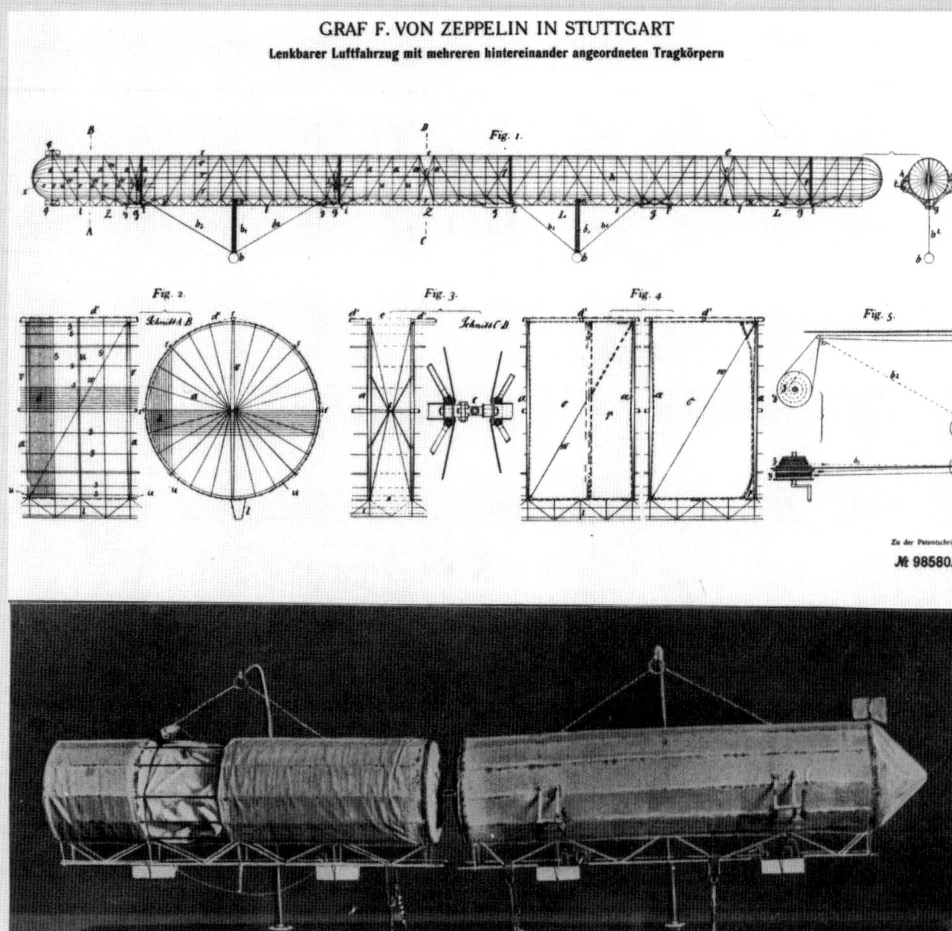

Zeppelin-Patent Nr. 98580 »Lenkbarer Luftfahrzug mit mehreren hintereinander angeordneten Tragkörpern« und das Modell des Luftzuges.

Luftfahrzugidee fest, wie seine beiden Patente Nr. 98580 (Lenkbarer Luftfahrzug mit mehreren hinter einander angeordneten Tragkörpern) vom Mai 1895 und das Zusatzpatent von 1897 belegen. Er hielt diese Idee nicht für unausführbar.

Am 21. Oktober wandte er sich erneut an Schellendorf. Diesmal war der Ton nicht mehr bittend, sondern kühn fordernd. Das musste gewirkt haben, denn tatsächlich berief der Kriegsminister für den 21. Dezember 1894 eine erneute Sitzung der Kommission ein. Die räumte zwar Vieles ein, doch an der Maximalgeschwindigkeit des Luftschiffes von 5 m/s hielt sie unbeirrbar fest. Also war es nicht kriegstauglich.

Mitte Januar 1895 wagte Zeppelin auf Zuraten Bachs einen außergewöhnlich mutigen Schritt, der so recht seinem Wesen entsprach: Er wollte sein Projekt persönlich dem Württembergischen Bezirksverein Deutscher Ingenieure vorstellen.

Es ist aus heutiger Sicht schier unglaublich, dass ihm dies tatsächlich genehmigt wurde, denn der Verein galt als elitäre Vereinigung der hervorragendsten Ingenieurwissenschaftler und Techniker des Landes. Zeppelin hingegen besaß nicht einmal eine abgeschlossene Ingenieurausbildung und war auch noch kein Vereinsmitglied. Sein Vortrag wurde mit großem Beifall aufgenommen und wesentliche Auszüge wurden deutschlandweit veröffentlicht.

Doch auf die Frage der ungenügenden Fahrzeuggeschwindigkeit konnte er keine neuen Antworten finden.

Am 2. März 1895 fand die letzte Sitzung der Staatlichen Prüfungskommission statt. Sie schloss mit dem vernichtenden Urteil: »Die hervorgehobenen Mängel des vorliegenden Projektes sind als so wesentliche zu bezeichnen, dass wir dem Königlichen Kriegsministerium eine Ausführung desselben nicht empfehlen können«.

Zeppelin gab aber immer noch nicht auf. Am 6. Mai 1895 wandte er sich sogar an den Kaiser. Dieser hatte jedoch nur die Bemerkung übrig: »Mag alles Richtigkeit haben, woher soll aber das Geld kommen«? Kriegsminister Schellendorf bemerkte lapidar: »Jules Verne«.

Aus dieser schier ausweglos scheinenden Situation heraus verfasste Zeppelin im Dezember 1895 erstmals einen öffentlichen Aufruf an Freunde und ihm nahestehende Industrielle, Bankiers und Förderer der modernen Technik mit der Bitte

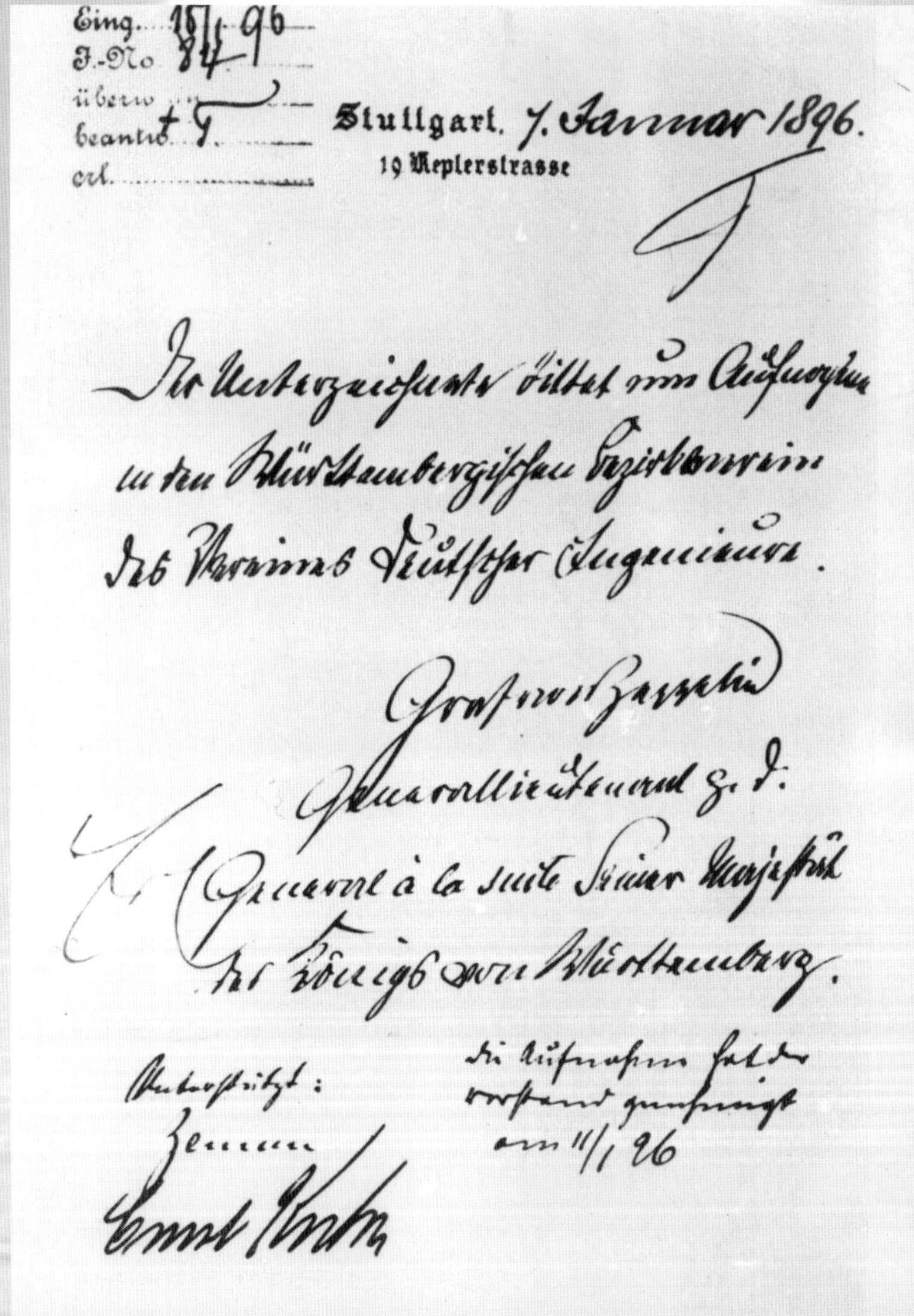
Eing. 18/1 96
J.-No 84

Stuttgart, 7. Januar 1896.
19 Keplerstrasse

Der Unterzeichnete bittet um Aufnahme in den Württembergischen Bezirksverein des Vereins Deutscher Ingenieure.

Graf von Zeppelin
Generallieutenant z. D.
General à la suite Seiner Majestät des Königs von Württemberg.

Unterstützt:

Die Aufnahme hat der Vorstand genehmigt am 11/1 96

Aufnahmeantrag Zeppelins in den VDI vom 7. Januar 1896: »Die Aufnahme hat der Vorstand am 11.1.96 genehmigt«.

um eine großangelegte Spende zu Gunsten seines Luftschiffes, dessen Bau 800.000 Mark kosten würde. Zur Enttäuschung Zeppelins gingen aber nur 100.000 Mark ein.
Das Jahr 1895 endete für Zeppelin widersprüchlich. Zwar hielt die Staatliche Prüfungskommission das Zeppelinprojekt nicht für unausführbar, aber dem Reich empfahl sie es dennoch nicht und den Offizieren der PLA war auch weiterhin jegliche Beteiligung am Zeppelinprojekt untersagt.
Die Reaktion Zeppelins war überraschend. Auf Anregung Bachs bat er um Aufnahme in den VDI, und schon vier Tage später – am 11. Januar 1896 – war er Mitglied in diesem elitären Verein. Kein Geringerer als der Vorsitzende des Württembergischen Bezirksvereins Prof. Zeman bürgte sogar für den Nicht-Ingenieur. Im folgenden Monat referierte Zeppelin vor 435 ausgesuchten Technikern und Technikwissenschaftlern über sein Projekt. Unter den Anwesenden waren auch der württembergische König und der preußische Gesandte. Mehrere Professoren würdigten anschließend das Konzept als »hochbedeutsame, fachmännische Arbeit«, als »rühmliches Zeichen tiefster deutscher Gründlichkeit« und jedenfalls erheblich besser als vergleichbare Luftschiffprojekte wie die »La France«. Bach brachte das Problem auf den Punkt: Die Finanzierung. Es ging um 800.000 Mark. Für Heiterkeit sorgte die Feststellung, dass in Deutschland »im allgemeinen für archäologische Ausgrabungen eher Mittel zur Verfügung gestellt werden, als für Entdeckungsreisen in die Gebiete der Technik«.
Nur wenige Wochen später stellte Zeppelin beim Vorstand des VDI in Berlin den Antrag, eine nur aus Mitgliedern des Vereins bestehende Prüfungskommission zu bilden, die das Luftschiffprojekt fachmännisch prüfen solle. Bei positivem Ausgang wollte er auf Sponsorensuche gehen.

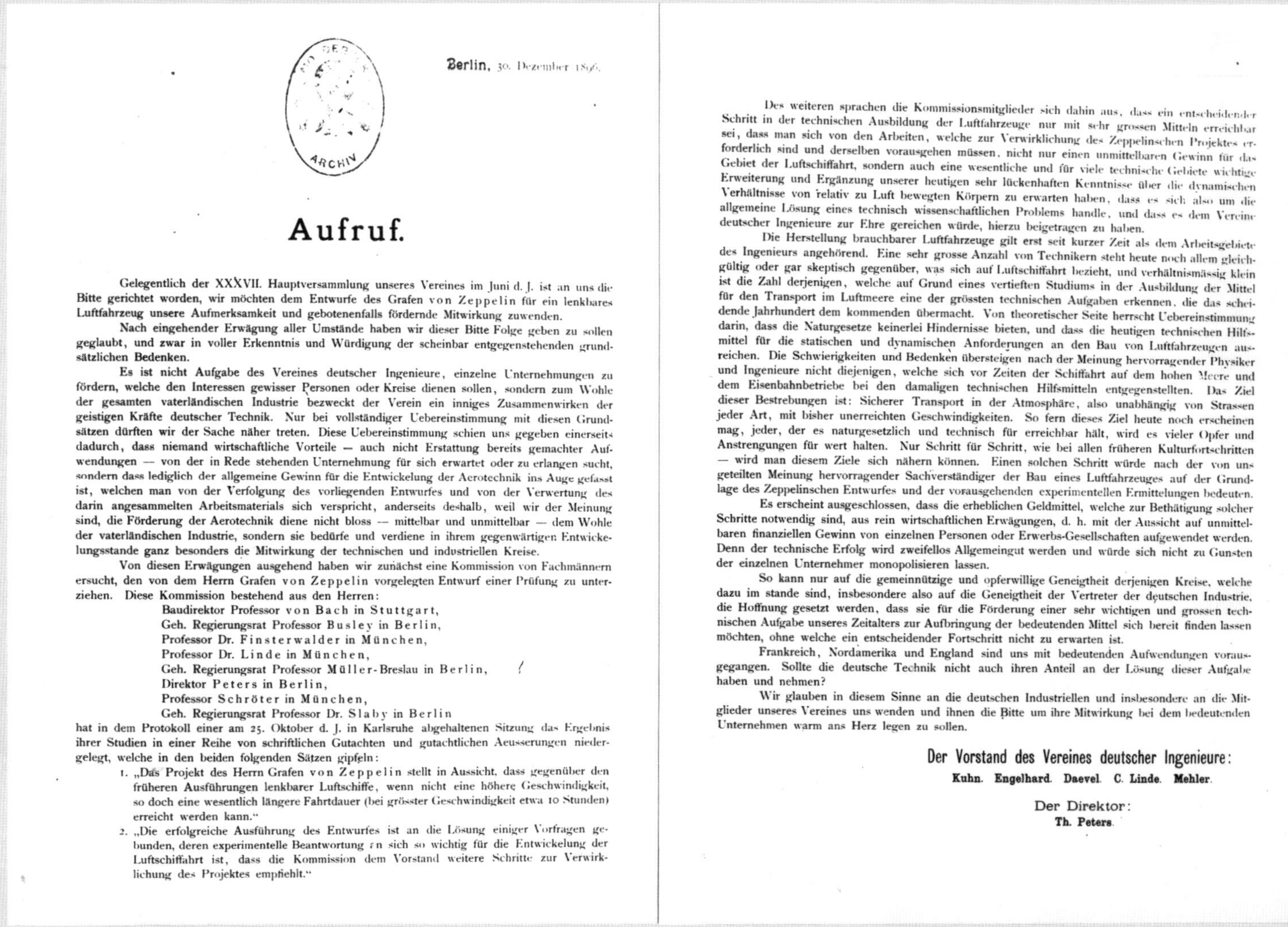
ARCHIV

Berlin, 30. Dezember 1896.

Aufruf.

Gelegentlich der XXXVII. Hauptversammlung unseres Vereines im Juni d. J. ist an uns die Bitte gerichtet worden, wir möchten dem Entwurfe des Grafen von Zeppelin für ein lenkbares Luftfahrzeug unsere Aufmerksamkeit und gebotenenfalls fördernde Mitwirkung zuwenden.

Nach eingehender Erwägung aller Umstände haben wir dieser Bitte Folge geben zu sollen geglaubt, und zwar in voller Erkenntnis und Würdigung der scheinbar entgegenstehenden grundsätzlichen Bedenken.

Es ist nicht Aufgabe des Vereines deutscher Ingenieure, einzelne Unternehmungen zu fördern, welche den Interessen gewisser Personen oder Kreise dienen sollen, sondern zum Wohle der gesamten vaterländischen Industrie bezweckt der Verein ein inniges Zusammenwirken der geistigen Kräfte deutscher Technik. Nur bei vollständiger Uebereinstimmung mit diesen Grundsätzen dürften wir der Sache näher treten. Diese Uebereinstimmung schien uns gegeben einerseits dadurch, dass niemand wirtschaftliche Vorteile — auch nicht Erstattung bereits gemachter Aufwendungen — von der in Rede stehenden Unternehmung für sich erwartet oder zu erlangen sucht, sondern dass lediglich der allgemeine Gewinn für die Entwickelung der Aerotechnik ins Auge gefasst ist, welchen man von der Verfolgung des vorliegenden Entwurfes und von der Verwertung des darin angesammelten Arbeitsmaterials sich verspricht, anderseits deshalb, weil wir der Meinung sind, die Förderung der Aerotechnik diene nicht bloss — mittelbar und unmittelbar — dem Wohle der vaterländischen Industrie, sondern sie bedürfe und verdiene in ihrem gegenwärtigen Entwickelungsstande ganz besonders die Mitwirkung der technischen und industriellen Kreise.

Von diesen Erwägungen ausgehend haben wir zunächst eine Kommission von Fachmännern ersucht, den von dem Herrn Grafen von Zeppelin vorgelegten Entwurf einer Prüfung zu unterziehen. Diese Kommission bestehend aus den Herren:

Baudirektor Professor von Bach in Stuttgart,
Geh. Regierungsrat Professor Busley in Berlin,
Professor Dr. Finsterwalder in München,
Professor Dr. Linde in München,
Geh. Regierungsrat Professor Müller-Breslau in Berlin,
Direktor Peters in Berlin,
Professor Schröter in München,
Geh. Regierungsrat Professor Dr. Slaby in Berlin

hat in dem Protokoll einer am 25. Oktober d. J. in Karlsruhe abgehaltenen Sitzung das Ergebnis ihrer Studien in einer Reihe von schriftlichen Gutachten und gutachtlichen Aeusserungen niedergelegt, welche in den beiden folgenden Sätzen gipfeln:

1. „Das Projekt des Herrn Grafen von Zeppelin stellt in Aussicht, dass gegenüber den früheren Ausführungen lenkbarer Luftschiffe, wenn nicht eine höhere Geschwindigkeit, so doch eine wesentlich längere Fahrtdauer (bei grösster Geschwindigkeit etwa 10 Stunden) erreicht werden kann."
2. „Die erfolgreiche Ausführung des Entwurfes ist an die Lösung einiger Vorfragen gebunden, deren experimentelle Beantwortung an sich so wichtig für die Entwickelung der Luftschiffahrt ist, dass die Kommission dem Vorstand weitere Schritte zur Verwirklichung des Projektes empfiehlt."

Des weiteren sprachen die Kommissionsmitglieder sich dahin aus, dass ein entscheidender Schritt in der technischen Ausbildung der Luftfahrzeuge nur mit sehr grossen Mitteln erreichbar sei, dass man sich von den Arbeiten, welche zur Verwirklichung des Zeppelinschen Projektes erforderlich sind und derselben vorausgehen müssen, nicht nur einen unmittelbaren Gewinn für das Gebiet der Luftschiffahrt, sondern auch eine wesentliche und für viele technische Gebiete wichtige Erweiterung und Ergänzung unserer heutigen sehr lückenhaften Kenntnisse über die dynamischen Verhältnisse von relativ zu Luft bewegten Körpern zu erwarten haben, dass es sich also um die allgemeine Lösung eines technisch wissenschaftlichen Problems handle, und dass es dem Vereine deutscher Ingenieure zur Ehre gereichen würde, hierzu beigetragen zu haben.

Die Herstellung brauchbarer Luftfahrzeuge gilt erst seit kurzer Zeit als dem Arbeitsgebiete des Ingenieurs angehörend. Eine sehr grosse Anzahl von Technikern steht heute noch allem gleichgültig oder gar skeptisch gegenüber, was sich auf Luftschiffahrt bezieht, und verhältnismässig klein ist die Zahl derjenigen, welche auf Grund eines vertieften Studiums in der Ausbildung der Mittel für den Transport im Luftmeere eine der grössten technischen Aufgaben erkennen, die das scheidende Jahrhundert dem kommenden übermacht. Von theoretischer Seite herrscht Uebereinstimmung darin, dass die Naturgesetze keinerlei Hindernisse bieten, und dass die heutigen technischen Hilfsmittel für die statischen und dynamischen Anforderungen an den Bau von Luftfahrzeugen ausreichen. Die Schwierigkeiten und Bedenken übersteigen nach der Meinung hervorragender Physiker und Ingenieure nicht diejenigen, welche sich vor Zeiten der Schiffahrt auf dem hohen Meere und dem Eisenbahnbetriebe bei den damaligen technischen Hilfsmitteln entgegenstellten. Das Ziel dieser Bestrebungen ist: Sicherer Transport in der Atmosphäre, also unabhängig von Strassen jeder Art, mit bisher unerreichten Geschwindigkeiten. So fern dieses Ziel heute noch erscheinen mag, jeder, der es naturgesetzlich und technisch für erreichbar hält, wird es vieler Opfer und Anstrengungen für wert halten. Nur Schritt für Schritt, wie bei allen früheren Kulturfortschritten — wird man diesem Ziele sich nähern können. Einen solchen Schritt würde nach der von uns geteilten Meinung hervorragender Sachverständiger der Bau eines Luftfahrzeuges auf der Grundlage des Zeppelinschen Entwurfes und der vorausgehenden experimentellen Ermittelungen bedeuten.

Es erscheint ausgeschlossen, dass die erheblichen Geldmittel, welche zur Bethätigung solcher Schritte notwendig sind, aus rein wirtschaftlichen Erwägungen, d. h. mit der Aussicht auf unmittelbaren finanziellen Gewinn von einzelnen Personen oder Erwerbs-Gesellschaften aufgewendet werden. Denn der technische Erfolg wird zweifellos Allgemeingut werden und würde sich nicht zu Gunsten der einzelnen Unternehmer monopolisieren lassen.

So kann nur auf die gemeinnützige und opferwillige Geneigtheit derjenigen Kreise, welche dazu im stande sind, insbesondere also auf die Geneigtheit der Vertreter der deutschen Industrie, die Hoffnung gesetzt werden, dass sie für die Förderung einer sehr wichtigen und grossen technischen Aufgabe unseres Zeitalters zur Aufbringung der bedeutenden Mittel sich bereit finden lassen möchten, ohne welche ein entscheidender Fortschritt nicht zu erwarten ist.

Frankreich, Nordamerika und England sind uns mit bedeutenden Aufwendungen vorausgegangen. Sollte die deutsche Technik nicht auch ihren Anteil an der Lösung dieser Aufgabe haben und nehmen?

Wir glauben in diesem Sinne an die deutschen Industriellen und insbesondere an die Mitglieder unseres Vereines uns wenden und ihnen die Bitte um ihre Mitwirkung bei dem bedeutenden Unternehmen warm ans Herz legen zu sollen.

Der Vorstand des Vereines deutscher Ingenieure:
Kuhn. Engelhard. Daevel. C. Linde. Mehler.

Der Direktor:
Th. Peters.

Aufruf des Vereins Deutscher Ingenieure zu Gunsten des Zeppelinschen Luftschiffes vom 30. Dezember 1896.

Bereits Anfang Juni war die Kommission aus ganz Deutschland aufgestellt. Unter ihnen ausschließlich international anerkannte Technikwissenschaftler sowie der Meteorologe Prof. Finsterwalder. Und wieder mit Bach. Aber niemand sollte wissen, dass er ein besonderes Verhältnis zum Grafen hatte. Deshalb schrieb er an Zeppelin: »Ich bitte Sie deshalb im Interesse Ihrer Sache dringend, mich sowohl Herrn Linde als auch Herrn Peters (beide waren Mitglieder der Kommission – M.B.) gegenüber außer Erwähnung zu lassen.«

Am 25. Oktober legte die Kommission ihren Bericht dem Vorstand des VDI vor. Tenor: Die Kommission schlägt dem Vorstand weitere Schritte zur Verwirklichung des Projektes vor. Dieser veröffentlichte am 30. Dezember 1896 jenen denkwürdigen Aufruf des Vereins Deutscher Ingenieure zu Gunsten des Zeppelinprojektes, der in der Luftfahrtgeschichte eine Einmaligkeit darstellte. Nie zuvor hatten sich die deutschen Ingenieure so eindeutig hinter ein Luftschiffprojekt gestellt!

Der Aufruf schloss mit dem dringlichen Appell: »So kann nur auf die gemeinnützige und opferwillige Geneigtheit derjenigen Kreise, welche dazu im Stande sind, insbesondere die Vertreter der deutschen Industrie, die Hoffnung gesetzt werden, dass sie zur Aufbringung der bedeutenden Mittel sich bereitfinden lassen möchten«.

Diese Stellungnahme rief den führenden deutschen Luftfahrtexperten, berühmten Ballonführer und Mitbegründer der Preußischen Luftschiffer-Abteilung, Hermann W. L. Moedebeck, auf den Plan.

Moedebeck spielte für die Entwicklung des Zeppelin-Projektes unter den Aeronautikern und Militärs seiner Zeit die gleiche herausragende Rolle wie Professor Bach damals unter den Technikwissenschaftlern. Auch das Schicksal ihrer späteren Würdigung durch die zahlreichen Zeppelin-Biographen ist sehr ähnlich: Sowohl der Beitrag Bachs als auch jener Moedebecks zur Durchsetzung der Zeppelinschen Luftschiffidee wurde von allen Zeppelin-Biographen, wenn er überhaupt Erwähnung fand, völlig unterschätzt.

Im April 1897 äußerte sich Moedebeck in den Illustrierten Aeronautischen Mitteilungen erstmals über das Zeppelinprojekt: »Wir hegen die feste Zuversicht, dass die Ausführung dieses besten aller bisherigen Projekte die Luftschifffahrt um gute Erfahrungen bereichern wird«. Besser auch als die von der PLA bisher favorisierten Luftschiffe von Wölfert und Schwarz/Berg.

Im unstarren Wölfertschen Luft-

Hauptmann Hermann Moedebeck, Lehrer bei der Lehranstalt der Preussischen Luftschiffer-abteilung in Berlin und entscheidender Förderer Zeppelins.

Gondel und Steuer des unstarren Luftschiffes Wölferts (rechts am Seitensteuer).

schiffprojekt konnte Zeppelin keine Impulse für sein eigenes entdecken. Im Schwarz-/Bergschen im Prinzip auch nicht, weil der vollständig aus Aluminiumblechen gefalzte und genietete Tragkörper viel zu schwer war, um Traglasten, wie sie ihm vorschwebten, heben zu können. Auch zweifelte er die angegebene geringe Stoßempfindlichkeit beim Landen an. Das Problem des Volumenausgleichs bei Temperatur- und Druckänderungen war überhaupt nicht gelöst. Da wähnte er seine Gitterkonstruktion als eindeutig besser. Aber respektvoll bewunderte er die Fertigung des aus 13 Abteilungen bestehenden Tragkörpers.
Berg hatte im Sommer 1897 Zeppelin alle Konstruktionsunterlagen des Schwarzschen Luftschiffes vorgelegt. Daraufhin einigten sie und Bach sich schnell über das weitere gemeinsame Vorgehen bis zur Verwirklichung des Zeppelinprojektes: Sie vereinbarten die Gründung der Gesellschaft zur Förderung der Luftschifffahrt AG mit dem Ziel, »lenkbare Luftfahrzeuge, zunächst auf der Grundlage des von dem Grafen von Zeppelin ausgearbeiteten Entwurfes« zu bauen.
Anfang Januar 1898 wandte sich das Gründungskomitee, gestützt auf den »Aufruf« an die Öffentlichkeit und forderte zur Beteiligung an der ‚Gesellschaft zur Förderung der Luftschifffahrt' auf. Bach hatte mit Verweis auf seinen Beamtenstatus auf eine Mitgliedschaft im Vorstand

Ganzmetallluftschiff von Schwarz/Berg. Es wurde bei seiner ersten Auffahrt am 3. November 1897 bei einer Bruchlandung total zerstört und danach nie weiterentwickelt.

Der Aluminiumindustrielle und enge Förderer Zeppelins Carl Berg.

»Ich werde Luf

Stuttgart, Datum des Post-stempels

Ew.

Gestützt auf den beifolgenden »Aufruf« des Vorstandes des Vereines Deutscher Ingenieure laden wir Sie ergebenst zur Beteiligung an der »Gesellschaft zur Förderung der Luftschiffahrt« ein, welche auf Grund des beiliegenden Statuts errichtet werden soll, sobald das in Aussicht genommene Grundkapital von 1 Million gezeichnet sein wird.

Indem wir es für Pflicht halten, ausdrücklich darauf hinzuweisen, dass der Zweck des Unternehmens zunächst nicht auf unmittelbaren wirtschaftlichen Ertrag, sondern in erster Linie auf die allgemeine Förderung des Luftschiffahrts-Problems gerichtet ist, glauben wir doch hervorheben zu müssen, dass der bei Begründung der Gesellschaft einzuzahlende Betrag von 25 % ausreichend sein wird, um die heute noch offenen Fragen so klarzustellen, dass die weiteren — statutengemäss von besonderen Beschlüssen der Generalversammlung abhängig gemachten — Einzahlungen nur zu solchen Aufwendungen dienen werden, welche mit einem höheren Grade von Sicherheit unmittelbaren Erfolg versprechen.

Wir fügen eine Liste über bereits vorliegende Zeichnungen bei, und erklären uns bereit, eine etwa auf uns fallende Wahl in den Aufsichtsrat der Gesellschaft annehmen zu wollen.

Sie finden in der Anlage einen Zeichnungsschein in dreifacher Ausfertigung, wovon wir Sie ersuchen, **den gesetzlichen Bestimmungen entsprechend, zwei Exemplare**, unter Einsetzung desjenigen Betrages, den Sie zu zeichnen die Güte haben, mit Ihrer Unterschrift versehen an Herrn Kommerzienrat **Ernst Kuhn** in **Stuttgart-Berg** einzusenden.

Hochachtungsvoll

M. v. Duttenhofer, Geh. Kommerzienrat, Rottweil.
A. Gross, Oberbaurat, Direktor der Maschinenfabrik Esslingen.
Ernst Kuhn, Kommerzienrat, Inhaber der Firma G. Kuhn, Stuttgart-Berg.
Dr. C. Linde, Professor an der Technischen Hochschule, München.
Stein, Major a. D., Stuttgart.
Graf v. Zeppelin, Generallieutenant und General à la suite, Stuttgart.

Bis jetzt haben gezeichnet:

Herr	Kommerzienrat **Arnhold**, Berlin	5 000 M	Herr	Kommerzienrat **Merkel**, Esslingen	5 000 M
„	Kommerzienrat **G. Benger**, Stuttgart	5 000 M	„	Geh. Kommerzienrat **Michels**, Köln	2 000 M
„	**S. Born**, Berlin	2 000 M	„	Geh. Kommerzienrat **v. Pflaum**, Stuttgart	2 000 M
„	Ingenieur **G. Daimler**, Cannstatt	4 000 M	„	**Gabriel Sedlmayr**, München	5 000 M
„	Geh. Kommerzienrat **v. Duttenhofer**, Rottweil	10 000 M	„	Geh. Kommerzienrat **G. Siegle**, Stuttgart	10 000 M
„	Professor **Ernst**, Stuttgart	2 000 M	„	Major **Stein**, Stuttgart	1 000 M
„	Geheimrat **M. v. Eyth**, Ulm	1 000 M	„	Geh. Kommerzienrat Dr. **v. Steiner**, Stuttgart	5 000 M
„	Geh. Kommerzienrat **Franck**, Ludwigsburg	10 000 M	„	Kommerzienrat **Fr. Voith**, Heidenheim	2 000 M
„	Oberbaurat **Ad. Gross**, Esslingen	1 000 M	„	Kommerzienrat **R. Wolf**, Buckau	3 000 M
„	Kommerzienrat **Hans Hähnle**, Stuttgart	5 000 M	„	General Graf **Zeppelin**, Stuttgart	2 000 M
„	Bankier **Louis Hagen**, Köln	2 000 M	„	**Carl Poensgen**, Düsseldorf	3 000 M
„	Kommerzienrat **Heidemann**, Köln	5 000 M	„	Dr. **Jul. Scharlach**, Hamburg	2 000 M
„	Geh. Hofrat Dr. v. **Jobst**, Stuttgart	5 000 M	„	**Ph. Holzmann**, Ingenieur, Frankfurt a. M.	5 000 M
„	Kommerzienrat **E. Kuhn**, Stuttgart-Berg	5 000 M	„	**Max Guilleaume**, Köln	2 000 M
„	Fabrikant **E. Laiblin**, Pfullingen	2 000 M	„	**Max Arnhold**, Dresden	2 000 M
„	Professor Dr. **Linde**, München	5 000 M	„	**Fr. Closs**, Böblingen	1 000 M
„	**J. Loewe**, Berlin	2 000 M			

Zeichnungen betragen M. 502000.--, siehe Anlage.

Anschreiben der Gesellschaft zur Förderung der Luftschifffahrt an VDI-Mitglieder und namhafte Industrielle.

verzichtet.

Neben dem denkwürdigen Aufruf des VDI vom 30. Dezember 1896 lag dem Appell noch ein Gutachten von Moedebeck über das Zeppelinsche Luftschiff bei. Darin betonte er dessen Markenzeichen: Sehr großes Volumen (11.000 m³) des schlanken Tragkörpers (Länge: Durchmesser = 11:1) aus einem Aluminiumgerüst mit textiler Ummantelung, Zelleneinteilung (17 dehnbare Ballons) des Tragkörpers, Verwendung zweier unabhängig voneinander laufender Motoren mit je einem Propellerpaar und (nach Überzeugung Zeppelins) einfachste Steuerung: seitwärts durch Steuerruder an Bug und Heck, auf- und abwärts durch Schwerpunktverlegung mit einem tief hängenden verschiebbaren Gewicht

Ferner wurde mitgeteilt, dass das erste Fahrzeug auf dem Bodensee gebaut und getestet wird - ein Novum in der Geschichte der motorischen Luftschifffahrt. Für die Wahl einer Wasserfläche als Bauplatz und Experimentierfeld für das Luftschiff waren für den Grafen Zeppelin mehrere Gründe ausschlaggebend. Der wichtigste war das Ziel einer glatten Landung und sicheren Bergung auf einer hindernisfreien großen Fläche. Außerdem konnte sich die um einen Anker drehbare Halle auf dem See sowohl beim Aus- als auch beim Einhallen relativ problemlos in die gewünschte Windrichtung stellen. Für die Wahl des Bodensees sprach, dass diese Gegend die Heimat des Grafen war und König Wilhelm II. von Württemberg,ein Freund Zeppelins seit seinen Jugendjahren, ihm in Manzell ein Seegrundstück für 99 Jahre kostenlos zur Verfügung stellte. Dagegen nahm Zeppelin in Kauf, dass das Land rings um den Bodensee gegenüber anderen württembergischen Landstrichen und Städten industriell unterentwickelt war und deshalb alle Gerüstteile, die Motoren und Getriebe, das Ballonmaterial, die Gasflaschen – überhaupt alles per Bahn über Hunderte Kilometer weit herangefahren werden musste. Gut ausgebildete Facharbeiter für die Montage standen zudem überhaupt nicht zur Verfügung.

Der Appell des Gründungskomitees der Gesellschaft zur Förderung der Luftschifffahrt hatte einen grandiosen Erfolg. Aus den Kreisen, an die sich der Verein Deutscher Ingenieure gewendet hatte, flossen insgesamt 369.000 Mark. Graf Zeppelin steuerte 431.000 Mark bei, Berg 60.000 Mark in Form von Bauteilen für das

Gerippe des Luftschiffes. Unter den Namen der 65 Aktienzeichner »finden wir viele der wohlklingendsten unserer technischen Wissenschaft und unserer Industrie. Es bietet das an sich wohl schon eine gewisse Gewähr dafür, dass jenes Zeppelinsche Projekt doch wohl auf einer gesunden technischen Basis aufgebaut worden ist«, warb Moedebeck , der selbst zeichnete.
Die Gründung der Fördergesellschaft wurde am 22. Februar 1898 notariell beurkundet, am 28. Juni gebildet und schließlich am 4. Juli in das Handelsregister eingetragen. Ihr Sitz war zunächst Stuttgart. Zum kaufmännischen Leiter der Gesellschaft wählte der Aufsichtsrat Ernst Uhland.
Damit war der Weg frei zum Bau des ersten Luftschiffes der Bauart Zeppelin.
Zeppelin und Bach hatten schon lange nach einem geeigneten Bauleiter für das riesige Luftschiff und die schwimmende Bergehalle gesucht – Aufgaben, die absolutes technologisches Neuland für die Ingenieurwissenschaften bedeuteten. Bach fand ihn schließlich, wie zuvor schon Kober, unter seinen ehemaligen Schülern. Es war der 26 Jahre alte Hugo Kübler, der drei Jahre zuvor bei ihm das Staatsexamen »im Maschinenfach« mit der hervorragenden Note Ib abgelegt hatte.

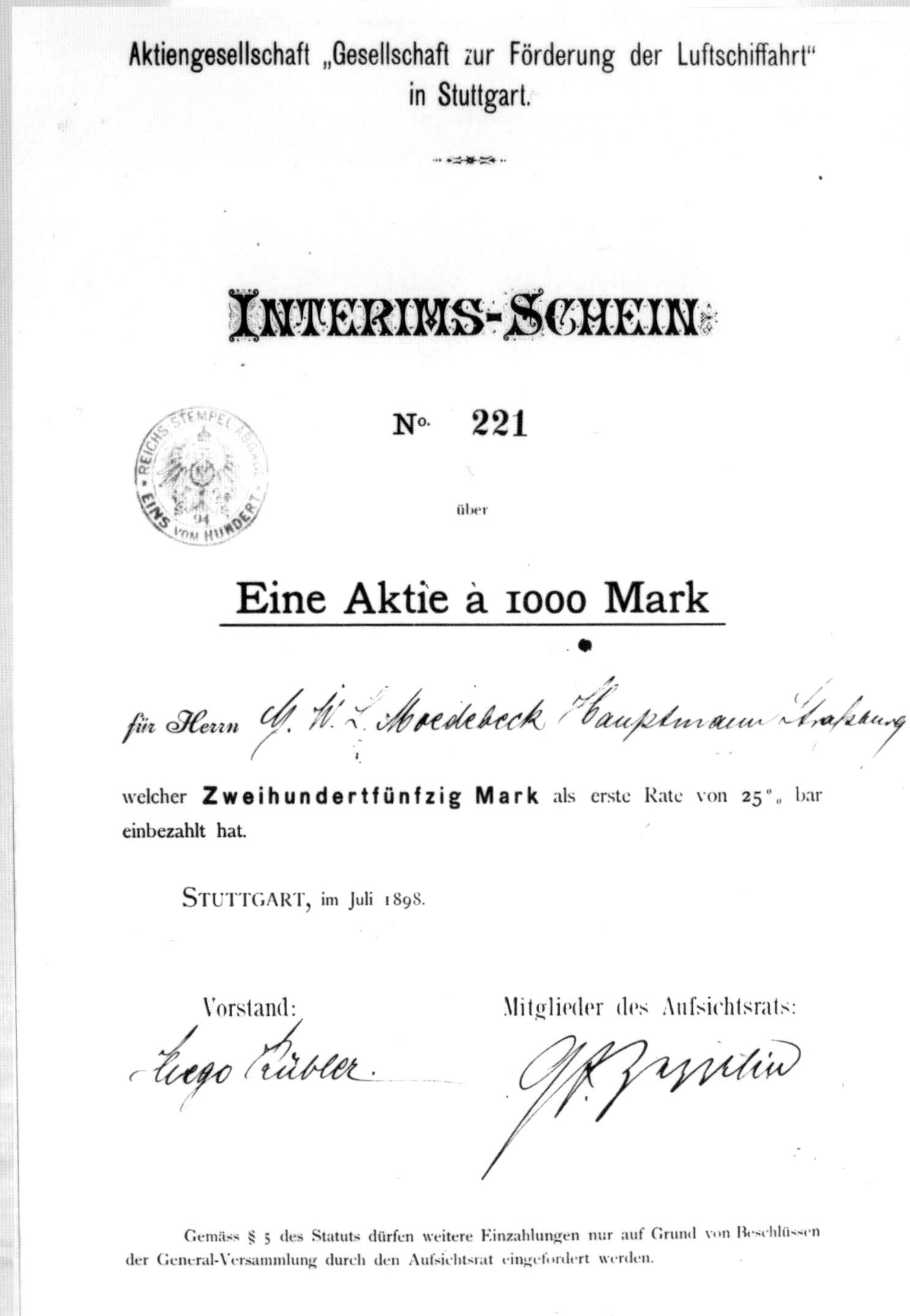

Aktiengesellschaft „Gesellschaft zur Förderung der Luftschiffahrt" in Stuttgart.

Interims-Schein

No. 221

über

Eine Aktie à 1000 Mark

für Herrn G. W. L. Moedebeck Hauptmann Straßburg

welcher **Zweihundertfünfzig Mark** als erste Rate von 25 % bar einbezahlt hat.

Stuttgart, im Juli 1898.

Vorstand: Hugo Kübler

Mitglieder des Aufsichtsrats: G. F. Zeppelin

Gemäss § 5 des Statuts dürfen weitere Einzahlungen nur auf Grund von Beschlüssen der General-Versammlung durch den Aufsichtsrat eingefordert werden.

Interimsaktie über 1000 Mark für Moedebeck.

Seine Anstellung erfolgte schon zum 1. Mai 1898. Er wohnte und arbeitete anfangs im Wohnhaus Zeppelins in Stuttgart, denn »unser so nahes Zusammensein namentlich für die erste Zeit wird für die Förderung der Arbeit dienlich sein«.
Kübler knüpfte enge Bindungen zum Ballonbauer Riedinger in Augsburg, zur Preußischen Luftschifferabteilung (Kompressoren), zu den Chemischen Fabriken Griesheim-Elektron in Frankfurt (dort handelte er den Preis für Wasserstoff auf 35 Pfennig/m^3 herab), Daimler (Motoren), Gradenwitz (Gasventile und Messgeräte), Berg (Aluminiumgerüst), den Rheinischen Metallwerken (Gasflaschen) und insbesondere zu Hauptmann Bartsch von Sigsfeld, dem erfahrensten Ballonpiloten Deutschlands. Dieser sollte die Füllung der 17 Gasballons aus mehr als 2500 Gasflaschen leiten. Eine extrem schwierige Aufgabe, denn der hochempfindliche Tragkörper musste während der stundenlangen Füllprozedur stets waagerecht gehalten werden. Dabei stand das Gas unter einem Druck von 150 at. Außerdem oblag ihm die Begutachtung der 128 m langen Gitterkonstruktion für das 11.250 m^3 große Fahrzeug, sowie

der vorgesehenen Gewichts- und Ballastverteilung im Luftschiff.
Ein schwieriges Problem war auch die Führung des künftigen Luftschiffes. Als ungeschriebenes Gesetz galt bisher, dass der Erfinder selbst die Führung übernahm, aber der Graf war bereits über 60 Jahre alt! Noch nie hatte sich ein so betagter Luftschiffbauer in die Lüfte gewagt. Zeppelin löste diese Aufgabe jedoch mit Bravor. Eigens deshalb ließ er sich von dem bekanntesten Schweizer Luftschiffer Spelterini zum Ballonführer ausbilden. Zeppelins Traumpilot wäre Sigsfeld gewesen, doch ihm war wie allen Militärs das Mitfahren in zivilen Luftschiffen verboten. Als Sachverständigen für Aerostatik, und nur auf diesem Gebiet konnten Ballonfahrer unterstützend wirken, hatte Zeppelin den erfahrenen Ballonpiloten von Bassus gewonnen. Die Prüfung bestand er am 28. August 1898. Vorsorglich hatte er wiederum die vom 29. Juli 1892 datierte »Letztwillige Verfügung des Ferdinand Grafen von Zeppelin« aktualisiert: »Mein geliebtes Weib! Wenn es Gottes Wille sein sollte, dass ich bei der vorhabenden Luftfahrt verunglücke, so werde ich die frohe Gewissheit mitnehmen, du seist fest überzeugt, dass ich die Fahrt nicht leichtsinnig unternommen habe…« Später aktualisierte er fast regelmäßig vor jeder Zeppelin-Fahrt sein Testament.
Die wichtigste Personalie im Zeppelin-Projekt trafen Zeppelin und Bach Mitte Januar 1899 als sie den 21 Jahre jungen Ingenieur Ludwig Dürr im Konstruktionsbüro Zeppelins in Stuttgart einstellten. Er hatte zuvor in Stuttgart Maschinenbauwesen studiert und diente anschließend als Einjährig-Freiwilliger bei der Kriegsmarine in Wilhelmshaven. Ihm oblag unter der Anleitung Küblers der endgültige Zusammenbau der Luftschiffeinzelteile in Manzell.
Ende Januar 1899 stand fest: Baubeginn des ersten Zeppelins wird der 15. April 1899 sein. Bis dahin musste der Sitz der Gesellschaft von Stuttgart nach Friedrichshafen verlegt und eine Werfthalle errichtet werden. Als Starttermin für das Versuchsluftschiff war der 1. Juli 1899 vorgesehen.
Doch ganz so schnell ging es nicht. Die Arbeiten zur Errichtung der Werft- und Bergungshalle begannen zwar schon Anfang März 1899 in der einst so stillen Bucht von Manzell, endeten aber erst drei Monate später.
Als erstes wurde am flach abfallenden Ufer der Hallenunterbau, bestehend aus zwei Reihen mit insgesamt 51 hölzernen, vollständig geschlossenen Pontons von 1,50 m Höhe, 4 m Breite und 6 m Länge, errichtet.

Ernst Uhland, langjähriger Geschäftsführer der Gesellschaft zur Förderung der Luftschiffahrt.

Hugo Kübler, Leitender Ingenieur und Vorstand der Gesellschaft zur Förderung der Luftschiffahrt auf der schwimmenden Luftschiffhalle im Frühjahr 1900.

LUDWIG DÜRR, ZEPPELINS WICHTIGSTER INGENIEUR, 1899.

Je nach Baufortschritt schoben die Arbeiter die beiden Pontonreihen auf Walzen ins Wasser. Danach wurden der Fußboden hergestellt und auf ihm die ersten Binder errichtet sowie die Längspfetten angeschraubt.
Die Halle war 142 m lang, 23 m breit und 23 m hoch. Ihr Tiefgang betrug lediglich 80 cm. Sie bestand ganz aus Holz. Die Seitenwände besaßen je elf große Fenster im mittleren und oberen sowie acht Fenstern im unteren Bereich. Im Bug befanden sich kleinere Werkstätten und ein Büro.

DIE 142 M LANGE UND 23,5 M HOHE MONTAGE- UND WERFTHALLE FÜR DEN LZ 1 WAR EINES DER GRÖSSTEN FREITRAGENDEN FACHWERKE DER WELT.

Das Heck konnte mit einem zweiteiligen textilen Vorhang verschlossen werden. Meist stand es aber offen, um genügend Licht in das Innere der Halle zu lassen.
Auf dem Dach der Halle befand sich eine meteorologische Station.
Das ausziehbare Floß, auf dem später der Zeppelin montiert wurde, maß 116 m Länge und 12 m Breite. Es ruhte auf 44 paarweise angeordneten hölzernen Pontons von je 17 m^3 Rauminhalt.
Die Halle pendelte sich selbsttätig in jede Windrichtung um den in 20 m Tiefe versenkten, 41 t schweren Ankerklotz aus Beton.
Alle Gerüstteile wurden in Einzelfertigung in den Werkstätten Carl Bergs in Eveking, heute ein Ortsteil von Werdohl im Sauerland, hergestellt. Es fanden drei unterschiedliche Profile für die Aluminiumträger Verwendung: 7595 m T-Träger, 2750 m L-Träger und 25 m Winkel-Träger. Hinzu kamen mehrere Kilometer Aluminium-Draht verschiedener Stärke und Hunderte Verbindungsstücke.
Die fertigen Gerüstteile wurden mit der Schmalspurbahn von Eveking nach Lüdenscheid transportiert. Dort hatte Berg eigens eine dreigeschossige hölzerne Halle errichtet, in der die 17 Segmente einzeln originalgetreu zusammengebaut, geprüft und anschließend wieder zerlegt und in

ZEPPELIN: »14. FEBRUAR WURDE DER SCHUPPEN AN LAND GETRIEBEN. SCHADEN UNBEDEUTEND.«

Die Ingenieure Dürr, Kübler und Burr (v.l.)

Kisten verpackt wurden. So gelangten sie per Bahn nach Friedrichshafen. Die Arbeiten in Lüdenscheid leitete Ingenieur Fritz Burr, der ebenfalls aus der Kaderschmiede Bachs kam.

Die Montage des Zeppelins begann am 17. Juni 1899, unmittelbar nachdem die Werfthalle fertiggestellt war. Als erstes wurde der Bug am hinteren Ende der Halle montiert. Danach nieteten die Monteure die mehr als 100 m^2 großen 16 Ringe am Boden zusammen. Sobald ein Ring fertig war, kippten sie ihn hoch und vernieteten und verspannten ihn mit 24 Längsträgern am vorausgegangenen Ring. Die Radialdrähte waren aus Stahl, die drei Ecken überspannenden Sehnenseile aus Aluminium. Das Gerippe hatte ein Gewicht von 4,5 t. Nachdem das Gerippe des Tragkörpers fertig war, wurde es mit einer zusammengenähten, dünnen textilen Hülle überzogen. Diese bestand im oberen Teil aus wasserdicht imprägniertem Baumwollstoff und im unteren aus ebenfalls imprägniertem Seidenstoff. Ihr Gewicht betrug fast 2 t. Zwischen der äußeren Hülle und den Gaszellen blieb ein freier Raum von etwa 18 cm Höhe zwecks Ventilation und Isolierung gegen Sonnenstrahlen.

Das Gerippe des Ballonkörpers bestand aus drei Teilen, einem 96 m langen 24eckigen Mittelteil von 11,65 m äußerem Durchmesser und zwei 16 m langen, paraboloidförmigen Enden. Elf Abteile des zylindrischen Mittelteiles waren je 8 m lang. Die zwei Zellen unmittelbar über den Gondeln hatten nur eine Länge von 4 m.

Mit 128 m Länge war Zeppelins Luftschiff mehr als doppelt so lang wie die »La France«. Sein Volumen betrug 11.300 m^3. Die 17 durch die Ringe getrennten selbständigen Abteilungen beinhalteten Ballons aus gummiertem Baumwollstoff von 150 – 160 g/m^2.

Zur Seitensteuerung dienten zwei Steuerpaare aus ca. 9 m^2 straff gespanntem Baumwollstoff in rechteckigen Aluminiumrahmen. Sie waren am Tragkörper befestigt, das eine senkrecht stehend vorn oberhalb und unterhalb der Spitze, das zweite, ebenfalls senkrecht stehend, hinten seitlich.

Um aerostatisch aufzusteigen, waren vier mit Wasser und vier mit Sand gefüllte Ballastsäcke von 200 bzw. 400 kg Masse symmetrisch über das Luftschiff verteilt. Die Wassersäcke konnten in sieben Stufen entleert werden. Das Sinken des Luftschiffes erfolgte durch Gasablassen aus den fünf Manövrierballons, drei in der Mitte des Fahrzeuges und je einer in Heck und Bug. Die vier Steuer wurden durch eine einzige Kurbel von der vorderen Gondel aus gleichzeitig bewegt und zwar die beiden Steuer eines Paares stets nach derselben Richtung, jedoch so, dass das vordere Paar die entgegengesetzte Bewegung des hinteren ausführte. Weiterhin befanden sich in der Führergondel eine Winde zum Verschieben des 100 kg schweren Laufgewichtes für die Höhensteuerung, eine Tafel für die 13 Ventil- und Ballastzüge zum aerostatischen Steigen und Sinken, ein kleiner Kartentisch mit einer Röhrenwasserwaage, einer Dosenwasserwaage, einem Aneroidbarometer und einem Barographen. Die Messung des Neigungswinkels des Luftschiffes erfolgte mit einem einfachen Pendel, das am Tisch befestigt war und eine Gradeinteilung hatte. Zur Verständigung zwischen der Führer- und der hinteren Gondel dienten ein Maschinentelegraph, zwei Glocken und Sprachrohre.

Zeppelin experimentierte mit verschiedenen drei- und vierflügeligen Propellern unterschiedlicher Größe und Form. Hierzu hatte er eine besonders originelle Methode gefunden und mit bestem Erfolg über mehrere Monate getestet: Das Luft-

Arbeit am stehenden Bug. Oben stehend Bauleiter Kübler, sitzend Dürr.

Segment für Segment wurde der 128 m lange Zeppelin zusammengenietet und auf hölzernen Böcken gelagert. Außerdem wurde er noch durch Flaschenzüge am Dachfirst gesichert.

Das Heck des LZ 1 lugt aus der schwimmenden Werfthalle.

Der gesamte Tragkörper wurde von einer Hülle umspannt, welche die Gasballons vor Nässe und Beschädigungen schützte und den Reibungswiderstand erheblich herabsetzte. Die beiden Gondeln (im Bild die hintere) sind starr mit dem Tragkörper verbunden.

Besuch der Zeppelin-Baustelle durch den Württembergischen Bezirksverein Deutscher Ingenieure mit Prof. Bach (links neben Zeppelin sitzend) am 21. Juli 1899. (Im Bild rechts wird die Grösse des Rings besonders deutlich.)

schraubenboot. Es war 11 m lang, 2 m breit und hatte nur 30 cm Tiefgang. Angetrieben wurde das Boot durch zwei Daimler-Motoren, wovon der vordere einer der zwei künftigen Luftschiffmotoren war. Immerhin erreichte das Boot Spitzengeschwindigkeiten von 15 km/h.

Nachdem die beiden 6 m langen und 1,8 m breiten Gondeln mitsamt dem sie miteinander verbindenden 50 m langen Gerüst etwa 3 m unterhalb am Gerippe mit Rohren starr befestigt, die Vorgelege montiert und die Triebwerksanlage eingebaut waren, schraubten Monteure unter der Anleitung von Wilhelm Maybach die beiden vierzylindrigen wassergekühlten Daimler-Benzinmotoren in ihnen fest. Sie bildeten das Herzstück des Luftschiffes. Bei knapp 700 Umdrehungen in der Minute leisteten sie jeweils knapp 11 kW. Ihre Masse betrug 385 kg. Der Brennstoffverbrauch lag bei etwa 540 g/kWh. In jeder der Gondeln stand ein Fass Benzin. Lange Wellen mit Umlenkgetrieben übertrugen die Motorkraft auf vier Propeller, die sich paarweise in Höhe des Widerstandsmittelpunktes seitlich am Tragkörper befanden. Das Getriebe trieb die Propeller mit 1100 Umdrehungen je Minute an.

Um ein gleichmäßiges Hochlassen und Landen des Zeppelins zu ermöglichen, waren für die Haltemann-

16 PS-Motor und Propeller des ersten Zeppelins.

Das Luftschraubenboot mit zwei Motoren und drei Propellern.

Blick in eine Gondel mit Daimler-Motor und Zahnradübertragung.

Probeweises Aus- und Einhallen des Luftschiffes am 29. Oktober 1899.

schaften an jedem Gerüstring Halteseile von 30 m Länge angebracht, die von Meter zu Meter farbige Streifen trugen. Zum Abschleppen des Luftschiffes auf dem Wasser diente ein an der Führergondel befestigtes Tau. Der ursprünglich von Zeppelin ins Auge gefasste Beginn der Versuchsserie mit seinem Luftschiff, Sommer 1899, konnte nicht gehalten werden, obwohl die Ingenieure und Arbeiter täglich zehn Stunden und mehr, mitunter auch sonn- und feiertags, mit Hochdruck arbeiteten.

Erst Ende Oktober war das Luftschiff zusammengebaut, aber aus Witterungsgründen konnte es weder im zu Ende gehenden Jahr noch im zeitigen Frühjahr aufsteigen. Es ruhte auf Holzböcken unter jedem Ring in der schwimmenden Halle und musste deshalb bei bewegter See auch alle Wellenbewegungen mitmachen. Um dies wenigstens etwas zu mildern, wurde später das Schiff an Flaschenzügen am Dachfirst der Halle aufgehängt. Aber die enormen Belastungen blieben immer noch gigantisch. Im Februar 1900 wurde die Halle samt Floß und Luftschiff sogar auf das Ufer getrieben.

Am 14. April 1900 legte der Vorstand der Gesellschaft zur Förderung der Luftschifffahrt fest, »dass die ersten Probefahrten mit dem Luftschiff im Monat Juni d. J. vorgenommen werden«.

Die hierfür bestimmte Mannschaft unter Graf Zeppelin bestand aus dem aerostatischen Führer Konrad von Bassus (immer noch durfte kein Offizier der PLA teilnehmen), Ingenieur Burr, Monteur Groß und dem Journalisten Eugen Wolf.

Mit diesen Männern wollte Graf Zeppelin der Welt beweisen, dass sein Fahrzeug dereinst für wissenschaftliche Expeditionen und Luftpostverbindungen eingesetzt werden kann. Weiterhin könne es »zur Beobachtung feindlicher Geschwader, oder über feindliches Land zur Erkundung strategischer Vorgänge, wie Armierung von Festungen, Ansammlung

Freundschaftliches Treffen auf Girsberg am 30. Juni 1900 mit Prof. Parseval, Hauptmann Gross, Prof. Hergesell, Eugen Wolf, Zeppelin und Sigsfeld.

und Bewegung von Armeen oder dgl. – also nicht taktischer Vorgänge in der Nähe der kämpfenden Truppen – und Meldung nicht erst bei Rückkehr, sondern schon durch Taubenpost und Signale, von Kiautschou nach Peking usw.« zweckmäßig eingesetzt werden.

Um das Kriegsministerium hiervon nicht nur mit Worten und Appellen zu überzeugen, bat er im Frühjahr nochmals den Kaiser, Mitglieder des Generalstabes und die Führung der Preußischen Luftschiffer-Abteilung zur Begutachtung der Experimente mit dem Luftschiff an den Bodensee zu beordern.

Der Kaiser lenkte endlich ein und kommandierte am 11. Mai 1900 den Generalstabsoffizier Hauptmann von Hülsen, das Mitglied der Inspektion der Verkehrstruppen Hauptmann Hans Groß, den Kommandeur der Preußischen Luftschiffer-Abteilung Major Klußmann und die beiden Hauptleute der Abteilung von Tschudi und Zeppelins Wunschkandidaten von Sigsfeld als Kommissare nach Friedrichshafen. Hochkarätiger ging nicht.

Auf Drängen Moedebecks wurde von Sigsfeld mit der wichtigsten Aufgabe des Experiments, dem Füllen

Graf Zeppelin 1899.

der Gaszellen, beauftragt.
Als Starttermin wurde Samstag, der 30. Juni 1900 festgelegt. Doch daraus wurde nichts, weil die Füllung der Zellen statt der veranschlagten fünf Stunden das Fünffache der Zeit in Anspruch nahm. Auch der 1. Juli verstrich wegen zu heftiger Winde.
Damit stand der Starttermin 2. Juli 1900 endgültig fest. Nie zuvor hatten Versuchsfahrten mit einem Luftfahrzeug so viel nationale und internationale Aufmerksamkeit erlangt. Sie standen eben nicht unter einer militärischen Geheimniskrämerei wie jene vergleichbaren Experimente der Preußischen oder der Französischen Luftschiffer-Abteilung, sondern waren lange vorher angekündigt. So beobachteten zahlreiche ausländische Militärluftschiffer und selbstverständlich auch die bekanntesten Ballonführer Europas den Start des Luftschiffes mit höchsten Erwartungen. Sämtliche Passagierschiffe der Bodenseeanrainer brachten Interessierte nach Friedrichshafen. Nie zuvor hatte der See so viele Menschen auf einmal gesehen.
Um 13:00 Uhr begannen die Startvorbereitungen mit Gas Nachfüllen, Ballast Ergänzen, Auswägen, Motorentests, Gerätekontrolle und Überprüfen sämtlicher Bedienelemente.
Ab 18:50 Uhr bestiegen nacheinander Zeppelin mit dem Aeronauten Bassus und Ingenieur Burr die vordere und der Redakteur Wolf mit dem Mechaniker Groß die hintere Gondel des Luftschiffes.
Gegen 19:30 Uhr wurde das Floß samt Luftschiff mit dem Heck voran aus der Halle gezogen. Die Windgeschwindigkeit lag bei mäßigen 4-5, 5 m/s. Eine Stunde nach dem ersten Kommando und einem kurzen Gebet des Grafen mit den Anwesenden lag das Luftschiff exakt in Windrichtung parallel zur Halle auf dem Floß.
Um 19:56 Uhr befahl v. Sigsfeld den Haltenden, das Fahrzeug Meter für Meter aufsteigen zu lassen. Punkt 20:00 Uhr, als das Luftschiff eine Höhe von ca. 17 Meter über dem Wasserspiegel erreicht hatte, erklang das Kommando »Taue Los!« und von jeder Fessel frei stieg das Luftschiff majestätisch in die Höhe.
Ein technisches Missgeschick gleich zu Beginn der Fahrt führte fast zum Abbruch des Experiments. Zeppelin: »Infolge zu langen Festhaltens zweier Haltetaue am hinteren Ende blieb letzteres beim Aufstieg des Fahrzeuges in der Aufwärtsbewegung zurück. Sobald die Taue losgelassen waren, wurde das Laufgewicht nach vorn gebracht. Dadurch schwang das Fahrzeug gegen die waagerechte Linie zurück...Das Fahrzeug schoss, weil bei dem Bemühen das Laufgewicht wieder in die Mittellage zu-

Auf dem Floss wurde der Zeppelin aus der Halle geschleppt.

rückzubringen die Kurbel für dasselbe brach, alsbald mit der Spitze nach unten...Nun musste der drohenden Gefahr des Überschlagens alsbald durch Stoppen und Rückwärtsgang der Schrauben begegnet werden. Von da ab bestand das ganze Fahren in einem Wechsel von Vor- und Rückwärtsgang der Schrauben, um damit die Neigung zu hemmen«.
Über die Ergebnisse der Fahrt gingen die Meinungen der Augenzeugen verständlicherweise weit auseinander.
Eugen Wolf schwärmte: »Tausendstimmige Hurras ertönten an den Ufern, alle Augen folgten dem Flug des Ballons«.
Die Vertreter des Kriegsministeriums konzentrierten sich verständlicherweise von Anbeginn an fast ausschließlich auf die Höhe der Geschwindigkeit des Fahrzeuges. Die betrug aber nur während dreier Minuten maximal 5,5 m/s. Das war ihnen zu wenig. Deshalb bezweifelten sie die militärische Verwendbarkeit des Zeppelins. Dennoch empfahlen sie einhellig Zeppelin, die Versuche fortzusetzen – freilich ohne jegliche finanzielle oder materielle Unterstützung. Allerdings ordneten sie Hauptmann von Krogh als aerostatischen Führer für die nächste Auffahrt des Zeppelins ab.
Zeppelin, Kübler, Dürr, Burr und Uhland gönnten sich keine Sommerpause, denn man fürchtete die Herbststürme mit ihren Auswirkungen auf die schwimmende Holzhalle und das Luftschiff darin.
Die Startvorbereitungen für die zwei-

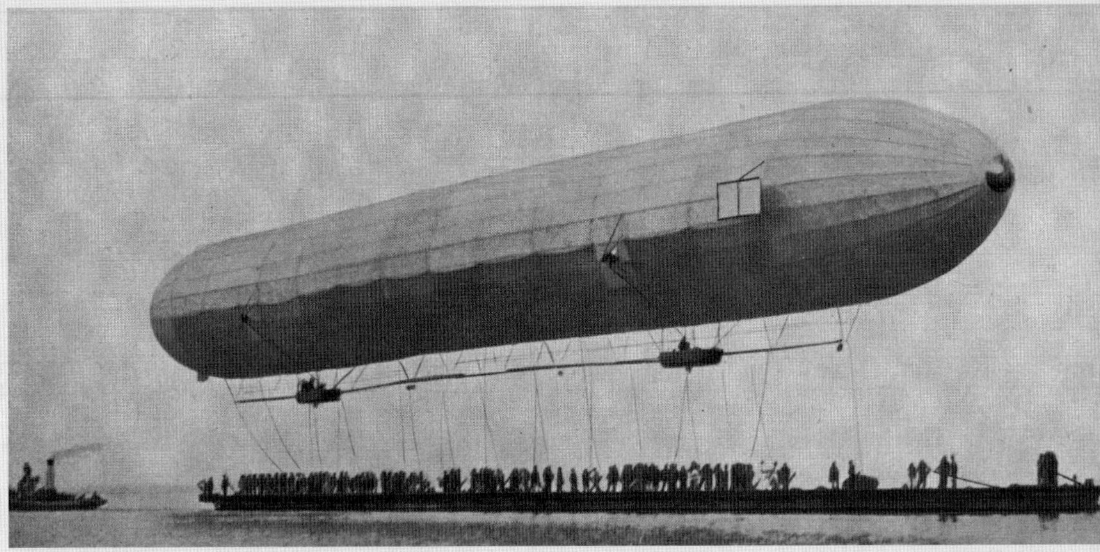

An Halteseilen wurde der Zeppelin aerostatisch nach oben gelassen.

Spiegelglatt ruht der Bodensee am 2. Juli 1900. Das Luftschiff steht zur ersten Auffahrt bereit.

te Fahrt verliefen zunächst nach Plan. Wegen der erlebten Probleme mit dem tief hängenden Laufgewicht schlug Zeppelin vor, dieses künftig auf einer I-Schiene zwischen den beiden Gondeln anzuordnen, damit ein Mechaniker gegebenenfalls schnell an eine Schadensstelle klettern und dort die Mängel beseitigen kann. Die beiden hinteren Seitensteuer wurden hintereinander unter dem Heck angeordnet. Am 18. September wurde das Gas in Bitterfeld bestellt, und am 24. September war das Luftschiff zur Füllung mit Wasserstoff bereit. Sie sollte am Morgen des nächsten Tages beginnen.

Doch wieder machte das Schicksal dem Grafen einen Strich durch die Rechnung, denn es brachen in der Nacht zum 25. aus nicht sicher aufgeklärter Ursache einige Aufhängungen, so dass der Mittelteil des Fahrzeuges zu Boden fiel, wobei das Gerippe solche Verbiegungen erlitt, dass nur in längerer Arbeitszeit der Schaden wieder auszubessern war.

Am 17. Oktober war es endlich so weit. Zwar setzte ein andauernder Regen ein, aber der Wind blies lediglich noch mit Geschwindigkeiten bis zu 3 m/s aus östlicher Richtung.

Um 16:30 Uhr gab Zeppelin den Befehl zum Hinausfahren des Floßes mitsamt dem Luftschiff. Der kleine Dampfer »Buchhorn« schleppte die kostbare Last auf die offene Wasserfläche und stellte das Fahrzeug in

ES IST GELUNGEN. LZ 1 FÄHRT IN DER LUFT. DURCH DAS NACHVORNZIEHEN DES LAUFGEWICHTES NEIGT SICH DAS LUFTSCHIFF GEFÄHRLICH NACH UNTEN.

Windrichtung. Um 16:45 Uhr erhob sich der Koloss in die Höhe. Nach einer Backbordschwenkung zog das Ungetüm vorläufig in der Windrichtung ab. Dürr, der das Seitensteuer bediente, war fest davon überzeugt, dass das Schiff entsprechend der Steuerstellung Schwenkungen ausgeführt und damit die Lenkbarkeit des Fahrzeuges bewiesen hatte.
Die größte Geschwindigkeit hatte das Luftschiff erst gegen Ende der Fahrt erreicht, zwischen 17:48 Uhr und 17:50 Uhr, als es eine längere Strecke annähernd in derselben Richtung gefahren war. Aus den alle zwei Minuten ausgeführten trigonometrischen Positionsbestimmungen errechneten die Meteorologen in dieser kurzen Zeitspanne die maximale Eigengeschwindigkeit von 8,5 m/s.
Schon vier Tage später stieg Zeppelin erneut mit dem Luftschiff auf. Diese Eile war auch deshalb vonnöten, weil durch Gasverlust der Auftrieb erheblich gesunken war, nämlich je Tag um 475 kg.
Um 17:02 Uhr wurde der Befehl zum Auflassen des Luftschiffes gegeben. Vier Minuten später gelang es, eine große Linksdrehung zu vollziehen. Das riesige Fahrzeug gehorchte offensichtlich den Steuerbewegungen Dürrs und machte eine gelungene einstündige Fahrt.
Nachdem das Versuchsluftschiff am 21. Oktober 1900 gegen 18.00 Uhr in seiner schwimmenden Halle auf dem Bodensee festgemacht wurde, schlossen die Mitarbeiter des Grafen nicht nur den Vorhang zur Halle, sondern es endete auch ein welthistorisch bedeutsames Kapitel Luftfahrtgeschichte. Zum ersten Mal war ein starres Luftschiff wiederholt aufgefahren und glatt gelandet. Es war das größte bis dahin gebaute Luftfahrzeug. Noch nie waren so viele Personen an Bord eines Luftschiffes. Niemand erlitt während der drei Fahrten einen Unfall oder sonstigen Schaden.
Dennoch fanden die drei Fahrten des Zeppelinschen Luftschiffes keine Fortsetzung mehr. Zum einen war der Fördergesellschaft das Geld für weitere Gasfüllungen ausgegangen und zum anderen zwangen die bevorstehenden Herbststürme und der nahende Winter zu einer längeren Experimentierpause. Auch technisch war der Zeppelin bereits weitgehend überholt.
Zeppelins intensive Werbungen bei potentiellen Geldgebern um die Fortsetzung seines Projektes mit einem neuen Luftschiff blieben erfolglos. Da sich insbesondere die Militärverwaltung verweigerte, drohten die Aktionäre mit ihrem Ausstieg und lehnten jede weitere Beteiligung ab. Die schleunigst einberufene Generalversammlung tagte am 15. November 1900. Sie beschloss die Liquidation der Gesellschaft.
Am 7. Januar 1901 hielt Graf Zeppelin vor der Deutschen Kolonial-Gesellschaft einen viel beachteten Vortrag »Über die Aussicht auf Verwirklichung und den Wert der Flugschifffahrt«. Zu Beginn erschien der Chef des Kaiserlichen Militärkabinetts General von Hahnke und überreichte dem völlig überraschten Grafen den Roten Adlerorden I. Klasse, die zweithöchste Auszeichnung, die der Kaiser vergab. In der Laudatio hieß es: Weiteren »Versuchen will Ich Meine Unterstützung dadurch gewähren, dass Ihnen der Rat und die Erfahrung der Luftschifferabteilung jederzeit zur Verfügung stehen soll. Ich habe daher befohlen, dass die Luftschifferabteilung, so oft es nützlich sein sollte, einen Offizier zu Ihren weiteren Versuchen zu entsenden hat. Um Ihnen aber auch äußerlich einen Beweis Meiner Anerkennung zu geben, verleihe ich Ihnen hiermit den Roten Adlerorden I. Klasse«.

17 Minuten blieb der erste Zeppelin in der Luft. Deutlich ist das an einem Seil hängende Gewicht für die Höhensteuerung zu erkennen

LZ 1 wurde am 25. September durch schwere Stürme in der Halle stark beschädigt.

»Eine Stunde Rundfahrt 17. Oktober 1900«. Historische Fotomontage zum 3. Start am 17. Oktober 1900. Das Hissen der blauen Flagge signalisierte, dass der Start nicht stattfindet. Zu dieser Zeit war das Laufgewicht an der starren Struktur befestigt.

Wie Zeppelin vom Narren zum Nationalhelden wurde

Wie Zeppelin vom Narren

UM NATIONALHELDEN WURDE

Wie Zeppelin vom Narren zum Nationalhelden wurde

Die internationale Konkurrenz zum Zeppelinprojekt

3. Oktober 1903. Graf Zeppelin: »In der Tat scheinen die Luftschiffe von Santos-Dumont, Lebaudy und anderen nur noch einiger Verbesserungen bezüglich Schnelligkeit und Fahrtdauer zu bedürfen, um billigen Anfangsanforderungen zu entsprechen«.

In derselben Zeit, in der Zeppelin kurz vor der Jahrhundertwende sein erstes Luftschiff konzipierte und baute, versuchten Tüftler und professionelle Luftschifferabteilungen in aller Welt, ein lenkbares Luftschiff zu bauen. Doch nirgends kamen sie dem Ziel so nahe wie im Geburtsland der Ballontechnik, in Frankreich. Dort unterhielt das Kriegsministerium in Chalais-Meudon eine eigene Lehranstalt mit Laboratorien und Werkstätten zur Ausbildung von Offizieren und Mannschaften für die Luftschifferabteilungen.

Der Schwerpunkt der Ausbildung lag zweifellos im Umgang mit Fesselballons auf Festungen (Verdun, Toul, Epinal, Belfort) und im Feldkrieg (China 1884, Madagaskar 1895, Japan 1900), aber im Stillen forschte eine kleine Abteilung intensiv auf dem Gebiet der Lenkbarmachung des Ballons. Mit anfänglichem Erfolg, wie die sensationellen Fahrten der »La France« im Jahr 1884 der Welt zeigten.

Doch dann stagnierte die Luftschiffentwicklung, weil keine geeigneten Motoren zur Verfügung standen.

Diesen Stillstand durchbrach im Frühjahr 1899 der junge Wahlfranzose mit brasilianischer Abstammung Alberto Santos-Dumont. Ohne vorher die Erfahrungen seiner Vorgänger studiert zu haben, ging der schwerreiche, charismatische Mann an den Bau lenkbarer Luftschiffe. Insgesamt 14 Exemplare entwickelte und fuhr er binnen dreier Jahre. Alle seine Fahrten kündigte er werbewirksam an. Sie endeten zumeist mit viel Glück auf Dächern, Bäumen und in Gärten, ja sogar im Meer. Nie wurde er ernsthaft verletzt. Das imponierte dem großen Publikum, und schnell verbreitete sich sein Ruhm in aller Welt. Wenn auch seine gänzlich unstarren Ein-Personen-Sportluftschiffe keinen technischen Fortschritt darstellten, insbesondere blieb die Geschwindigkeit hinter der der »La France« und des ersten Zeppelins beträchtlich zurück, so muss man ihm das Verdienst zuerkennen, die noch junge Luftschifffahrt populär gemacht zu haben.

Im Jahr 1902 endeten zwei Luftschiffexperimente in Frankreich tödlich, am 12. Mai Severo und am 13. Oktober Bradsky.

Die »Balladeuse« (Typ Nr. 9), das populärste Luftschiff von Santos-Dumont, mit dem er in einem Restaurant einen Zwischenstopp machte. Sein Volumen betrug 260 m³, der Motor leistete 3 PS.

Santos-Dumont

An die großen Erfolge der französischen Luftschifffahrt knüpfte im Jahr 1899 Ingenieur Julliot an. Die beiden sehr vermögenden »Zuckerkönige« Lebaudy beauftragten ihn damals, ein neuartiges Luftschiffsystem zu entwickeln, das einerseits die Vorteile des starren und andererseits des unstarren Systems ausnutzt.

Das erste Luftschiff des sogenann-

ten halbstarren Systems, das tatsächlich erfolgreich fuhr, war Lebaudy-Julliot No. 1 »Le Jaune«.
Bei diesem Luftschiffsystem ist die unstarre Hülle oberhalb eines Kieles oder Kielgerüstes mit Seilen befestigt oder unmittelbar verschnürt. Die Leitwerke sind fest mit dem Kiel verbunden, während die Gondel samt Motor und Propeller meist mit Seilen unterhalb eines Kieles hängt.
Die erste Auffahrt der »Lebaudy I« (ursprünglich »Le Jaune« genannt) fand am 13. November 1902 statt. In der Gondel befanden sich als Führer Surcouf, Ingenieur Julliot und der Mechaniker Eberlé, allesamt erfahrene Ballonpiloten aus dem 70/71-er Krieg. Das Luftschiff hatte 2284 m^3 Fassungsvermögen, war 57 m lang und hatte einen maximalen Durchmesser von 9,80 m. Der 35-PS-Daimler-Motor drehte zwei Schrauben von je 2,80 m Durchmesser bis zu 1000 Umdrehungen je Minute. Das Luftballonett fasste 311 m^3. Einschließlich der drei Besatzungsmitglieder hatte das Luftschiff eine Masse von 2530 kg.
Zwar lief beim ersten Versuch nur eine Schraube, dennoch schätzten Beobachter die Geschwindigkeit auf knapp 12 m/s. Das war Rekord.
Ab 1903 errang die »Lebaudy I« zahlreiche weitere Bestleistungen und Weltrekorde: Am 1. April fuhr sie 13 km,

DAS HALBSTARRE LUFTSCHIFF »LEBAUDY I«, 1902.

am 8. Mai 37 km, am 24 Juni 98 km. Innerhalb eines halben Jahres wurden 29 erfolgreiche Auffahrten unternommen. Nie kamen Personen zu Schaden. Ein Rekord überraschte besonders: Die Ballonhülle blieb 70 Tage mit dem Wasserstoff gefüllt, was auf bestes Ballon- und Dichtungsmaterial schließen ließ.
Ende des Jahres 1903 nahmen die beiden Lebaudys und Julliot eine ganz entscheidende technische Neuerung vor. Der um 600 m^3 vergrößerte Tragkörper erhielt am hinteren Ende Stabilisierungsflächen von 22 m^2 Größe. Sie sollten die Stabilität gegen Verdrehungen um die Längsachse verbessern und das wellenförmige Stampfen ausschließen.
Von Ende Oktober 1903 bis zur Jahreswende machte die wiederum verbesserte »Lebaudy I« 18 weitere erfolgreiche Aufstiege, einmal sogar mit den Ehefrauen der Erfinder. Die Lenkbarkeit war erwiesen, die Stabilität des Schiffes befriedigend, und alle Landungen verliefen leicht und glatt.
Daraufhin machte das Kriegsministerium die Abnahme und Weiterentwicklung des Luftschiffes von drei Vorbedingungen abhängig:

1. Zielfahrt über 200 km, Unterbrechungen auf freiem Feld erwünscht, um die Landeeigenschaften zu prüfen
2. Improvisierte Bombenabwürfe und Luftaufnahmen über der Festung Tour
3. Dreimonatiger Aufenthalt des Luftschiffes im Freien

Die Abnahmefahrt dauerte vom 3.-6. Juli 1905. In drei Etappen legte das Luftschiff insgesamt 210 km in

Militärluftschiff »La Patrie«.

Das halbstarre Prall-Luftschiff »Ville de Paris«.

84 Stunden reiner Fahrtzeit zurück. Es war während der Ruhephasen immer im Freien verankert. Dabei standen zumeist keine Luftschiffer zur Verfügung, sondern einfache Bauern und Handwerker. Dennoch waren die Beschädigungen beim Landen und Bergen sehr gering.

Als größte Höhe über dem Boden wurden 1120 m gemessen. Damit war das Luftschiff weit außerhalb der Reichweite von Infanteriewaffen.

Im Oktober fanden die Abwurfexperimente über der Festung Tour statt. Außerdem wurden zahlreiche Luftaufnahmen gemacht und Brieftauben mit Depeschen abgesetzt. Am 24. Oktober stieg sogar der Kriegsminister in das Luftschiff.

Auch die geforderte Dauer des freien Aufenthaltes des Fahrzeuges wurde weit überschritten.

Alle Versuche, die das Lebaudy-Luftschiff ausführte, hatten bewiesen, dass Frankreich von nun an ein militärisch nutzbares Luftschiff besaß. »Lebaudy I« wurde vom Kriegsministerium gekauft und ein zweites, größeres und mit noch stärkeren Motoren ausgestattetes in Auftrag gegeben. Schon machte in Militärkreisen das Gerücht die Runde, Frankreich wolle eine neue Waffengattung einführen: die Kriegsluftschiffflotte (»flotte aérienne de guerre«). Tatsächlich wurden in den nächsten drei Jahren die Lebaudy-Luftschiffe »La Patrie«, »Republique« und »Liberté«, sowie die Renard-Typen »Ville de Paris« »Clement-Bayard« und »Ville des Bordeaux« vom Kriegsministerium übernommen.

Frankreich hatte die Vormachtstellung in der Luft weiter ausgebaut, die das Land im deutsch/französischen Krieg 1870/71 und durch die spektakulären Fahrten der »La France« erworben hatte. Die Luftschiffbauer der übrigen Welt blickten neidvoll nach Paris, weil dort der Staat, namentlich das Kriegsministerium, nicht nur die Luftschifffahrt großzügig förderte, sondern zur eigenen Sache machte.

Die sensationellen Versuchsfahrten des »Lebaudy I« im Frühjahr und Sommer 1903 brachten Zeppelin fast zur Verzweiflung. In dieser Stimmung veröffentlichte er am 3. Oktober den »Notruf zur Rettung der Flugschifffahrt«. In ihm appellierte der Graf an die deutsche Öffentlichkeit, sein Luftschiffprojekt nach Kräften zu unterstützen. Nach seiner festen Überzeugung würde sein neu zu bauendes Luftschiff alle anderen existierenden Luftschiffe in den entscheidenden technischen Parametern überlegen sein. Bei erreichbaren 14 m/s könne das Luftschiff an 95% aller Tage im Jahr trotz Gegenwind fahren Die Formstabilität des Zeppelins sei für andere Systeme nicht annähernd erreichbar und die Landung auf festem Boden mindestens so sicher wie bei Renard, Santos-Dumont und Lebaudy.

Aber niemand außer ihm könne einen neuen Zeppelin bauen. Deshalb schloss er mit der flehentlichen Bitte: »Darum eilet, die ihr solche Flugschifffahrt haben wollt, dem die Mittel zu bieten, der allein sie erschaffen kann«.

Der Ertrag war weniger als gering. Nur knapp 14,000 Mark kamen zusammen. Mindestens 365.000 Mark wären aber für den Neubau vonnöten gewesen.

Der dritte Zeppelin erstaunt die Fachwelt

28. November 1906. Königlich Sächsische Technische Hochschule Dresden, Mechanische Abteilung: »In Anerkennung seiner zielbewussten, unermüdlichen Bestrebungen zur Förderung der Luftschifffahrt und ihren allen Hindernissen zum Trotz glücklich errungenen ausserordentlichen Erfolge« wird dem Grafen Zeppelin die Würde eines Doktor Ingenieurs Ehrenhalber verliehen.

Nach den drei Fahrten des Zeppelins lagerte das entleerte Luftschiff in der Halle auf dem Bodensee. Herbststürme, Schnee und Eis hatten der Halle und dem Schiff so stark zugesetzt, dass an eine Flottmachung für weitere Fahrten im nächsten Jahr nicht mehr zu denken war. Die wenigen verbliebenen Arbeiter konnten nur noch das Schlimmste verhindern. Die Gesellschaft zur Förderung der Luftschifffahrt war pleite und nirgends standen neue Kapitalgeber in Aussicht.
Deshalb lud Zeppelin kurzfristig alle Gesellschafter zu einer Generalversammlung am 19. Februar 1901 ein, um über die weitere Zukunft seines Projektes zu beschließen.
Seine Hoffnung, die Gesellschafter dadurch bei der Stange zu halten, indem er beim Kaiser wenigstens moralische Unterstützung findet, erfüllte sich nicht. Wilhelm II. lehnte es rundweg ab, mit Zeppelin auch nur ein Wort über die Zukunft der militärischen Luftschifffahrt zu reden.
Konsequenterweise wurde die Gesellschaft liquidiert. Damit schien das Schicksal des Zeppelinprojektes besiegelt, denn da keiner der Anteilseigner auf Rückzahlung ihrer Einlagen hoffen konnte, wollte auch niemand einen Neuanfang wagen.

Die

Königlich Sächsische Technische Hochschule
in Dresden

unter dem Rektorate

Sr. Magnificenz des Geheimen Hofrates Professor Dr. Oskar Drude

verleiht auf einstimmigen Antrag der Mechanischen Abteilung
und durch Beschluss von Rektor und Senat

dem Grafen Ferdinand von Zeppelin, Excellenz
General der Kavallerie und Generaladjutant Sr. Majestät des Königs von Württemberg

die Würde eines

Doktor-Ingenieurs Ehrenhalber

in Anerkennung seiner zielbewussten, unermüdlichen Bestrebungen zur Förderung der Luftschiffahrt
und ihrer allen Hindernissen zum Trotz glücklich errungenen ausserordentlichen Erfolge.

Dresden, am 28. November 1906.

Rektor und Senat
der Königlich Sächsischen Technischen Hochschule.

Dr. Drude

Die Technische Hochschule Dresden verlieh dem Nichtingenieur Graf Zeppelin als erste deutsche Hochschule und lange vor dessen aufsehenerregenden Fahrten mit LZ 4 die Ehrendoktorwürde.

Einladungs-Karte

für Herrn Hauptmann Moedebeck

zur Teilnahme an der am 19. Februar d. J. Vormittags 10 Uhr
im Hôtel Marquardt in Stuttgart stattfindenden

General-Versammlung.

Aktienbesitz: 1 Stück.

Friedrichshafen
Stuttgart, den 18. Januar 1901.

Gesellschaft zur Förderung der Luftschiffahrt i. Liqu.

Einladung zur letztmaligen Generalversammlung der Gesellschaft zur Förderung der Luftschifffahrt am 19. Februar 1900.

Außer Zeppelin. Auf sein Drängen hin berief Prof. Bach nochmals den VDI-Ausschuss von 1896 ein, um aus dem positiven Vergleich der damaligen Prognosen mit den tatsächlichen Fahrergebnissen des Versuchsluftschiffes einen neuen Spendenaufruf zu initiieren.
Der Ausschuss tagte am 9. Juni in Kiel und ein dreiviertel Jahr später nochmals in Berlin. Er korrigierte zwar erwartungsgemäß die vorausgesagte Geschwindigkeit nach oben (maximal 9 m/s), blieb aber bei seiner fundamentalen Kritik an der mangelnden Festigkeit des Luftschiffes. Eine glatte Landung auf festem Boden schloss er aus, weshalb der Kommandeur der Preußischen Luftschifferabteilung und Vertreter des Kriegsministeriums Major Klußmann die finanzielle Förderung des Zeppelinprojektes generell ablehnte. Das starre System des Grafen schien damit am Ende einer technischen Sackgasse angelangt zu sein.
Daraufhin riet auch Bach seinem Freund aufzugeben. Doch der gab nicht auf.Fast schon starrsinnig hielt er am starren System fest. Verbissen korrespondierte er weiter mit Kübler, Bach, Hergesell, Berg, Daimler, Moedebeck, Duttenhofer, Gradenwitz, der PLA und anderen. Täglich

IM MÄRZ 1904 WURDE DIE ALTE SCHWIMMENDE HALLE FESTSTEHEND AM SEEUFER ERBAUT.

Grosse Württembergische Geld-Lotterie
Zu Gunsten von Luftschiffahrts-Zwecken.
Preis 3 Mark einschließlich Reichsstempel. Los № 3848 *
Ziehung am 22. 23. u. 24. November 1904 in Stuttgart.
Erster Haupt-Gewinn 60.000 Mk. Bar ohne Abzug
8982 Geldgewinne, zusammen 180,000 Mk.
Verlosungs-Bestimmungen umstehend

LOTTERIELOS ZU GUNSTEN DES ZEPPELINSCHEN LUFTSCHIFFPROJEKTES IM NOVEMBER 1904.

BLICK AUS EINEM BALLON AUF DAS NEUE WERFTGELÄNDE.

tüftelte er mit Dürr insbesondere über Verbesserungen an der Statik des Gerippes.

Und er hatte im Winter 1902/03 die rettende Idee. Bei gleichem Material und gleicher Masse, nur durch Veränderung des Profils der Gitterträger – an Stelle der Flachträger schlug er Dreiecksträger vor, die durch Rohrstreben verbunden waren - ließ sich eine Verdreifachung der Belastbarkeit ohne jegliche Durchbiegung erreichen, was Dürr im März 1903 an Hand zahlreicher Versuche nachwies.

War damit das Festigkeitsproblem seines Luftschiffes gelöst? Zumindest Zeppelin war davon felsenfest überzeugt. Unverzüglich verschickte er einen eilends zusammengeschriebenen »Aufruf an Deutsche« an 10.000 Personen der »gebildeten Stände«. Moedebeck druckte ihn in der Juli-Ausgabe der Zeitschrift Illustrierte Aeronautische Mitteilungen in voller Länge ab. Weiter schrieb er: »Es handelt sich um eine Summe von 400.000 Mark, um das Zeppelinsche Flugschiffsystem in vollendeter Form wiederherzustellen und die Versuche mit demselben zum Abschluss zu bringen. Wenn Viele etwas geben, so wird das Opfer

WIE ZEPPELIN VOM NARREN

LZ 2. Deutlich ist der Laufgang zwischen den beiden Gondeln zu erkennen, ebenso die beiden Kastenruder für die Lenkung und die Lamellensteuer für das Auf- und Abwärtsfahren.

Keinem zu groß werden und die Arbeit als nationale Förderung der Luftschifffahrt fortgesetzt werden können«.

Doch auch diese Aktion verhallte weitgehend ungehört. Die Spenden deckten kaum die Hälfte der Selbstkosten.

Zeppelin machte sich nicht nur in den Augen der Militärs, sondern in der gesamten Öffentlichkeit mit seinem Starrsinn immer mehr zum »Narren vom Bodensee«.

Im Dezember 1903 hatte Zeppelin trotzdem eine neue Idee, um an das Geld für die Fortsetzung seines Projektes zu kommen. Er bat seinen befreundeten König, ihm eine Lotterie zu genehmigen. Der willigte ein und versprach, auch andere Bundesländer für diese Idee zu gewinnen.

Durch diese Zusage ermutigt, begannen im Januar 1904 die Arbeiten in der Bucht von Manzell. Als erstes wurde die Werfthalle errichtet, nachdem die alte schwimmende schon längst demontiert war und nur noch als Ersatzteillieferant diente.

Die neue Halle war 126 m lang, also 2 m kürzer als das künftige Luftschiff. 50 m von ihr ragten ins Wasser, der weitaus größte Teil stand auf festem Boden. Um das Herausbringen des Luftschiffes zu erleichtern, ragten 100 m lange, auf Pontons montierte Schienen in den See. Von dort sollte der kleine Schlepper »Buchhorn« das Luftschiff übernehmen und auf die freie Wasserfläche bugsieren.

Nachdem Ende November 1904 die Landeslotterien in Württemberg, Sachsen und Bayern stattliche 130.000 Mark einspielten, der Reichskanzler 50.000 Mark aus dem

Wie Zeppelin vom Narren zum Nationalhelden wurde

30. November 1905. Bug des havarierten LZ 2. Die Teile des zerstörten vorderen Höhensteuers schwimmen noch im Wasser.

Dispositionsfonds überwies, zahlreiche Kleinspender nochmals 51.000 Mark aufbrachten, das Preußische Kriegsministerium für 38.000 Mark die Gasflaschen samt Zubehör abkaufte und sie umgehend wieder an Zeppelin vermietete und der Graf aus eigenen Mitteln nochmals 130.000 Mark bereitstellte, begann im April 1905 der Bau des neuen Luftschiffes, später LZ 2 genannt. Die Baukosten des neuen Luftschiffes wurden auf 365.000 Mark geschätzt, also blieben für Versicherungen sowie für Betriebs- und Wartungsarbeiten lediglich knapp 50.000 Mark übrig.

Rein äußerlich ähnelte der neue Zeppelin seinem Vorgänger. Beide Tragkörper waren 128 m lang, der Außendurchmesser betrug 11,70 m und der Rauminhalt umfasste 11.300 m³. Auch die Zahl der Ringe blieb mit 16 unverändert, die der Gaszellen mit 17 ebenfalls. Es änderten sich auch nicht die Abstände der Ringe. Sie blieben bei 8 m bzw. 4 m über den beiden Gondeln. Lediglich der Querschnitt des Tragkörpers wurde geändert: Aus einem 24-Eck wurde nun ein 16-Eck.

Die bedeutendste technische Innovation des LZ 2 gegenüber dem LZ 1 war die Verwendung der Dreieckträger für das gesamte Gerüst, die von nun an bei allen Zeppelinen in mehr oder weniger veränderter Form eingesetzt wurden.

Diese neuen Dreieckträger an Stelle der Flachträger brachten nicht nur eine viel bessere Stabilität des Gerüstes gegen Stöße, Durchbiegungen und Verdrehungen, sondern auch eine beträchtliche Gewichtsersparnis. Die wollte Zeppelin aber nicht ausschließlich für größere Nutzlasten verwenden, sondern für eine noch bessere Längsversteifung. Er schlug vor, nicht den Rücken des Luftschiffes (wie bei einem Fisch), sondern den Kiel zusätzlich zu versteifen. Deshalb ließ er zwischen die beiden Gondeln einen starren Laufgang installieren. Dort konnten auch Ballastkörper und Betriebsstoffkanister untergebracht werden.

Dürr hatte in monatelangen Untersuchungen geeignetere Aluminiumlegierungen gefunden, die ebenfalls zur Stabilitätsverbesserung und Gewichtsersparnis beitrugen. Daneben leitete er die Propellerversuche mit dem Luftschraubenboot. Die neuen Propeller hatten einen fast doppelt so großen Durchmesser wie jene bei LZ 1, nämlich 2,2 m. Auch deren Flügelformen wurden aerodynamisch besser gestaltet. Ihre Anbringung erfolgte wesentlich tiefer als beim LZ 1. Das machte die Wellen kürzer und versprach eine geringere Bruchgefahr.

Dürr kümmerte sich auch um neue Dichtungsmaterialien für die Gaszellen und insbesondere um die neuen Motoren. Sie wurden bei Daimler in Einzelfertigung hergestellt. Sie brachten es auf 170 PS. Das war gegenüber dem LZ 1 fast das Sechsfache. Ihr Masse/Leistungsverhältnis sank somit von 26 kg/PS auf nur noch 5 kg/PS, was auf eine deutlich größere Geschwindigkeit und bessere Lenkbarkeit hoffen ließ.

Die Steuerelemente wurden komplett erneuert. Das Laufgewicht kam nicht mehr zum Einsatz. Dafür wurden unmittelbar vor der vorderen und hinter der hinteren Gondel, an den Ringen 3 und 12, jeweils drei

Wie Zeppelin vom Narren

HAUPTMANN CHRISTOPH V. KROGH, AEROSTATISCHER FÜHRER AUF LZ 1 UND LZ 2 SOWIE KAPITÄN AUF DEM PARSEVAL-LUFTSCHIFF PL 1.

LZ 2 WIRD ZUM START VORBEREITET, 17. JANUAR 1906.

waagerechte Flächen aus Stoff jalousieartig übereinander angebracht. Durch Schrägstellung derselben sollte sich bei Fahrt das Luftschiff entsprechend erheben oder neigen. Die Seitensteuerung wurde ebenfalls gründlich verändert. Sogenannte Kastenruder mit senkrecht stehenden Flächen vor dem vorderen und hinter dem hinteren Höhensteuer, an den Ringen 2 und 14, sollten dem neuen Zeppelin eine gute Wendigkeit garantieren.

Der Erststart war für den 30. November 1905 festgesetzt. Wieder hatte Zeppelin die Vertreter des Kriegsministeriums eingeladen. Die Öffentlichkeit wurde diesmal zwar nicht informiert, doch war ihr der Starttermin nicht verborgen geblieben und so säumte das ganze Bodenseeufer wieder eine große Menschenmenge. Unter ihnen auch viele Redakteure regionaler und überregionaler Zeitungen.

Es herrschte ein 5 m/s starker Nordwind, der exakt in den Rücken des Schiffes blies. Dieses Tempo konnte der kleine Schlepper nicht überbieten, dennoch wurde das Luftschiff aus der Halle gebracht. Aber er musste sich eiligst davonmachen, sollte er nicht überfahren werden. Dabei blieb ein Seil hängen, wodurch der Bug des Luftschiffes ins Wasser eintauchte. Gleichzeitig hob der Wind das Heck des Schiffes an, und es musste viel Gas abgelassen werden, um wieder in waagerechte Lage zu kommen. Der vordere Motor sprang nicht an, während die hinteren Propeller anliefen und das Fahrzeug weiter mit der Nase in den See drückten und das vordere Steuer zerstörten. Nur mit Müh und Not konnte der Schlepper das Luftschiff wieder packen und zurück zur Halle ziehen, wo es eilends festgezurrt werden musste. Schnell stand fest, dass die notwendigen Reparaturen einige Tage dauern würden. Das war nicht das Problem. Das war vielmehr der Gasverlust: Weil das Schiff fast 1000 Kubikmeter Gas verloren hatte, musste neues beschafft werden. Das würde mindestens drei Wochen dauern.

Zeppelin konnte über die Jahreswende hinweg das benötigte Gas heranschaffen und alle Reparaturen durchführen lassen.

Da der Winter bisher sehr mild war, wollte er mit der nächsten Auffahrt nicht bis zum Frühjahr warten, sondern noch im Januar starten. Kurzfristig legte Zeppelin in Absprache mit dem Meteorologen Hergesell den 17. Januar als Starttermin fest. Sein Freund Bach lud wieder einige Vertreter des VdI zu diesem Ereignis ein, und das Preußische Luftschifferbataillon befahl Groß nach Friedrichshafen. Auch die Presse war pünktlich und zahlreich erschienen.

Führer war wieder Zeppelin selbst. Die aerostatische Führung lag in den Händen von Hauptmann von Krogh, der schon bei den beiden Fahrten des ersten Zeppelins im Oktober 1900 dabei war. Es stieg auch Ingenieur Dürr mit an Bord, um das Höhensteuer zu betätigen und die Stabilität des Tragkörpers zu überwachen.

17. JANUAR 1906. KISSLEGG IM ALLGÄU. NACH DER GLÜCKLICHEN NOTLANDUNG DES LZ 2 AUF FESTEM BODEN ZERSTÖRTE EIN STURM DEN UNGESCHÜTZTEN ZEPPELIN.

Es wehte ein schwacher Südwind von den Alpen herüber, als das Luftschiff vom Schlepper »Buchhorn« auf den See hinaus gezogen wurde. Statisch erhob sich der Zeppelin auf 450 m, ehe die Motoren angelassen wurden. Daraufhin lief das Fahrzeug schnell gegen den Wind an. Das Schiff folgte den Steuermanövern Dürrs und Zeppelins und machte einige gelungene Schleifen. Es bewies damit seine gute Manövrierfähigkeit. Doch dann begann eine verhängnisvolle Pannenserie. Als erstes versagte das vordere Steuer, stellte sich quer und bremste dadurch jede Bewegung des Luftschiffes. Dann fiel ein Motor aus. Zeppelin musste wohl oder übel notlanden. Doch dafür war es zumindest auf dem Bodensee zu spät, denn während des einstündigen Kampfes um die Motoren und Steueranlagen hatte der Wind das Schiff längst über die Uferlinie und mehr als 30 km in das Landesinnere Richtung Kißlegg im Allgäu getrieben.

AUF ANWEISUNG ZEPPELINS WURDE DAS WRACK DES LZ 2 RESTLOS DEMONTIERT.

Die Situation war äußerst brenzlig, denn noch nie war ein starres Luftschiff auf festem Boden glatt gelandet. Die herrschende Meinung unter den Experten schloss dies ohnehin aus. Und nirgends waren Haltemannschaften, die den verwundeten Zeppelin bei kontrollierter Gasabgabe hätten nach unten ziehen können. Verzweifelt ließ Zeppelin den Schiffsanker werfen, doch der hakte sich nicht in dem gefrorenen Boden fest.

Trotzdem landete der Zeppelin unter weiterem Gasablassen erstaunlich glatt. Lediglich das Heck blieb in einem Baum hängen.

Wäre an dieser Stelle die Pechsträhne gerissen, hätte die Fahrt des LZ 2 durchaus als Erfolg in die Geschichte der Luftschifffahrt eingehen können. Denn sie hätte bewiesen, dass der Zeppelin trotz aller Unkenrufe doch auf festem Boden landen kann und das starre System des Grafen in keine technische Sackgasse führt.

So aber setzte am Abend ein starker Wind ein, der das ungesicherte Luftschiff mehrfach anhob und dann wieder kräftig zu Boden fallen ließ. Was sollten dagegen die fünf Besatzungsmitglieder anrichten? Ohnmächtig musste sie mit ansehen, wie eine Rippe nach der anderen verbogen wurde oder zerbrach, die Schutzhülle zerfetzte und die Gasblasen eine nach der anderen ihr kostbares Gas aushauchten. Schließlich war es unmöglich, das 8 t schwere Wrack vom Fleck zu bewegen. So beschloss der nach außen gefasst wirkende, im Inneren aber zutiefst verzweifelte Zeppelin, es zu zerschlagen. Sein Lebenswerk schien endgültig gescheitert und alle waren zunächst überzeugt, dass er sein Projekt aufgeben würde. Sie sollten sich gründlich täuschen.

Hugo Eckener, der bisher über die Zeppelinstarts umfangreiche Artikel an seine Frankfurter Redaktion berichtet hatte, und die von vielen anderen Zeitungen ungekürzt abgedruckt wurden, war mit Hunderten Anderen unmittelbar nach der unfreiwilligen Landung des LZ 2 in Kißlegg im Allgäu nach dort unterwegs. Fassungslos schrieb er in der Frankfurter Zeitung: »Wie das Gerippe eines riesigen Walfisches, auf über 130 m hingestreckt, liegt es da vor uns auf dem Boden und mit Äxten und Sägen arbeitet man schonungslos an der schleunigen Zerstörung. Die Ballonhüllen liegen in großen Haufen umher. Es ist, als ob jemand den Befehl gegeben habe, so schnell wie möglich jede Spur dieses Luftschiffes zu vertilgen«.

Es ging alles ganz schnell. Genau 24 Stunden nachdem sich das stolze Luftschiff über den See erhoben hatte, fiel das letzte Rippenpaar unter Hammerschlägen in sich zusammen. Eckener bedauerte zwar mit bewegenden Worten das bittere Schicksal des Grafen, doch in seiner Wertung des Luftschiffes blieb er hart: »Das Modell ist ungeeignet«.

Und lag mit dieser Vorverurteilung gründlich falsch. Nachdem ihn Zeppelin kurz darauf aufsuchte und ihn durch Erklärungen und sicher auch durch seinen Charme vereinnahmen konnte, beurkundeteer am 3. Februar öffentlich: »Auch ist klar, dass man jedenfalls aus den von mir bezeichneten Gründen das Luftschiff nicht ‚ungeeignet' nennen durfte«. Aus Saulus wurde über Nacht Paulus.

Zwei Tage nach der Vernichtung des LZ 2 schickte Zeppelin einen ausführlichen Bericht an das Kriegsministerium, in dem er sich selbst wegen mangelnder Erfahrung im Umgang mit dem Luftschiff für das Unglück verantwortlich machte. Gleichzeitig

Freiballon neben der Halle von Manzell. Mit ihm wurden Zeppelins engste Mitarbeiter (u.a. Dürr, Stahl, Macker) zu Ballonführern ausgebildet.

bot er dem Reich an, das gesamte Werk samt Mitarbeitern zu verkaufen.

Doch dort hatte man keinerlei Interesse daran. Der Bodensee war ganz einfach viel zu weit weg von Berlin, die Kosten eines Zeppelins viel zu hoch, und außerdem favorisierte die Preußische Luftschiffer-Abteilung den Lebaudytyp, vor allem weil dieser beim Landen viel weniger Gefahr lief zu zerbrechen und dadurch manövrierunfähig zu werden.

Daraufhin drohte der Graf, seine Konstruktionspläne zu veröffentlichen, auch auf die Gefahr hin, »dass sich das Ausland der Pläne bemächtigen werde«. Das wirkte, denn plötzlich signalisierte das Kriegsministerium Unterstützung, wenn auch sehr unverbindlich.

Diesen Strohhalm ergriff Zeppelin und verschickte den Bericht »Die Wahrheit über mein Luftschiff« zunächst an Bach und Moedebeck. Er bat sie, »die Zahlenangaben des Berichtes über Geschwindigkeit, Fahrtdauer usw. geheim zu halten, da das Ausland nicht zu früh zu erfahren braucht, wie vorzügliche Luftschiffe wir erhalten werden«. Das hätte nicht schlecht gestaunt: Zeppelin behauptete, eine Geschwindigkeit von 15 m/s erreicht zu haben. Und ohne Havarie hätte er sich 60 Stunden nicht nur in der Luft gehalten, sondern 2500 km zurückgelegt! Alle Rekorde der französischen Luftschiffe wären himmelhoch gebrochen worden. Weiter argumentierte er: Wäre der »Lebaudy I«, so wie seinem Zeppelin Nr. 2, ein Motor ausgefallen, wäre sie rettungslos zerschellt, denn die hatte nur einen Motor, während LZ 2 auch mit nur einem Motor durchaus manövrieren konnte.

Moedebeck verfasste einen entsprechend gekürzten Artikel in den Illustrierten Aeronautischen Mitteilungen, der für ein gewaltiges nationales und internationales Aufsehen sorgte.

Im April 1906, nachdem Zeppelin von den Aktivitäten Parsevals und Riedingers zum Bau des ersten deutschen militärischen Prall-Luftschiffes erfahren hatte, begann er schleu-

LZ 3 kurz vor dem Aufstieg am 9. Oktober 1906. Deutlich sind die paarweise angeordneten waagerechten Stabilisierungsflächen am Heck erkennbar.

LZ 3 nach dem ersten Umbau 1907. Die Seitensteuer befinden sich zwischen den Stabilisierungsflächen und die Höhensteuer in Höhe der Propeller.

nigst mit dem Bau des drittens Zeppelins. Er vertraute darauf, dass die finanziellen Mittel für den Neubau in Höhe von 500.000 Mark irgendwie zusammenkommen würden. Das Geld sollte vor allem eine in Aussicht gestellte Lotterie in Preußen erbringen. Daneben wollte der Kaiser ihm aus seinem Dispositionsfonds einen Zuschuss in Höhe von 100.000 Mark gewähren. Von Berg erhoffte sich Zeppelin 125.000 Mark als Leihgabe. Den Restbetrag wollte Zeppelin selbst zur Verfügung stellen, dazu das noch vorhandene und verwendbare Material des LZ 2.

Ende September war LZ 3 fertig. Das Luftschiff war in fast allen technischen Parametern mit seinem Vorgänger identisch. Einerseits waren Zeppelin und Dürr davon überzeugt, dass LZ 2 schon ein brauchbares Luftschiff war und nur wegen eklatanter Bedienungsmängel und einer Verkettung unglücklicher Umstände scheiterte. Andererseits fehlten ihnen ganz einfach die Mittel und die Zeit, um einen völlig neuen Zeppelin zu bauen.

Aber einen ganz entscheidenden Innovationsvorsprung besaß LZ 3 gegenüber LZ 2: Der neue Zeppelin besaß waagerechte Stabilisierungsflächen. Je ein Paar befand sich auf beiden Seiten am Heck des Tragkörpers. Sie waren mit dem Gerippe vernietet – ein wesentlicher Vorteil dieses Systems gegenüber dem unstarren und dem halbstarren. Ihre Wirkung auf die Stabilität des Luftschiffes war beträchtlich, sowohl gegen Verdrehungen als auch gegen das wellenförmige »Stampfen« in der Längsachse.

Am 9. und 10. Oktober fanden die ersten beiden Aufstiege des neuen Zeppelins mit neun bzw. elf Mann Besatzung statt. Rekord! Sie brachten zudem den eindeutigen Nachweis, dass die mittlere Geschwindigkeit, vorausgesetzt beide Motoren laufen ungestört, 14 bis 15 m/s beträgt, also 3 bis 4 m/s mehr als bei »Lebaudy«.

Das Luftschiff zeigte bei allen Fahrten, dass es sich mit den vorhandenen Seitensteuerungen leicht und sicher lenken ließ. Selbst enge Kurven und Wendungen konnte es ausführen. Dass das Schiff nicht über längere Strecken exakt geradeaus fuhr, lag mehr an den mangelnden aeronautischen Fähigkeiten Zeppelins als am System. Außerdem hatte der Zeppelin noch keine vertikalen Stabilisierungsflächen.

Die neuen horizontalen Stabilisierungsflächen bewährten sich vortrefflich. Keiner der Motoren fiel aus, und keine Welle brach. Das Aufsteigen und Niedergehen des Zeppelins ging ziemlich problemlos vonstatten. Die Fahrtdauer war an beiden Tagen relativ kurz, jeweils nur um die zwei Stunden. Doch das lag daran, dass sowohl beim Aus- als auch beim Einhallen des Zeppelins sehr viel mehr Zeit benötigt wurde und deshalb erst am frühen Nachmittag gestartet werden konnte. Dabei waren die Tage im Oktober doch schon recht kurz.

Hugo Eckener, der auch über diese Fahrten für die Frankfurter Zeitung berichtete, war diesmal hellauf begeistert, denn alle bisherigen Rekorde mit Luftschiffen wurden nacheinander gebrochen. Prophetisch resümierte Eckener in seinem Artikel »Der Sieg des starren über das lose System« am 14. Oktober: »Das Luftschiff wird wegen seiner hervorragenden Leistungsfähigkeit akzeptiert werden...Es wird dann zunächst ein für dasselbe geeigneter Hafen am Bodensee gebaut werden, der ein sicheres Ein- und Ausbringen des Fahrzeuges verbürgt. Und allmählich werden dann über Deutschland verstreut einige günstige Zufluchtshäfen für Zeppelinsche Schiffe (nennen wir sie einmal ‚Reichsflugschiffhäfen') ausgesucht«.

LZ 3 NACH WEITEREN ÄNDERUNGEN (INZWISCHEN ALS HEERESLUFTSCHIFF Z I BEZEICHNET). DAS HECK HAT EINE SENKRECHTE RÜCKENFLOSSE ZUR SEITLICHEN STABILISIERUNG.

Alle Zeitungen im In- und Ausland brachten zum Teil sehr umfangreiche Berichte über die beiden Fahrten. Durch ganz Deutschland fegte eine Welle der Begeisterung für Zeppelin. Vergessen waren die Havarien der beiden Vorgängerschiffe. Eingeprägt hatte sich vielmehr der unbeugsame Kampf des inzwischen 68 Jahre alten Grafen für seine Idee.

Die erfolgreichen Fahrten des dritten Zeppelins verfolgten die Technikwis-

Der kleine Schlepper »Buchhorn« zog den Zeppelin auf die offene Wasserfläche.

Vorbereitungen zum Erststart des LZ 3 am 9. Oktober 1906. Der Zeppelin wird samt der vollbesetzten Gondel (Zeppelin vorn, Dürr daneben) aus der Halle geführt.

Morgens wurde das Luftschiff aus der Halle geführt.

senschaftler und die Ingenieure im VDI sehr aufmerksam.

Am 28. November 1906 verlieh die Technische Hochschule Dresden Zeppelin als erste wissenschaftliche Einrichtung Deutschlands einen akademischen Ehrentitel.

Am 19. Dezember 1906 wandten sich fast 150 anerkannte Natur- und Technikwissenschaftler aus mehr als 25 der bedeutendsten deutschen Universitäten und Technischen Hochschulen mit einer Petition an den Kaiser. Darin trugen sie die Bitte vor »die Bestrebungen des Grafen Zeppelin unter Allerhöchst Ihren besonderen Schutz nehmen zu wollen«. Unter den Wissenschaftlern waren Nobelpreisträger, Rektoren, Vorstandsmitglieder des Vereins Deutscher Ingenieure und nicht zuletzt der Präsident der Physikalisch - Technischen Reichsanstalt.

Noch am selben Tag berief das Kriegsministerium eine Sitzung mit Vertretern der Reichsämter ein und beschloss, zur Förderung des Zeppelinprojektes einen Nachtragshaushalt in Höhe von 500.000 Mark zu verabschieden, den der Reichstag im März 1907 einstimmig beschloss. Allerdings nicht für einen neuen Zeppelin, sondern für eine neue Halle, damit ein weiteres Luftschiff gebaut werden kann. Da die Halle in Eigentum des Reiches blieb, wurde sie auch als »Reichshalle« bezeichnet.

Majestätisch gleitet der Zeppelin über den See.

Die nationale Konkurrenz zum Zeppelin-Projekt

29. Januar 1906. Berlin. Geheime Kommission des Kriegsministeriums: »Es ist an der Zeit, dem Bau von Motorluftschiffen näher zu treten«.

Unmittelbar, nachdem die Nachricht von der Notlandung und der Zerstörung des LZ 2 in Berlin eintraf, berief der Kriegsminister eine geheime »Kommission zur Beratung der Frage des Baues von Motorluftschiffen« ein. Die erste Sitzung fand knapp zwei Wochen später, am 29. Januar 1906, statt.

Bei der Auswahl, welches der drei Systeme prall, halbstarr oder starr das Kriegsministerium favorisieren soll, einigte man sich schnell und einstimmig darauf, dass es nicht das starre des Grafen Zeppelin ist, sondern das unstarre, das schon Wölfert vor zehn Jahren dem Kriegsministerium vorgestellt hatte. Gleichzeitig werde man die weitere Entwicklung des halbstarren Lebaudy-Luftschiffes im Auge behalten.

Neue Ballonhalle des Luftschifferbataillons auf dem Tegeler Schiessplatz. Für Zeppeline viel zu klein.

Die Zeit eilte. Nur ein halbes Jahr später, als kein Zweifel mehr darin bestand, dass Frankreich im Falle eines Krieges seine Luftschiffe als taktische Waffen einsetzen würde, ordnete Kaiser Wilhelm II. die Gründung der Motorluftschiff-Studiengesellschaft mbH mit Sitz in Berlin an. Als erste Maßnahme errichtete die Studiengesellschaft eine Luftschiffhalle in unmittelbarer Nähe des Standortes des Luftschifferbataillons in Berlin-Tegel. Wie wenig das Kriegsministerium damals vom Zeppelin hielt, unterstreicht die Tatsache, dass die Halle nur 75 m lang war. Ein Zeppelin hätte dort niemals unterkommen und »studiert« werden können.

Das Prall-Luftschiff »Parseval« (PL)

Bereits im März 1906 legte Major August von Parseval seine ersten Ideen über einen neuen Typ des unstarren Systems der Kommission vor. Sie überzeugten.
Der Bau des Versuchsluftschiffes Parseval (bisweilen als »PV« bezeichnet) erfolgte unter strengster Geheimhaltung bei Riedinger in Augsburg. Anfang Mai wurde das in seine Einzelteile zerlegte Luftschiff per Bahn nach Berlin zum Luftschifferbataillon transportiert und zur Erstauffahrt vorbereitet. Sein Volumen betrug nur 2500 m³. Der Motor leistete 90 PS. Zwei mit Luft gefüllte Ballonetts im vorderen und hinteren Teil des Tragkörpers hielten diesen prall und unterstützten die Vertikalsteuerung.
Erwähnenswert an diesem Schiff sind die Propeller. Sie waren weder aus Holz noch aus Metall, sondern aus Stoff. Sie wurden erst bei hohen Umdrehungszahlen als Folge der Fliehkraft starr und entfalteten ihre Wirkung.
Zwischen dem 26. Mai und dem 27. Oktober machte das Versuchsluftschiff elf Aufstiege in Berlin. Bei keiner Fahrt war zwar eine hinreichend genaue Geschwindigkeitsberechnung erfolgt, aber man schätzte diese auf knapp 13 m/s. Alles in Allem zeigten sich die Vertreter des Kriegsministeriums und der PLA davon überzeugt, »dass von Parseval ein brauchbares Kriegsluftfahrzeug geschaffen hat«. Jedes andere Urteil hätte auch sehr verwundert.

August von Parseval, Erfinder eines eigenen Typs des unstarren Systems.

Das Prall-Luftschiff vom Typ Parseval.

Propellerblätter in Ruhestellung...

... und in Fahrt

Wie Zeppelin vom Narren zum Nationalhelden wurde

Im November 1906 kaufte das Kriegsministerium das Versuchsluftschiff samt allen damit verbundenen Rechten und Patenten für 130.000 Mark.

Ab 1909 wurden die Parseval-Luftschiffe nicht mehr in Berlin, sondern in Bitterfeld durch die Luft-Fahrzeug-Gesellschaft Bitterfeld gebaut. Von 1909 bis 1915 liefen hier 18 Luftschiffe vom Stapel. Mit ganz wenigen Ausnahmen waren alle Parsevale Kriegsluftschiffe. Sie wurden nicht nur vom deutschen Kriegsministerium gekauft, sondern von der türkischen, russischen, italienischen, japanischen und englischen Militärverwaltung.

Das technisch beste Parseval-Luftschiff war der 1914/15 gebaute PL 25. Er hatte ein Volumen von 14.000 m^3. Die Länge betrug 112 m und der größte Durchmesser 15 m. Das Luftschiff war stromlinienförmig. Zwei Maybach-Motoren von je 210 PS trieben zwei Propeller mit 4,5 m Durchmesser an. Am spitzzulaufenden Heck befanden sich beidseitig horizontale Stabilisierungsflächen von je 12 m^2 mit anschließendem Höhensteuer von knapp 6 m^2. Die beiden vertikalen Stabilisierungsflächen waren 56 m^2, das Seitensteuer 11 m^2 groß.

Das Luftschiff besaß einen separaten Funkraum in der Gondel, eine

PL 6 über der Dresdener Luftschiffhalle.

PL 2 = P I über der Bitterfelder Halle.

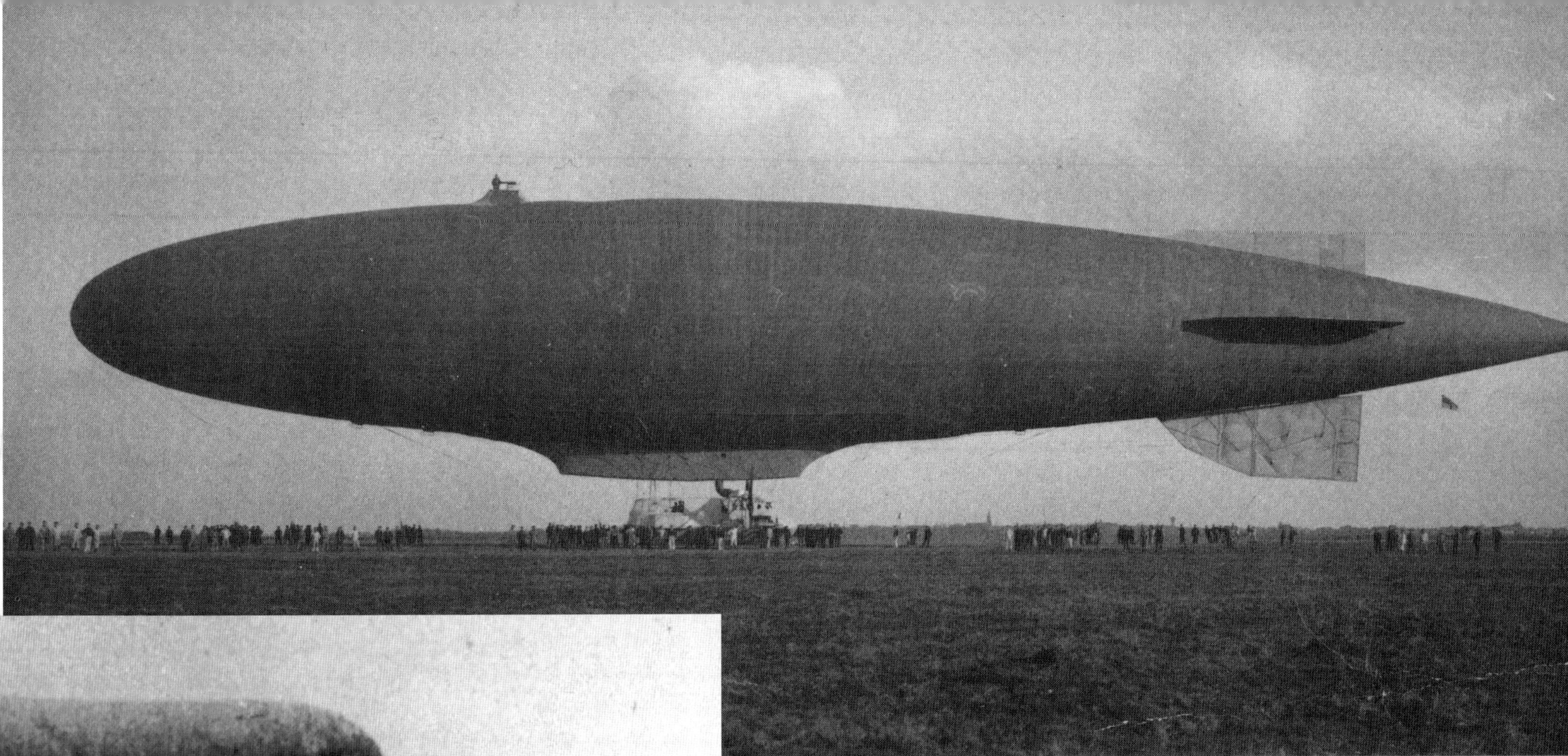

PL 25 mit Maschinengewehrstand auf dem Rücken des Luftschiffes.

Maschinengewehrplattform für zwei Maschinengewehre vorn oben auf der Hülle, erreichbar durch einen Steigschacht, und eine Bombenabwurfeinrichtung an der Gondel.
Seine Erstfahrt hatte PL 25 am 25. Januar 1915. Es wurde am 23. März der Marine-Luftflotte unterstellt und in Tondern stationiert. Dort absolvierte der Parseval etwa 40 Aufklärungsfahrten und beteiligte sich an einigen Seegefechten.

Insgesamt kamen im Ersten Weltkrieg auf deutscher Seite drei weitere Parseval-Luftschiffe zum Einsatz. Die beiden zuletzt gebauten Parsevale, PL 26 und PL 27, waren keine Prall-Luftschiffe mehr, sondern halbstarrte.

DAS HALBSTARRE LUFTSCHIFF GROSS/BASENACH (M)

Im Spätsommer 1906 hatte sich die Motorluftschiff-Studiengesellschaft entschieden, ein eigenes Militärluftschiff zu bauen, und zwar in Anlehnung an den Lebaudy-Typ nach dem halbstarren System. In Ermangelung einer eigenen Werfthalle wurde zunächst ein Versuchsluftschiff in den Berliner Siemens-Schuckert-Werken gebaut.

Die wesentlichen Grundprinzipien für dieses Luftschiff stammten von Major Groß, dem angehenden Kommandeur des Luftschifferbataillons.

Das Versuchsluftschiff des Systems Groß/Basenach war im Frühjahr 1907 fertiggestellt.

Der Tragkörper fasste nur 1800 m³, in dessen Innerem ein Ballonett dafür sorgte, dass der Ballon prall blieb und damit lenkbar wurde. Die Höhensteuerung erfolgte ähnlich wie beim LZ 1 durch das horizontale Verschieben eines Gewichtes.

Die erste Auffahrt des Versuchsluftschiffes erfolgte am 7. Mai 1907. Bis Ende Juli machte es mehrere erfolgreiche Auffahrten, wobei Dauerfahrten von über drei Stunden mit bis zu 8 m/s erreicht wurden. Auf Grund dieser überzeugenden Fahrleistungen und der vielversprechenden Betriebssicherheit gab das Kriegsministerium Ende 1907 den Auftrag zum Bau des ersten deutschen Militärluftschiffes, des M I. Es wurde in der inzwischen neu erbauten Reinickendorfer Werft des Luftschifferbataillons gebaut. Sein Fassungsvolumen betrug 5000 m³. Es war mit zwei Ballonetts und mit zwei 75-PS-Motoren bestückt. Diese trieben zwei dreiflügelige Propeller an. Auch die Steuer- und Stabilisierungseinrichtungen wurden verbessert. Als Höhensteuer dienten wie beim LZ 3 jalousieartige Flächen unterhalb des Kieles.

MAJOR HANS GROSS, ERFINDER DES HALBSTARREN LUFTSCHIFFTYPS GROSS/BASENACH.

MILITÄR-LUFTSCHIFF M I LANDET NACH DER ERFOLGREICHEN 13-STUNDEN-FAHRT AM 12. SEPTEMBER 1908 AUF DEM TEGELER SCHIESSPLATZ.

M I stieg erstmals am 30. Juni 1908 auf, musste aber kurz darauf notlanden, wobei es einige Beschädigungen erlitt. Nach kurzer Pause wurden die Starts wieder aufgenommen und schon Mitte September brach M I den bestehenden Dauerfahrtrekord mit 13 Stunden reiner Fahrtzeit. Ende des Jahres wurde M I der Luftschifferabteilung in Köln übergeben.

Ein Jahr später war das Luftschiff M II fertig. Dieser Groß/Basenach legte am 4. April 1909 eine Strecke von 500 km zurück, wobei er nach Reinickendorf zurückkehrte – wieder ein Rekord in der Luftschifffahrt.

Im selben Jahr verließ M III die Werft in Reinickendorf. Wieder wurde das Volumen vergrößert (auf 7800 m³), wodurch auch die anderen Bauteile effektiver gestaltet werden konnten. Gleich vier 75-PS-Motoren beschleunigten das Luftschiff auf stattliche 16 m/s. Das war ein neuer Geschwindigkeitsrekord für Luftschiffe. Der erste Aufstieg fand am 31. Dezember 1909 statt.

M IV, Baujahr 1911, war das ausgereifteste Luftschiff vom Typ Groß/Basenach. Nach dem Umbau im Jah-

WIE ZEPPELIN VOM NARREN

M IV auf dem Müggelsee.

re 1913 hatte der Tragkörper ein Volumen von 19.000 m³. Neue Daimler-Motoren trieben es auf mehr als 20 m/s.

M IV wurde von der Marine-Luftschiffer-Abteilung übernommen. Für den Einsatz in der Nordsee und gegen England kam es aber wegen seiner viel zu großen Sturmempfindlichkeit nicht in Frage.

Schon zwei Jahre vorher, Ende 1913, hatte das Kriegsministerium die Einstellung des Baues eigener Luftschiffe des Typs Groß/Basenach beschlossen. Die Luftschiffe M I – M III bzw. ihre modifizierten Nachfolger waren noch eher, im Oktober 1912, durch einen Hallenbrand vernichtet worden.

DAS STARRE LUFTSCHIFF SCHÜTTE/LANZ (SL)

PROF. SCHÜTTE, ERFINDER EINES EIGENEN TYPS DES STARREN SYSTEMS.

VERSUCHSLUFTSCHIFF SL 1 WIRD AUS DER HALLE GEBRACHT, 17. OKTOBER 1911.

Das einzige Luftschiffsystem, das während des Ersten Weltkrieges neben den Zeppelinen zum Einsatz kam und durchaus die Chance gehabt hätte, auch danach im zivilen Sektor zu bestehen, war das System Schütte-Lanz (SL).

Aber nicht aus diesem Grund soll hier auf dieses Luftschiffsystem näher eingegangen werden, sondern weil es mit zahlreichen Innovationen den Zeppelin-Luftschiffbau ganz wesentlich befruchtete. Schütte schrieb später darüber: »Die Unterschiede von den bisher gebauten Starrluftschiffen bestanden

- in der äußeren Form geringeren Luftwiderstandes,
- in dem einfachen Leitwerk und Quer- und Horizontalrudern an dem spitz auslaufenden Heck des Schiffes,
- in den seitlich am Rumpf angeordneten und unverschieblich hängenden Motorgondeln,
- in der Art des Ausbaues und der Ventilation des von vorne bis hinten durchlaufenden, innen liegenden Laufganges,
- in den Gasschächten, die zwischen je zwei Zellen im Schiffsinnern vom Laufgang aus zum Rücken des Schiffes hochführt und oben mit Saugnappen versehen waren,
- in der Art der Anordnung der Sicherheitsventile, die das ausströmende Wasserstoffgas in diese Gasschächte leiteten,
- in der Trennung von Führer- und Motorgondel,
- in einer weitgehenden Ausnutzung elektrischer Apparate für Kommandoübermittlung, Bombenabwurf usw.
- und in der Gerüstkonstruktion durch Verwendung einer Art Längsspantensystem über besonders querverspannte Hauptringe und unverspannte Zwischenringe«.

Der wichtigste Unterschied zu den Zeppelinen war das Material für die Gerüste seiner Luftschiffe: Er zog Espenholz dem Aluminium vor, vor allem deshalb, weil er glaubte, damit möglichen Problemen bei der Funkentelegrafie aus dem Weg gehen. Doch hierin irrte er gewaltig.

Die Schütte-Lanz Luftschiffe wurden in Mannheim bei Lanz gefertigt. Der Bau des Versuchsluftschiffes SL 1 begann am 1. Mai 1909. Es hatte zunächst ein Volumen von 19.000 m³ (nach Umbau 20.500 m³), war 131 m lang und wurde durch elf Gaszellen getragen. Der größte Durchmesser betrug 18,4 m und lag am Ende des ersten Drittels der Gesamtlänge. Die beiden Gondeln trugen je einen 240-PS starken Motor und Propeller, die Besatzung und die Nutzlast.

Am 1. November fand die erste erfolgreiche Rundfahrt über Mannheim statt. Bis zur Abnahme durch die Heeresverwaltung zum 30. Dezember 1912 machte das Luftschiff insgesamt 53 Fahrten.

Der Kaufpreis lag bei 550.000 Mark, also kaum weniger als ein Zeppelin. Aber die Baukosten betrugen ein Mehrfaches davon.

Im April 1913 verkaufte Schütte alle Patente für 200.000 Mark an das Kriegsministerium. Ende 1913/Anfang 1914 wurde der SL 2 fertiggestellt. Sein Volumen betrug 24.500 m³.

Der Luftkreuzer SL 2 inspirierte den gesamten Luftschiffbau der Welt,

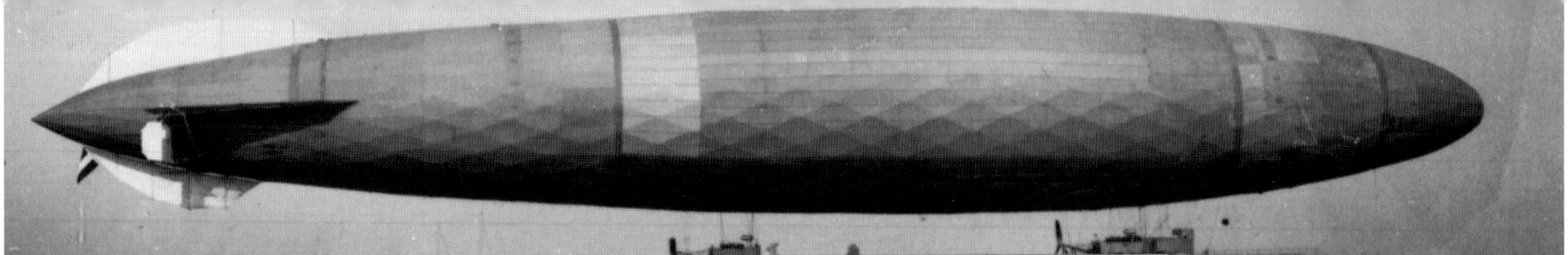

Führer- und vordere Motorgondel des SL 1 (vorn stehend Prof. Schütte, in der Führergondel Lanz (li) und der Luftschiffführer Hauptmann von Müller vom Luftschifferbataillon.

SL 2 beeinflusste den Luftschiffbau weltweit.

Der Luftkreuzer SL 1 nach dem Umbau, 13. April 1912.

insbesondere den Zeppelin. Äußerlich bestach der Luftkreuzer durch seine aerodynamische Form mit schlankauslaufendem spitzem Heck. Dort befanden sich die einfach gehaltenen horizontalen und vertikalen Stabilisierungs- und Steuerflächen. Erstmals war die Führergondel mit der Telegrafenstation von den Motorgondeln getrennt. Die Führergondel lag bugwärts eng an der Unterseite des Tragkörpers, während zwei Motorengondeln mit den Propellern seitlich am Rumpf mittschiffs unterhalb der Äquatorebene und zwei weitere vorn und hinten unterhalb der Mittellinie starr befestigt waren. In diesen Gondeln standen die vier 185-PS-Daimlermotoren wie sie Zeppelin benutzte. Der Laufgang wurde ins Innere des Tragkörpers verlegt und war vom Bug bis zum Heck durchlaufend, so dass eventuelle Reparaturen an den Ballons und den Ventilen problemlos durchgeführt werden konnten. Vom Laufgang führten Gasschächte zum Rücken des Tragkörpers, wodurch das ausströmende Gas nicht mehr mit den Motoren zusammentreffen konnte. Außerdem waren am Laufgang spezielle Einrichtungen zum Abwurf von Brand- und Sprengbomben montiert. Von hier aus wurde mit einer Seilwinde ein Spähkorb unter die Wolkendecke herabgelassen, während sich das Luftschiff darüber »versteckte«. Auf dem First des Tragkörpers befand sich ein Maschinengewehrstand mit zwei MG.

Die Erstfahrt hatte SL 2 am 28. Februar 1914 und verlief wie die weiteren Probefahrten vielversprechend. Im Mai wurde er zunächst nach Liegnitz, aber schon im November an die Westfront verlegt. Dort fuhr er einige Bombenangriffe auf französische Stellungen und Städte und beteiligte sich nach seiner Vergrößerung (im Sommer 1915 auf 27.800 m³) gemeinsam mit mehreren Zeppelinen an einem Bombenangriff auf London. Im Januar 1916 wurde er nach einer Notlandung abgewrackt.

Insgesamt wurden bis zur Einstellung der Heeres- und Marineluftschifffahrt 22 SL-Schiffe gebaut, aber nur 20 fertiggestellt. Sie kamen insgesamt auf etwa 140 Einsätze, aber allein zehn Luftkreuzer hatten nie Feindberührung. Holz als Baumaterial hatte sich nicht bewährt, weshalb die SL-Schiffe nur bedingt von der Marine übernommen wurden. Schon geringer Nebel, eine Fahrt in den Wolken oder gar im Regen lösten die geleimten und furnierten Holzteile auf und machten das Gerippe schwer. Dann musste das Luftschiff vorzeitig landen oder konnte gar nicht erst aufsteigen. Ab 1917 wollte Schütte deshalb auf Aluminium überzugehen, doch es kam nicht mehr zum Bau eines solchen Luftschiffes.

WIE PHÖNIX AUS DER ASCHE

5. AUGUST 1908. KAUFMANN MANFRED FRANCK IM ECHTERDINGENER WIRTSHAUS »DER BALLONKÖRPER IST TOT, DIE ZEPPELINSCHE IDEE LEBT UND WIRD LEBEN IN ALLE EWIGKEIT«.

5. AUGUST 1908. RATLOS STEHEN DIE MENSCHEN VOR DEN RESTEN DES LZ 4.

Mit der Sicherheit, vom Reich eine halbe Million Mark für den Neubau einer Halle zu erhalten, reichte Zeppelin die Planungsunterlagen unverzüglich am 23. Februar 1907 zur Genehmigung ein. Der Bau der Halle begann Ende März und wurde ein halbes Jahr später, am 23. September 1907 beendet. Ihre Einweihung erfolgte am 27. September. Die Baukosten beliefen sich auf 450.000 Mark.

Auffallend an der neuen Halle war das gewaltige Eisengerüst, das mit Brettern beschlagen war und auf 38 eisernen Pontons ruhte. Die Halle hatte eine Gesamtlänge von 150 m und war 25 m breit sowie 23 m hoch. Unterhalb des hölzernen Hallenbodens befand sich ein stählernes Floß, das wiederum auf 28 Pontons schwamm und 112 m lang und 7 m breit war.

Die Halle wurde exakt an der Stelle verankert, wo schon die erste Halle für LZ 1 befestigt war.

Während die Reichshalle gebaut wurde, widmete sich Zeppelin mit seinem Team dem Umbau des LZ 3 in der feststehenden Halle.

Auffallend am überarbeiteten Zeppelin war, dass die Steuervorrichtungen nicht mehr unterhalb der beiden Spitzen des Ballonkörpers lagen, sondern rechts und links an den Flanken und zwar so hoch, dass sie bei einem Aufsetzen des Luftschiffes auf dem Wasser nicht beschädigt werden konnten. Die als Jalousiesteuer konstruierten Höhensteuer besaßen je vier Lamellen. Die Horizontalsteuer waren dreiflächige Jalousieruder mit einzelnen, drehbaren Flächen, die zwischen den großen Stabilisierungsflächen eingesetzt worden.

WIE ZEPPELIN VOM NARREN

24. September 1907. LZ 3 über der »Reichshalle«.

Staunend verfolgen die Anwohner die Fahrten des LZ 3 über dem Bodensee.

LZ 3 beim Ausfahren zur 8-Stunden-Fahrt am 30. September 1907. Gut erkennbar sind die neuen Stabilisierungs- und Steuerflächen am Heck.

Seine Erstfahrt hatte der umgebaute LZ 3 am 24. September 1907. Die Füllung der Gaszellen wurde vom Geschäftsführer der Motorluftschiff-Studiengesellschaft Hauptmann von Kehler geleitet. Die Führung des Luftschiffes lag wieder in den Händen Zeppelins. Neben sechs Maschinisten waren noch Dürr, Hacker und Bassus an Bord. Der Start verlief problemlos, ebenso die mehr als vierstündige Bodenseeumrundung und die Wasserung auf dem Bodensee. Die Fahrtdauer stellte einen neuen Rekord dar, der allerdings nicht lange bestand, denn schon am 30. September fuhr LZ 3 doppelt so lange am Stück. Dabei wurden Geschwindigkeiten von 15 m/s gemessen. Robert Mischke, der im Auftrag des

Wie Zeppelin vom Narren zum Nationalhelden wurde

Reichsmarineamtes zu prüfen hatte, ob der Zeppelin auch für die Marine Verwendung finden könne, wertete die 8-Stunden-Fahrt als »durchschlagenden Erfolg des starren Systems«. Fast täglich wurden Versuchsfahrten mit wechselnden Passagieren durchgeführt. Am 26. September stieg sogar Zeppelins einziges Kind, Helene, in die Gondel und demonstrierte damit, wie fahrtauglich ihr Vater sein Luftschiff hielt.

Zeppelin war klar, dass der LZ 3 die hochgesteckten Abnahmebedingungen des Reiches nicht erfüllen konnte. Schon gar nicht eine 24-Stunden-Zielfahrt ohne Zwischenlandung. Da würden auch keine noch so raffinierten technischen Verbesserungen etwas ändern. Der Tragkörper war dafür viel zu klein. Deshalb bestand Zeppelin auf einen Neubau.

Nachdem die Regierung in Berlin Zeppelin am 26. Oktober 2.150.000 RM zugesprochen hatte, ging er Ende November an den Bau des nächsten Zeppelins, des LZ 4, der wie kaum ein anderer in die Geschichte der Luftschifffahrt eingehen sollte.

Die Arbeiten am neuen Luftschiff liefen seit Anfang des Jahres 1908 auf Hochtouren.

Das Luftschiff war 136 m lang und hatte 13 m Durchmesser. Sein Rauminhalt fasste 15.000 m³, war also um 30 % größer als LZ 3 und hatte eine entsprechend größere Tragkraft. 14 Personen fanden Platz an Bord.

Die beiden Daimler-Motoren brachten es auf 210 PS. Das bedeutete eine Verstärkung um mehr als ein Viertel. Ihre Masse war zudem erheblich geringer als die des Vorgängerschiffes.

Zum ersten Mal hatte ein Luftschiff eine Kabine für Passagiere. Sie befand sich in der Mitte zwischen den beiden Motorgondeln und besaß mehrere Fenster sowie jeweils eine Bank an den Außenwänden.

Die Erstfahrt des LZ 4 fand am 20. Juni 1908 statt. Führer war der inzwischen 70jährige Zeppelin. Die exklusiven Kabinenplätze belegten Major Hesse vom Großen Generalstab, Ing. Ferdinand von Zeppelin jun. (der Neffe des Grafen), Ingenieur Kober (er war inzwischen wieder Mitarbeiter des Grafen geworden) und Sekretär Uhland. Die hintere Gondel war mit Ingenieur Dürr und drei Maschinisten besetzt.

Bei dieser ersten Fahrt funktionierte die Seitensteuerung nicht zufriedenstellend. Deshalb wurde das vordere Steuer ganz entfernt, und in die horizontalen Stabilisierungsflächen wurden wieder die alten senkrechten Flächen wie beim LZ 3 eingebaut. Hinzu kam ein kleines rechteckiges Ruder am Heck. Doch auch diese Lösung war nicht zufriedenstellend.

Helene, das einzige Kind Zeppelins, gemeinsam mit Dürr und Graf Zeppelin in der Führergondel des LZ 3 am 26. September 1907.

LZ 4 MIT KLEINEM, RECHTECKIGEM HECKSTEUER AM 20. JUNI 1908.

UM NATIONALHELDEN WURDE

Verbesserte Steueranlagen des LZ 4.

Auch die Züricher empfingen den Zeppelin mit Glockengeläut und tausendfachem Jubel.

UM 6:26 UHR ERHOB SICH LZ 4 VOM BODENSEE, UM DIE 24-STUNDEN-ABNAHMEFAHRT FÜR DAS KRIEGSMINISTERIUM AUSZUTRETEN.

Erst das Anbringen eines großen ovalen Seitenruders von reichlich 15 m^2 an Stelle des rechteckigen brachte den ersehnten Erfolg. Außerdem erhielt das Heck oben und unten jeweils eine große vertikale Stabilisierungsfläche, die sich fortan ausgezeichnet bewährte.

Bevor Zeppelin sich an die große Abnahmefahrt wagte, wollte er in einer abgeschwächten Fahrt die Tüchtigkeit des LZ 4 unter Beweis stellen. Dafür wählte er eine Route in die Schweiz und zwar zum 1. Juli 1908.

Sie sollte zu einem grandiosen internationalen Erfolg für Zeppelin und sein Werk werden.

Prof. Hergesell schrieb überschwänglich einen mehrseitigen Fahrtbericht, der in zahlreichen Zeitschriften gekürzt oder in voller Länge wiedergegeben wurde. »Es war ein herrlicher Morgen, als wir am 1. Juli nach der schwimmenden Reichshalle hinausfuhren. Dort harrte unserer bereits das durch Oberingenieur Dürr wohl abgewogene Luftschiff; schnell nahmen wir unsere Plätze in der vorderen Gondel ein. In sieben Minuten war das Schiff aus der Halle, schwenkte backbord in voller Fahrt auf Konstanz, das wir in kaum 20 Minuten erreichten und unter dem Jubel der Bevölkerung überflogen … Aber schon erfüllt ein neues Bild unser Auge, verschlingt ein neues Getöse den Lärm der Stadt; wir ziehen gerade über den tosenden Wasser-

fall von Schaffhausen dahin, der uns dumpf donnernd seine Grüße hinauf sendet...

Um 5 Uhr 30 Minuten erblickten wir wiederum die weite Fläche des blauen Bodensees, hell erschien in der Abendsonne die Heimstätte unseres Luftschiffes, die gewaltige Reichshalle. In zwölfstündiger Fahrt hatten wir Städte und Berge in mannigfacher Gestaltung und Lage überflogen, Grenzen verschiedener Staaten gekreuzt, immer Herren unseres Schiffes, immer Meister im flutenden Luftmeer, wahre Eroberer des Luftozeans.

Neben mir aber stand der Mann, der dies alles, man kann wohl sagen, gegen den Widerstand einer ganzen Welt geschaffen, in ruhiger, aber stolzer Bescheidenheit da. Die Abendsonne beschien das edle Antlitz und küsste es mit dem Hauch der Unsterblichkeit«.

Alle Welt freute sich mit dem Grafen. Das Schaffhausener Tagblatt schrieb: »An den 1. Juli werden sich wohl noch unsere Kindeskinder erinnern in der frohen Hoffnung, dass der Zeppelin ein Bote schönerer Zeiten der Völkerverständigung gewesen ist, für Zeiten, da die Schwerter zu Pflugscharen werden«.

Kurzfristig und ohne Absprache mit dem Reichsamt legte Zeppelin als Starttermin für die 24-Stunden-Abnahmefahrt den 4. August fest. Mit elf Mann an Bord – in der vorderen Gondel Zeppelin und Dürr, in der hinteren Stahl und Bassus – stieg das Luftschiff um 6:26 Uhr auf, nachdem die Meteorologen um Hergesell günstige Bedingungen vorausgesagt hatten.

Zehn Stunden später befand sich der Zeppelin bei prachtvollem Wetter immer noch exakt auf der gewählten Route. Überall mit Glockengeläut angekündigt und von Tausenden bejubelt.

Doch dann hatte sich der vordere Motor heiß gelaufen. Gegen 17:45 Uhr musste deshalb bei Oppenheim

DIE FÜHRERGONDEL DES LZ 4.

WIE ZEPPELIN VOM NARREN

UM 7:50 UHR ÜBERFUHR DER ZEPPELIN DEN RHEINFALL IN SCHAFFHAUSEN.

AUCH IN MANNHEIM JUBELTEN ZIGTAUSENDE DEM ZEPPELIN ZU (14:50 UHR).

gelandet werden, vorzugsweise auf dem Rhein.
Um leichter landen zu können, wurde möglicherweise zu viel Gas abgelassen. Durch die Abendkühle verlor der Tragkörper zusätzlich an Auftrieb.
Nachdem der Motor notdürftig repariert wurde und man starten wollte, musste Dürr feststellen, dass das Schiff zu schwer geworden war. Kurzerhand entschied Zeppelin, fünf Besatzungsmitglieder an Land zu lassen und alle entbehrlichen Dinge, Proviant, Werkzeug und Werbemittel auszuladen. Die Zurückbleibenden sollten unverzüglich mit Colsman in Friedrichshafen und Daimler Verbindung aufnehmen, um neues Gas und Motorenteile herbeizuschaffen.
Um 20:25 Uhr stieg das Luftschiff wieder auf. Es kam glücklich bis Mainz, wo es planmäßig wendete. Nun wurden auf schneller Fahrt um 1:05 Uhr Worms und um 1:45 Uhr Mannheim überfahren.
Dann fiel wieder der vordere Motor aus, und das Luftschiff hatte große Schwierigkeiten, gegen den Wind anzukommen. Um 4 Uhr morgens erreichte der Zeppelin Eppingen, um 5:10 Uhr Ludwigsburg und um 6:23 Uhr Stuttgart.

Weiter wollte Zeppelin an diesem Morgen nicht mehr fahren, denn inzwischen hatte er die 24-Stunden-Bedingung erfüllt. Außerdem könnte hier Gas nachgefüllt und der Motor repariert werden.

UM NATIONALHELDEN WURDE

DIE NOTLANDUNG IN ECHTERDINGEN WURDE ZUNÄCHST ZUM WAHREN VOLKSFEST.

Zweckmäßigerweise landete er auf einer großen Wiese bei Echterdingen unmittelbar neben der Bahnstrecke. Der Bodensee war nur wenige Flugstunden entfernt. Deshalb glaubte sich Zeppelin hier ziemlich sicher zu sein.

Das Luftschiff konnte aber nur provisorisch verankert werden, denn »das Beste, was man für eventuelle Landungen an Erdschrauben, Seilen und Ankern besaß, war tags zuvor über Bord geworfen worden«, gestand Eckener später.

Zeppelin, seit fast 30 Stunden unter höchster Anspannung, begab sich in einen nahegelegenen Gasthof, um sich frisch zu machen, ein Mahl einzunehmen und anschließend mit verschiedenen Stellen zu telegrafieren.

Die Zeit verging, und inzwischen hatte sich der Landeplatz in einen Jahrmarkt verwandelt. Zigtausende waren aus Stuttgart herausgekommen, um den Zeppelin zu bewundern, denn es hatte sich wie ein Lauffeuer herum gesprochen, dass draußen auf den Fildern der Gigant der Lüfte gelandet sei.

Gegen 14:30 Uhr setzte plötzlich ein schweres Gewitter, begleitet von heftigen Sturmböen, ein. Das Luftschiff riss sich los, während die Maschinisten fluchtartig aus den Gondeln sprangen und die ungeübten Helfer ängstlich davonrannten.

MILITÄR BEWACHTE DEN
GELANDETEN LZ 4.

MÜDE, ABER GLÜCKLICH BLICKT ZEPPELIN
AUF DIE IMMER ZAHLREICHER WERDENDE
MENSCHENMENGE IN ECHTERDINGEN.

UM NATIONALHELDEN WURDE

Durch Selbstentzündung wurde das Luftschiff LZ 4 bei Echterdingen am 5. August 1908 restlos zerstört.

Die Reste des LZ 4 werden auf dem Schienenweg nach Friedrichshafen gebracht.

Dann wurde der Zeppelin in die Luft gerissen und hart auf den Boden geschleudert. Plötzlich schoss eine Flamme empor. Was blieb waren Schrott und Asche.

Graf Zeppelin suchte unverzüglich den Katastrophenort auf. Zum Glück gab es keine ernstlich Verletzten. Aber ihm war klar, nicht nur sein Werk, sondern auch sein Vermögen, seine ganze Existenz sind endgültig verloren.

Doch was nun geschah, ging in die Geschichte als das »Wunder von Echterdingen« ein, ausgelöst durch den Stuttgarter Kaufmann Manfred Franck mit seiner Rede vor Ort. Er forderte damals das ganze deutsche Volk zu einer gemeinsamen Spende zugunsten der Rettung des Zeppelinschen Projektes auf. Unter tosendem Beifall rief er: »Jeder, der ein deutsches Herz im Leibe hat, wird sein Schärflein beitragen, die Zeppelinsche Sache zu einem guten Ende zu führen«. Die Quelle »Volksspende« begann wie ein Sturzquell zu sprudeln.

Der »Sturm«, der von Franck prophezeit wurde und plötzlich durch Deutschland, die Schweiz und Österreich blies, war in der Tat beispiellos. Binnen weniger Tage gingen Hunderttausende Mark an Spendengelder ein. Bis zum Ende des Jahres sollten es mehr als 6 Millionen Mark werden.
Kaiser und Kriegsministerium waren nicht die einzigen, die dem alten Grafen dieses Geld nicht gönnten. Schnell wurde durch sie die Idee geboren, ein staatliches Kuratorium zu gründen, das die Millionen der Volksspende verwalten solle, denn »der fast an Leichtsinn grenzende Optimismus des braven Grafen bietet keine Gewähr für eine sachgemäße Verwendung der großen Summe«,

Aufruf

zu einer Sammlung von Geldern zum Wiederaufbau Zeppelin'scher Luftschiffe

Graf v. Zeppelin, das Ehrenmitglied unserer Deutschen Luftschiffer-Vereine, hat in epochemachender Weise am 4. und 5. August dargetan, was wir von den Leistungen von Luftschiffen seiner Konstruktion erwarten dürfen.

Durch Schäden eines Motors zweimal zu Landungen gezwungen, die an sich glatt verlaufen sind und uns damit ebenfalls um neue wertvolle Erfahrungen bereichert haben, lag es nicht an der Erfindung unseres greisen, hartgeprüften Vorkämpfers der Luftschiffahrt, wenn das Luftschiff durch elementare Gewalten bei Echterdingen zerstört worden ist.

Wir fordern hiermit öffentlich alle auf, welche von den gleichen Gefühlen schuldigen nationalen Dankes für den Grafen v. Zeppelin erfüllt sind, sich an einer grossen Volksspende für den Wiederaufbau Zeppelin'scher Luftschiffe und für die baldige Fortsetzung der Versuche des Grafen v. Zeppelin zu beteiligen.

Beiträge nehmen alle Filialen der Dresdner Bank an durch Vermittelung der Depositen-Kasse U dieser Bank, Berlin W. 15, Kurfürstendamm 181, für Rechnung des Deutschen Luftschiffer-Verbandes, ferner: der Verlag des Verbandsorgans: Illustr. Aeronaut. Mitteilungen, Braunbeck & Gutenberg-Druckerei, A. G., Berlin W. 35, Lützowstrasse 105, und sämtliche dem Deutschen Luftschiffer-Verbande angehörigen Vereine.

Der Deutsche Luftschiffer-Verband.
Busley, I. Vorsitzender.

AUFRUF DES LUFTSCHIFFERVERBANDES ZUR VOLKSSPENDE ZU GUNSTEN DES ZEPPELINPROJEKTES.

Vom Unglücksort Echterdingen ging eine Welle der Begeisterung für den Zeppelin durch ganz Deutschland.

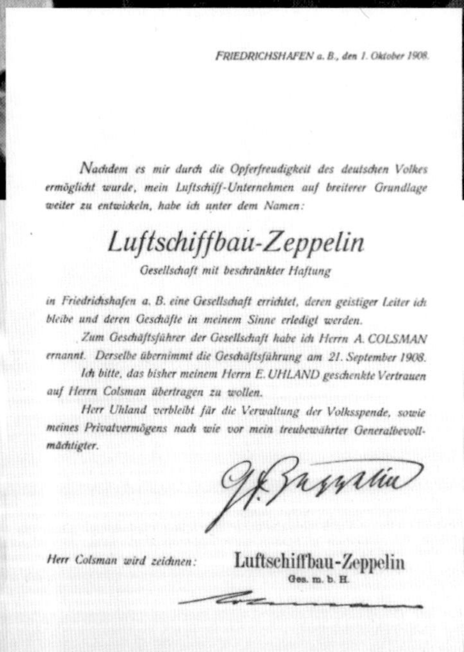

FRIEDRICHSHAFEN a. B., den 1. Oktober 1908.

Nachdem es mir durch die Opferfreudigkeit des deutschen Volkes ermöglicht wurde, mein Luftschiff-Unternehmen auf breiterer Grundlage weiter zu entwickeln, habe ich unter dem Namen:

Luftschiffbau-Zeppelin

Gesellschaft mit beschränkter Haftung

in Friedrichshafen a. B. eine Gesellschaft errichtet, deren geistiger Leiter ich bleibe und deren Geschäfte in meinem Sinne erledigt werden.

Zum Geschäftsführer der Gesellschaft habe ich Herrn A. COLSMAN ernannt. Derselbe übernimmt die Geschäftsführung am 21. September 1908.

Ich bitte, das bisher meinem Herrn E. UHLAND geschenkte Vertrauen auf Herrn Colsman übertragen zu wollen.

Herr Uhland verbleibt für die Verwaltung der Volksspende, sowie meines Privatvermögens nach wie vor mein treubewährter Generalbevollmächtigter.

Herr Colsman wird zeichnen: Luftschiffbau-Zeppelin Ges. m. b. H.

Mit einem Grossteil der Volksspende gründete Zeppelin am 1. Oktober 1908 die Luftschiffbau-Zeppelin GmbH.

schrieb Wilhelm II. schon zwei Tage nach dem Unglück in einer geheimen Depesche an Kriegsminister von Einem.

Doch diesen Wünschen machte Zeppelin ein jähes Ende. Bereits am 8. September gründete er die Luftschiffbau Zeppelin GmbH (LZ) mit Sitz in Friedrichshafen. Zehn Tage später teilte er dem Reich und der Öffentlichkeit mit, dass er in Kürze die »Zeppelin-Stiftung« eintragen lassen werde. Sie habe die Aufgabe, »die Entwicklung des Baues meiner Luftschiffe zum Vorteil der deutschen Industrie zu begründen, sowie dem Reiche die Beschaffung solcher Luftschiffe zur Erhöhung seiner Wehrkraft und zur Verwendung im Dienste der Wissenschaft zu erleichtern«.

Aus der Luftschiffbau Zeppelin GmbH entwickelte sich in wenigen Jahren der Zeppelin Konzern mit mehr als zehn Gesellschaften, die ganz oder größtenteils in Besitz des LZ waren.

Für den Bau größerer Luftschiffe war die alte Holzhalle in Manzell viel zu klein. Die schwimmende Reichshalle war technisch nicht mehr auf der Höhe der Zeit und wegen mehrfacher schwerer Havarien nur noch bedingt nutzbar. Deshalb kaufte der Luftschiffbau Zeppelin im September außerhalb der Stadt eine 75 ha

Spendenmarke zu Gunsten der Weiterführung des Zeppelinschen Werkes.

»Der Deutschen Stolz – Dem Recken kühn – Ihm gilt der Stein – Graf Zeppelin«. Erinnerungsstein an die glücklichste Unglücksfahrt, die je ein Luftschiff machte.

große Fläche für den Bau einer neuen Werft samt Flugplatz.
Schon im Oktober begannen die Erdarbeiten für die Zelthalle mit Holzgerippe und in unmittelbarer Nachbarschaft für die doppelschiffige eiserne Werfthalle. Außerdem wurde eine Zelthalle errichtet, die im Frühjahr 1909 fertiggestellt wurde. Sie war 132 m lang, 19,5 m breit und 18,5 m hoch und diente nur der kurzzeitigen Unterbringung eines neuen Zeppelins bis zu dessen Ablieferung. Der Neubau der eisernen Doppelhalle begann im Frühjahr 1909 und war im Oktober fertiggestellt. Ihre Länge betrug 185 m.
Außerdem befanden sich auf dem Gelände spezielle Werkstätten, Experimentieranlagen für mechanische, telegrafische, chemische und andere Versuche, eine Aluminiumgießerei, eine Wasserstoff-Fabrik, das Verwaltungsgebäude, Tanklager, eine meteorologische Station, ein Gasometer und ein großer Landeplatz.
Längst erwartete die Nation einen Besuch des Kaisers in Friedrichshafen. Er kam am 10. November zu Stande. Dabei sprach der Kaiser bewundernd über die Demonstrationsfahrten des LZ 3 und überreichte Zeppelin den höchsten preußischen Orden, den Schwarzen Adlerorden.
Das zweite Luftschiff, das das Reich von Zeppelin kaufen wollte, war eine Kopie des verbrannten LZ 4. Es erhielt die Werftbezeichnung LZ 5, das Heer bezeichnete es als Z II. Es hatte eine Länge von 136 m, einen Durchmesser von 13 m und einen Rauminhalt von 15.000 m^3. Die alten Motoren von je 110 PS wurden ebenso übernommen wie die Steuerapparate. Das Hecksteuer wurde jedoch noch größer gebaut. Die Jalousiesteuer zwischen den Stabilisierungsflächen wurden noch weiter nach hinten verlegt und die Rechtecke in Längsrichtung gestellt. Diese Veränderungen verbesserten die Steuerbarkeit beträchtlich. Anfänglich probierte man mit neuen zweiflügeligen Propellern, für die große Abnahmefahrt griff man aber wieder auf die bewährten dreiflügeligen zurück.
Die erste Fernfahrt begann am Pfingstsamstag, dem 29. Mai 1909, abends um 21:40 Uhr ohne ein besonderes Ziel, obwohl viel spekuliert wurde, dass Zeppelin Berlin anfahren und vielleicht sogar dort landen werde. In den beiden Gondeln waren neben Zeppelin und Dürr noch sechs weitere Mitarbeiter Zeppelins.
Nach einer an Vorkommnissen armen Fahrt erreichte das Luftschiff

Richtfest der grossen Zelthalle der Luftschiffbau Zeppelin GmbH mit dem umgebauten LZ 3 am 9. Mai 1909. Das Heck des Zeppelins hat eine senkrechte Rückenflosse zur seitlichen Stabilisierung. Die dreiflächigen Jalousiesteuer für die Lenkung sind zwischen die seitlichen Stabilisierungsflächen eingebaut.

Innenansicht der eisernen Doppelhalle der Luftschiffbau Zeppelin GmbH (im Bau).

um Nationalhelden wurde

MAJOR GROSS BEGRÜSST KAISER WILHELM II. IN FRIEDRICHSHAFEN (ZEPPELIN VERDECKT NEBEN DEM KAISER).

DER KAISER ÜBERREICHT GRAF ZEPPELIN DEN SCHWARZEN ADLERORDEN IN DER MANZELLER HALLE AM 10. NOVEMBER 1908.

gegen 16:45 Uhr Leipzig. Im Nu fanden sich mehr als 50.000 höchst erwartungsvolle Gäste ein. Doch wider Erwarten landete der Zeppelin nicht. Die Enttäuschung war verständlicherweise groß, aber noch größer war sie in Berlin, weil dort das Luftschifferbataillon auf Befehl des Kaisers sogar das ganze Tempelhofer Feld für eine Landung vorbereitet hatte.

Doch Zeppelin kehrte um. Ursache hierfür war der Treibstoffmangel. Wohin hätte man auch noch fahren sollen? In Berlin um Mitternacht landen? Das war wenig spektakulär, zumal der Gegenwind zunehmend stärker wurde. Und übernachten konnte man dort wegen einer fehlenden Bergungshalle keineswegs.

Gegen Mittag des Pfingstmontags, über Göppingen, wurde es höchste Zeit zu landen und Benzin zu fassen. Das Schiff ging sanft über einer scheinbar baumlosen Wiese nieder und krachte plötzlich auf einen Birnbaum. War die Mannschaft nach fast 38 Stunden ununterbrochener Fahrt übermüdet? War die Sicht durch die zum Landen niedergedrückte Spitze verhindert? Egal. Es war menschliches Versagen. Keineswegs lag es am starren System, dass dieser Unfall passierte.

Für jedes andere Luftschiff wäre spätestens in Göppingen endgültig

WIE ZEPPELIN VOM NARREN

ÜBERFÜHRUNG DES LZ 5 (Z II) DURCH ZEPPELIN NACH KÖLN (LINKS DÜRR, VORN HACKER).

LZ 5 FÄHRT BEI DER LANDUNG AM 31. MAI 1909 GEGEN EINEN BIRNBAUM.

Schluss gewesen. Nicht so beim Zeppelin. Kurzerhand wurde das Luftschiff notdürftig repariert. Die drei vorderen Segmente mussten samt der Spitze gänzlich entfernt werden. Um den dadurch fehlenden Auftrieb auszugleichen, blieben Zeppelin und zwei Monteure zurück, und man baute sogar den vorderen Motor aus der Gondel aus. Gegen 15:00 Uhr des 2. Juni startete LZ 5 unter Dürrs Führung und landete am nächsten Morgen um 6:02 Uhr glücklich in Manzell. In 38 Stunden Fahrzeit hatte der Zeppelin 1194 km zurückgelegt.

Damit hatte LZ 5 die Abnahmebedingungen durch das Heer mit einem sensationellen Weitstreckenweltrekord mehr als glänzend erfüllt. Z II wurde kurz darauf nach Köln überführt und dem Heer übergeben.

UM NATIONALHELDEN WURDE

Mit einem Notverband starte LZ 5 am 2. Juni in Göppingen.

Rückkehr des LZ 5 in Manzell am 2. Juni.

Der Zeppelin kommt!

29. August 1909. Berlin. Der sozialdemokratische Vorwärts: »Von heute und hier ab beginnt eine neue Epoche der Weltgeschichte, und Ihr könnt sagen, dass Ihr dabei gewesen seid«!

Gratis! Zweites Gratis!

Extra-Blatt.

Berliner Lokal-Anzeiger.

Sonntag, 29. August 1909, nachmittags.

Zeppelin in Berlin.

Mit militärischer Pünktlichkeit ist der „Zeppelin III“ heute mittag um 12 Uhr 30 Minuten über dem Tempelhofer Felde erschienen, von der Bevölkerung Groß-Berlins und Hunderttausenden von Fremden mit stürmischen Kundgebungen herzlichster Freude willkommen geheißen. Schon gegen 11 Uhr war er in Sicht gekommen; gegen 12 Uhr manöverierte er in Kreisen und Bögen noch westlich vom Tempelhofer Felde, ohne sich dem Felde erheblich zu nähern. Eine halbe Stunde später glitt der „Zeppelin III“ über das Meer von Menschen, und während die Glocken der Kirchtürme läuteten, trat er die Schleifenfahrt über Berlin an, die ausgezeichnet verlief. Um 1 Uhr 52 Minuten erfolgte im Beisein der kaiserlichen Familie die Landung in Tegel, wo nach der Begrüßung durch den Monarchen Vertreter der Reichshauptstadt den Grafen Zeppelin willkommen hießen.

28. August 1909. Alle Berliner Tageszeitungen kündigten den Zeppelinbesuch mit Extrablättern an.

Während Graf Zeppelin wegen Benzinmangels über Bitterfeld die Rückreise antreten musste, erhielt er ein Telegramm des Kaisers. Darin drückte der Kaiser sein Bedauern darüber aus, dass das Luftschiff nicht Berlin besucht hat. Er habe für den Grafen schon eine Wohnung in seinem Schloss herrichten lassen. »Ein Mahl mit Bowle, das wir gemeinsam mit Ihnen einzunehmen hofften, erwartete Sie im Kasino«, schrieb er.
Man kann sich leicht vorstellen, wie dieses Telegramm auf den Grafen gewirkt haben muss. In Geislingen, auf der Rückreise mit dem Zug, telegrafierte Zeppelin zurück und forderte eine Untersuchung darüber, wer die Nachricht seines Besuches an das Luftschifferbataillon geschickt hat, denn weder vor noch während der Fahrt »habe ich die Absicht, Berlin zu besuchen oder dort zu landen, ausgesprochen«. Er versprach, falls das Schiff wieder repariert sei, »in sechs Wochen mit dem hergestellten Luftschiffe mich bei Ew. Majestät melden zu können«.

Am 2. Juni gratulierte der Kaiser Graf Zeppelin zu dessen glücklicher Heimreise, »die Dürr alle Ehre macht«. Gleichzeitig schlug er als Besuchstermin frühestens Ende August vor, weil er bis dahin leider nicht in Berlin sei »und Schulferien sind, wo ein Großteil der Berliner abwesend sein wird«.
Nachdem LZ 5 dem Heer übergeben

wurde und die Reichshalle frei war, konnte das Gerippe des neuen LZ 6 überführt werden. Anfang August war er fertiggestellt. Dieser Zeppelin war für die Berlinfahrt vorgesehen. Er war ein Ebenbild seines Vorgängers.

Es war in den Morgenstunden des 27. August 1909 als sich LZ 6 in Friedrichshafen zur angekündigten Reise gen Berlin in die Lüfte erhob. Zeppelin war diesmal nicht an Bord. Er stieg erst in Bitterfeld zu, wo, soweit erforderlich, neues Gas gefasst werden sollte. Die Führung des Zeppelins lag in den Händen Dürrs.

In Nürnberg war ein Zwischenstopp geplant, um die Motoren und alle anderen Antriebs- und Steuereinrichtungen auf ihre Betriebssicherheit zu überprüfen. Man wollte in jeder Beziehung sicher sein, denn ganz Deutschland verfolgte äußerst interessiert jede neue Meldung über den Fahrtverlauf. Und in Berlin war ohnehin der Teufel los. Dafür sorgten die meisten Presseorgane mit Sonderausgaben. Längs der Route meldeten alle Dome, Münster und Kirchen per Glockengeläut das Herannahen des Zeppelins.

Weil ein Motorzylinder lange vor Nürnberg riss, landete das Luftschiff dort gegen Abend. Nach erfolgter Reparatur ging die Fahrt frühmorgens weiter Richtung Bitterfeld über

Überführung des Gerippes von LZ 6 in die Reichshalle zur Endmontage.

Der Stahlbandantrieb an Stelle der langen Wellen beim LZ 6 brachte nicht die gewünschte einfachere Kraftübertragung zu den Propellern

Wie Zeppelin vom Narren zum Nationalhelden wurde

Bayreuth, die Fränkische Schweiz, die Ausläufer des Fichtelgebirges, Hof und Plauen.

Über Ronneburg flog der vordere linke Propeller davon, und weil der Gegenwind zunahm, kam das Luftschiff nur langsam voran. Die geplante Ankunft in Berlin gegen 17:00 Uhr war deshalb nicht zu halten. Das machte aber die Berliner noch aufgeregter!

Um 18:30 Uhr landete der Zeppelin in Bitterfeld auf dem Gelände der Konkurrenz, der Luftfahrzeug-Gesellschaft m.b.H. (LFG), die Luftschiffe nach dem System Parsevall baute. Hier wartete der Graf bereits seit dem Vortage. Von der Werft bekam der Zeppelin genügend Wasserstoff, Treibstoff und Ballast, um unbeschwert die Weiterfahrt anzutreten. Ein neuer Propeller der erforderlichen Größe war aber nicht zur Hand.

Um 7:30 Uhr des Folgetages startete LZ 6 mit dem Grafen an Bord. Da sich der Wind gedreht hatte, kam der Zeppelin über Wittenberg, Jüterbog und Potsdam überraschend schnell voran.

Schon kurz vor 11:00 Uhr sahen die Berliner und ihre Gäste die prächtige, weiße Erscheinung des Luftschiffes über dem Grunewald auftauchen. Ganz Berlin war auf den Beinen und harrte auf Dächern, Straßenlampen und Bäumen. Je höher, desto besser.

Zwischenlandung des LZ 6 am Abend des 28. August 1909 in Bitterfeld.

Abwurfkarte Hackers über Hof. Z III im Stempel und Z VI in der Nachricht Hackers stehen für das Luftschiff mit der Werftbezeichnung LZ 6.

Wie Zeppelin vom Narren

29. August 1909 Berlin. Der Zeppelin kommt!

Wie Zeppelin vom Narren zum Nationalhelden wurde

Der Kaiser empfängt Zeppelin in Berlin.

Wie Zeppelin vom Narren

Der Kaiser fährt mit Zeppelin nach der Landung des LZ 6 zum Schloss.

Weil der rechte vordere Propeller eine Zelle durchschlug, musste Dürr am 30. August bei Bülzig zwischenlanden.

Um 13:52 Uhr erfolgten auf dem Tegeler Feld die Landung und die Begrüßung durch den Kaiser und den Bürgermeister Dr. Reicke. Wenig später fuhren der Kaiser und Graf Zeppelin im offenen Auto zum Schloss, wo »Frühstückstafel« stattfand.

Noch am Abend fuhr Zeppelin mit dem Zug nach Friedrichshafen zurück, weil dort schon die ersten Reichstagsmitglieder zu der Sonderfahrt mit dem neuen Zeppelin eintrafen.

Zeppelin hatte den Reichstag bereits für Anfang Juni 1909 nach Friedrichshafen eingeladen. Das sollte eine Geste der Dankbarkeit dafür sein, dass alle Fraktionen des Parlaments vor zwei Jahren einmütig sein Werk so großzügig unterstützt hatten. Doch wegen der Havarie des LZ 5 in Göppingen während der Pfingstfahrt musste der Besuch kurzfristig abgesagt werden. Das sollte nun im unmittelbaren Anschluss an die sensationelle Berlinfahrt des LZ 6 nachgeholt werden.

Während der Rückfahrt telegrafierte Zeppelin an den Berliner Bürgermeister: »Nicht um mehrere Jahre meines Lebens möchte ich die Stunden des Hinunterschauens auf die meiner im festlichen Schmuck harrenden Riesenstadt und den Eindruck missen, dass die Herzen der dort unten winkenden und rufenden Millionen in zündender Begeisterung mir und meinem Werke zugewendet waren«.

Auch Dürr fuhr in derselben Nacht mit dem Zeppelin zurück. Kurz vor Wittenberg, bei Bülzig, löste sich auch noch der rechte vordere Propeller und durchschlug das fünfte Ballonsegment. Die Reparatur war viel aufwändiger als gedacht und dauerte länger als einen Tag.

Am Abend des 1. September war LZ 6 wieder zur Abfahrt bereit und landete 23 Stunden später glücklich in Manzell auf dem Bodensee.

Wie Zeppelin vom Narren zum Nationalhelden wurde

Die Stars der Ersten Internationalen Luftschifffahrts-ausstellung (ILA)

17. Juli 1909. ILA, Frankfurt a.M. Zeppelin jr.: »Der eine Luftschifftyp schliesst die anderen eben nicht aus, und es ist in höchstem Masse bedauerlich und schädigt die Gesamtinteressen der Luftschifffahrt, wenn die verschiedenen Luftschiffsysteme von einem einseitigen Standpunkt aus beurteilt und gegeneinander ausgespielt werden. Es liegt vielmehr im Interesse der gesamten Kultur, dass alle brauchbaren Luftschifftypen zu einer möglichst hohen Vollkommenheit ausgebildet werden«.

Die Einladung Zeppelins für wagemutige und an einer Bodenseerundfahrt mit seinem neuesten Luftschiff interessierte Reichstagsmitglieder war für den 4. September 1909 datiert. Pünktlich waren die Parlamentarier erschienen, aber in einer so großen Zahl, dass das Los entscheiden musste.

Wer nicht das Glück hatte, an einer Zeppelinfahrt teilzunehmen, genoss einfach das schöne Wetter, den Bodensee und natürlich die Fahrt des Zeppelins.

Die erste Internationale Automobilausstellung (IAA) fand 1897 in Berlin statt. Seitdem trafen sich die bedeutendsten, aber auch die vermeintli-

Werbevignette für die Erste Internationale Luftschifffahrtsausstellung in Frankfurt am Main.

Wegen der beschränkten Platzzahl musste das Los über die Mitfahrgelegenheit entscheiden.

Vorbereitungen zur Fahrt mit Reichstagsmitgliedern. Zeppelin erklärt die Verhaltensregeln

chen, Automobilbauer jährlich dort. Warum sollte dies nicht auch für die Luftfahrt möglich sein, fragte sich 1908 nicht nur der Münchener von Gans. Partner für seine Idee fand er Anfang 1909 in Adickes, dem Oberbürgermeister der Stadt Frankfurt am Main, im dortigen Vorstand des Luftschiffervereines und vor allem in Tschudi, dem ehemaligen Kommandeur des Luftschifferbataillons.
Schnell einigten sie sich, dass die Eröffnung der Ersten Internationalen Luftschifffahrtsausstellung schon am 10. Juli 1909 sein sollte. Bis dahin mussten aber noch ausreichend viele und große Luftschiff-, Ballon- und Flugzeughallen, Landeplätze, ein zentrales Ausstellungs- und Festgebäude, gastronomische Einrichtungen, Werkstätten usw. »auf die grüne Wiese« gebaut werden. Hatten sich die Organisatoren mit diesem gewaltigen Programm nicht übernommen?
Am wichtigsten, gleichwohl am schwierigsten war es jedoch, die weltweit besten Vertreter der beiden gegensätzlichen Prinzipien »leichter als Luft« und »schwerer als Luft« nach Frankfurt zu holen.
Nur die Ballonfahrer waren es schon einige Jahre gewohnt, bei internationalen sportlichen Wettkämpfen ihre Champions zu ermitteln. Höhepunkte dieser Treffen waren die seit 1906 jährlich durchgeführten Gordon-Bennett-Wettbewerbe, an denen in Rahmenprogrammen auch schon mal Flugzeuge und Luftschiffe teilnehmen durften.
Erst in letzter Zeit bestimmten während spezieller Flugwochen auch die Flugzeugpiloten ihre Besten.
Ganz anders war die Lage auf dem Gebiet des Luftschiffwesens. Hier

PROF. HERGESELL (R.) VERSUCHTE DEN LANGEN STREIT ZWISCHEN ZEPPELIN UND DEM KRIEGSMINISTERIUM (IN VERTRETUNG SCHMIEDECKES) ZU SCHLICHTEN.

LZ 5 über den Ballon-, Flugzeug- und Luftschiffhallen auf der ILA.

AM GORDON-BENNETT-WETTBEWERB VOM 1. OKTOBER 1909 IN ZÜRICH NAHM AUCH PL 4 TEIL.

versuchten insbesondere die Militärs zu verhindern, dass technische Neuerungen über die Landesgrenzen hinaus bekannt wurden und so Allgemeingut würden. Überall und jederzeit mussten sie mit Spionen rechnen. Sie unterbanden regelmäßig Berichte über neue Fahrversuche der Militärluftschiffe oder filterten in ihnen jegliche technische Parameter heraus. Mit ihren eigenen Luftschiffen experimentierten die Kriegsministerien stets unter Ausschluss der Öffentlichkeit auf den Arealen der Luftschiffertruppen oder auf Festungen. Gleichwohl ließen sie keine Gelegenheiten aus, um an neueste technische Details anderer Luftschiffe heranzukommen.

Am 10. Juli fand die Eröffnung der ersten Internationalen Luftschifffahrtsausstellung statt. In den folgenden 100 Tagen bis zum 17. Oktober besuchten mehr als 1,5 Millionen Gäste die Ausstellung. Sie tranken mehr als 370.000 Liter Bier, mehr als 100.000 Liter Apfelwein und kauften mehrere Millionen Postkarten, die mit hunderten verschiedenen Motiven, zum Teil auch lustigen, in alle Welt gingen. Doch auf der ILA wurde nicht nur getrunken und an Verwandte und Bekannte geschrieben, sondern es gab eine ganze Reihe hervorragender wissenschaftlicher Vorträge.

Daneben konnte man die modernsten Motoren, Getriebe, Propeller, Messinstrumente, Ballonmaterialien und Gasherstellungsaggregate aus nächster Nähe betrachten.

Nicht nur der Kaiser beehrte die ILA mit seinem Besuch, sondern auch mehrere Landesfürsten und natürlich fast alle Vorsitzenden der vielen deutschen Luftschiffervereine.

Das größte Manko der ersten ILA war, dass sie eben keine internationale Ausstellung war. Dafür bildete sie den Stand der deutschen Luftfahrt exakt ab. Auch das magere Angebot von Luftfahrzeugen »schwerer als Luft« war so nicht erwartet worden. Ausländische Vertreter fehlten ganz (Orville Wright kam als Gast Zeppelins mit LZ 6 lediglich auf eine Stippvisite), und nur der Frankfurter August Euler war mit einem Flugzeug vertreten. Aber noch während der ILA konnte das Präsidium diese

Postkarten von der ILA gingen in alle Welt und sind heute begehrte Sammelobjekte.

Parseval-Luftschiff auf der ILA 1909.

Unterlassungssünde wettmachen, indem es kurzfristig zur Frankfurter Flugwoche vom 3. – 11. Oktober einlud. Dort waren sie dann vertreten, die Bleriots, Caters, Lathams, Caldereras, Edwards, Molons. Nervors, Dufous und andere.

Die größten Besucherzahlen hatten regelmäßig die Auffahrten und Landungen der Luftschiffe. Neben Zeppelin und Dürr mit den LZ 5 und LZ 6 waren noch Parseval, Clouth und Ruthenberg mit ihren Luftschiffen auf der ILA vertreten.

Graf Zeppelin überstrahlte mit seinen beiden Schiffen alle Einzelveranstaltungen um ein Vielfaches. Allein die Landung des LZ 5 (Z II) am 31. Juli 1909 erlebten knapp 100.000 Zuschauer.

Luftschiff Clouth über der ILA.

Luftschiff Ruthenberg auf der ILA.

TAUSENDE SCHAULUSTIGE VERFOLGTEN DIE FAHRTEN DES LZ 5 WÄHREND DER INTERNATIONALEN LUFTSCHIFFFAHRTS-AUSSTELLUNG IN FRANKFURT.

Den Höhepunkt der ILA bildete zweifellos der einwöchige Aufenthalt des LZ 6 vom 11.–19. September 1909. Das Luftschiff mit Graf Zeppelin an Bord absolvierte über Frankfurt mehrere Rundfahrten mit wechselnden zahlenden Passagieren und vielen Ehrengästen. Am 17. September besuchte das Luftschiff das Kaisermanöver in Homburg und sorgte auch dort für großes Aufsehen.

Überhaupt war Graf Zeppelin auch während der ILA in aller Munde. Die Pfingstfahrt des LZ 5, die Berlinfahrt und die Rundfahrten mit den Reichstagmitgliedern über dem Bodensee mit dem LZ 6 erhöhten den Grafen zu einem Nationalhelden bisher nicht gekannter Größe. Millionenhaft zierte sein Konterfei die unzähligen Postkarten, die eigens für die ILA gedruckt wurden.

Alles in Allem war die Internationale Luftschifffahrts-Ausstellung zwar für die Veranstalter ein finanzielles Verlustgeschäft, weil die Vorbereitungszeit viel zu kurz bemessen war, um vor allem dem Ausland bessere Repräsentationsmöglichkeiten zu geben. Aber für die Menschheit bildete sie einen Meilenstein in der friedlichen Eroberung der Luft. Denn als Folge der vielen erfolgreichen Rund- und Zielfahrten des Parseval und der beiden Zeppeline rückte der uralte Traum fantasievoller Tüftler von regelmäßigen zivilen Luftverkehrsverbindungen zwischen den großen deutschen Städten und dem Ausland sowie touristischen Zielfahrten zu den schönsten deutschen Landschaften nicht nur zum Gegenstand ernsthafter Diskussionen, sondern wurde (fast) real.

Für Zeppelin und sein Werk war die ILA ein großer Erfolg. Seine

LZ 5 WÄHREND DER ANFAHRT AUF DAS GELÄNDE DER ILA

ZEPPELINE WAREN DIE STARS DER ILA. DAVOR EIN PARSEVAL-SIGSFELDSCHER DRACHENBALLON.

LZ 5 (Z II) IN MANZELL BEI DER ABFAHRT ZUR ILA AM 31. JULI 1909.

beiden Luftschiffe hatten ihre Fahrtüchtigkeit überzeugend unter Beweis gestellt, während die beiden Clouth- und Ruthenberg-Luftschiffe viel mehr Wetteranfälligkeit und Betriebsunsicherheit aufwiesen. Lediglich das Parseval-Luftschiff konnte es rein fahrtechnisch mit den Zeppelinen aufnehmen. Eine interne Wettfahrt nach Darmstadt am 15. September konnte der Parseval sogar knapp gewinnen.

Vor allem die ausländischen Militärs waren von den Darbietungen der beiden Zeppeline begeistert und machten dem Grafen mehr und mehr lukrative Kaufangebote, die das Kriegsministerium in arge Bedrängnis brachten.

UM NATIONALHELDEN WURDE

Die erste zivile Luftverkehrsgesellschaft der Welt, die Delag

November 1909. Frankfurter General-Anzeiger: »Dieser 16. November 1909 wird vielleicht von späteren Geschlechtern einmal als der Tag gefeiert werden, an dem eine neue Epoche der modernen Kulturgeschichte ihren Anfang genommen hat«.

Am 6. Juni 1909 lag auf dem Schreibtisch des Kaisers eine Depesche des Auswärtigen Amtes aus London, die ihn sehr beunruhigte. Sie informierte ihn darüber, dass der englische Flottenverein einen Zeppelin kaufen wolle.

Das musste unter allen Umständen verhindert werden, damit die Technologie des starren Luftschiffes nicht in Feindeshand kommt. Deshalb schrieb er kurz und bündig darunter: »Zeppelin darf noch nicht verkaufen. W.«.

Zwar hatte das Heer die beiden Luftschiffe LZ 3 (Z I) und LZ 5 (Z II) im Auftrag des Reichstages gekauft und in Metz bzw. Köln stationiert, aber für den LZ 6, der im Sommer und Herbst 1909 so erfolgreiche Fahrten nach Berlin, mit den Reichstagsabgeordneten über dem Bodensee und auf der Internationalen Luftschifffahrtsausstellung in Frankfurt ausgeführt hatte, fand sich kein Abnehmer. Für wen also den LZ 6 auf dem neuesten Stand halten? Oder gar einen neuen Zeppelin bauen? Dabei war die eiserne Doppelhalle auf dem neuen Werftgelände in Friedrichshafen eben erst, im Oktober 1909, eingeweiht worden. Zeppelin und mit ihm insbesondere die Luftschiffbau Zeppelin GmbH standen vor einem schier unlösbaren Problem.

Es war Alfred Colsman, der Zeppelin schon Ende 1908 an dessen eigene Idee aus dem Jahre 1906 erinnerte. Zeppelin hatte damals, nur zwei Wochen nach dem Untergang des LZ 2 in Kißlegg, mehrfach öffentlich Rentabilitätsberechnungen über regelmäßige Luftschiffverbindungen zwischen Berlin und Kopenhagen sowie zwischen Stuttgart und Luzern vorgetragen. Doch damals wie heute wollte der Graf seine Luftschiffe nicht betreiben, sondern ausschließlich bauen.

Der geschäftstüchtige Colsman ließ nicht locker. Er sah in der Gründung einer zivilen Luftschiffverkehrs-Gesellschaft eine reale Überlebensmöglichkeit für die Luftschiffbau Zeppelin GmbH. Hierfür mussten aber die großen Städte in Deutschland gewonnen werden, damit diese die nötigen Luftschiffhäfen samt Bergungshallen bauen. Zeppelin ließ sich überzeugen.

Der erste zivile Luftverkehrsplan der Welt.

Werbeplakat für Passagierfahrten mit Zeppelinen.

Mit dieser Vision ging Colsman bei zahlreichen Oberbürgermeistern »Klingeln putzen«. Und er fand Gehör. Insbesondere während der Luftschifffahrtsausstellung 1909 in Frankfurt a. M. folgten viele Stadtoberhäupter seiner Einladung. Sie brachten auch gleich zahlungskräftige Sponsoren mit. Denen drückte er eine fast dreiseitige Einladung zur Bildung einer Aktiengesellschaft für den Betrieb von Luftschiffen samt einem Zeichnungsschein in die Hand. Später schrieb er: »Wenn diese Geldaristokraten mit ihren Damen an einer Luftfahrt von der ILA aus teilnahmen, haben sie mir bereitwilligst 10.000, 30.000 bis zu 50.000 Mark Delag-Aktien gezeichnet«.

Insgesamt kamen knapp 2,6 Millionen Mark an frischem Geld zusammen. 400.000 Mark schoss der Luftschiffbau Zeppelin zu, und mit drei Millionen Mark Stammkapital

Deutsche
Luftschiffahrts-Aktiengesellschaft
in
Frankfurt am Main.

AKTIE

№ 2693

über

TAUSEND MARK

Umgestellt auf RM 40.–
Vierzig Reichsmark

Liquidationserlös

TAUSEND MARK

bei der Deutschen Luftschiffahrts-Aktiengesellschaft in Frankfurt a. M.
nach Maßgabe der Statuten als Aktionär beteiligt.

Frankfurt a. M., den 1. August 1910.

Der Aufsichtsrat: Der Vorstand:

Aktie der Deutschen Luftschifffahrts Aktiengesellschaft.

Luftschiffhalle Baden-Oos mit LZ 6 in seinem letzten Umbaustadium kurz vor dessen Zerstörung am selben Ort.

wurde am 16. November 1909 unter dem Vorsitz Colsmans die Deutsche Luftschifffahrts Aktiengesellschaft (Delag) mit Sitz in Frankfurt a. M. gegründet. Im Aufsichtsrat saßen neben Vertretern der Industrie die acht Oberbürgermeister aus Frankfurt, Düsseldorf, Baden-Baden, Köln, Essen, München, Leipzig und Dresden. Von den drei Millionen Mark wollte die Delag für 700.000 Mark eine Ballonhalle bauen, zwei Zeppeline für insgesamt 1,1 Millionen Mark vom LZ kaufen und eine Gasversorgungsanstalt für 300.000 Mark errichten.

Von Frankfurt aus sollten zunächst Rundfahrten rheinauf und –abwärts unternommen werden. Ferner waren Zielfahrten nach Köln, Düsseldorf, Mannheim, Baden-Baden, Stuttgart und Nürnberg geplant, vorausgesetzt die nötigen Ankerplätze stehen zur Verfügung. Später, hoffte man, würden die Linien noch weiter nach München, Gotha, Dresden, Leipzig, Berlin und bis zum Ostsee- und Nordseegestade ausgedehnt werden.

Aus wirtschaftlichen Erwägungen heraus wurde die erste Delag-Luftschiffhalle nicht wie ursprünglich vorgesehen in Frankfurt gebaut, sondern in Baden-Oos. Auch waren dort die meteorologischen Verhältnisse recht gut.

Der erste Zeppelin, der im Auftrag der Delag in Friedrichshafen gebaut wurde, war LZ 7 »Deutschland«.

Das Luftschiff war größer als seine Vorläufer. Es war 148 m lang und hatte einen Durchmesser von 14 m. Sein Volumen umfasste 19.300 m³. Dadurch wuchs die Tragkraft gegenüber dem umgebauten LZ 6 von 4,5

LZ 6 UND LZ 7 IN DER NEUEN HALLE.

auf 6, 8 t. Drei 120-PS-Motoren trieben vier vierflügelige Metallpropeller an. Deren Durchmesser betrug 3,6 m. Sie gaben dem Luftschiff eine Geschwindigkeit von knapp 17 m/s. Die Seitensteuerung war ein gewaltiges Kastensteuer.

Auffallend war die in das Kiel eingebaute Passagierkabine. Das Innere

WIE ZEPPELIN VOM NARREN

»DEUTSCHLAND«, DAS ERSTE FÜR DIE DELAG GEBAUTE VERKEHRSLUFTSCHIFF.

BLICK IN DIE PASSAGIERKABINE DER »DEUTSCHLAND«.

der Passagierkabine im Jugendstil mit Mahagoniefurnier und Perlmutteinlage, bequemen Korbstühlen und fünf großen und zwei kleineren Klappfenstern auf beiden Seiten konnte man durchaus als luxuriös bezeichnen. Der Fußboden wurde durch einen Teppich ausgekleidet und alle Metallteile in feines Leder gehüllt. 24 Gäste fanden darin bequem Platz, um die sich eigens ein Kellner mit kalten Speisen und Getränken bemühte.

Seine Erstfahrt machte die »Deutschland« am 19. Juni 1910. Insgesamt machte der Zeppelin aber nur sieben Fahrten mit 142 zahlenden Passagieren.

Letztmalig stieg die »Deutschland« am 28. Juni von Düsseldorf zu einer Werbetour mit Zeitungsredakteuren an Bord auf. Dürr führte das Luftschiff. Colsman und Eckener waren ebenfalls in der Führergondel. Aufziehende Gewitter brachten den Zeppelin in arge Bedrängnis und den Journalisten Angstschweiß auf die Stirn. Schließlich war man zur Notlandung gezwungen. Sie gelang wenig sanft auf den Baumwipfeln des Teutoburger Waldes.

Glücklicherweise wurde niemand verletzt. Das Luftschiff war aber restlos zerstört. »Unser Stolz, unsere Hoffnungen und Absichten für diesen Sommer waren in die Brüche gegangen«, schrieb Colsman in sein Protokoll. Er machte (berechtigt?) menschliches Versagen Dürrs mit verantwortlich für die Katastrophe und bestimmte, dass von nun an Eckener die Führung der Delag-Luftschiffe übernehmen soll – eine für die künftige zivile Zeppelin-Luftschifffahrt äußerst glückliche Entscheidung.

Finanziell war der Verlust des Luftschiffes nicht dramatisch, weil zwölf Versicherungsgesellschaften einsprangen und fast alle Bauteile unversehrt nach Friedrichshafen transportiert wurden, wo sie im LZ 8 »Ersatz Deutschland« Verwendung fanden.

Notlandung der »Deutschland« auf den Wipfeln des Teutoburger Waldes.

Die inzwischen umgebaute LZ 6 machte unter der Führung Eckeners einige erfolgreiche Rund- und Zielfahrten von Baden-Oos aus, doch am 14. September 1910 verbrannte der Zeppelin durch leichtfertigen

Wie Zeppelin vom Narren

Ausschiffen der Passagiere der »Schwaben«.

Umgang mit Benzin in der Halle. Bis dahin brachte es LZ 6 auf 34 Fahrten mit 726 zahlenden Passagieren. Diesmal zahlte eine englische Rückversicherung 320.000 Mark und half der Delag zu überleben.

Das Luftschiff »Ersatz Deutschland«, das eine komplette Kopie des LZ 7 war, machte zwischen März und Mai 1911 22 Fahrten mit 129 zahlenden Passagieren und 38 Ehrengästen. Doch auch dieses Delag-Luftschiff war nicht vom Glück verwöhnt. Am 16. Mai wurde es beim Aushallen vom Wind auf das Dach der Düsseldorfer Halle gedrückt und musste abgewrackt werden.

Zeitgleich zum Neubau der »Ersatz Deutschland« wurde das Luftschiff LZ 10 »Schwaben« auf Kiel gelegt. Am 26. Juni 1911 erhob es sich erstmals vom Friedrichshafener Werftgelände und wurde am 15. Juli der Delag übergeben. Seine Konstruktion entsprach der seiner Vorgänger. Lediglich die Steueranlage wurde verbessert, und als Antrieb wurden drei Maybach-Motoren von je 145 PS in den Gondeln eingebaut, die eine Geschwindigkeit des Fahrzeuges von rund 20 m/s ermöglichten.

Unter der Führung Eckeners beendete die »Schwaben« die bisherige Serie aus Pleiten, Pech und Pannen der Zeppeline.

Die Delag kaufte 1912 die beiden

UM NATIONALHELDEN WURDE

Abfahrt des »glücklichen Schiffes«. Während ihrer einjährigen Dienstzeit bei der Delag beförderte die »Schwaben« auf 218 Fahrten 4354 Passagiere und legte 27.321 km zurück.

Wie Zeppelin vom Narren

Zeppelin, Hacker und Eckener in der Gondel der »Schwaben«.

Luftschiffe LZ 11 »Viktoria Luise« und LZ 13 »Hansa« sowie im Jahr darauf das technisch ausgereifteste zivile Vorkriegs-Luftschiff, die »Sachsen« (LZ 17). Sie unterschieden sich bis auf ihre Volumina kaum voneinander. Die »Sachsen« hatte ein fast 4000 m³ größeres Volumen als ihre Schwesterschiffe, wodurch ihre Nutzlast von 6,5 auf 9,5 t erhöhte wurde. Alle drei blieben bis zum Mobilmachungsbefehl des Kaisers am 1. August 1914 als Passagierluftschiffe im Dienst der Delag und machten insgesamt 1307 Fahrten ohne nennenswerte technische Pannen. Dabei beförderten sie 27.941 Personen, wovon 7647 zahlende Gäste waren. Sie legten 138.668 km zurück, umrundeten die Erde also fast dreieinhalb Mal.

Inzwischen waren in ganz Deutschland in enger Zusammenarbeit zwischen den Großstädten und der Delag zehn ausreichend große zivile Luftschiffhallen gebaut worden. Sie waren zwischen 160 und 175 m lang.

Wrack der »Schwaben« in Düsseldorf am 28. Juni 1912.

um Nationalhelden wurde

GRAF ZEPPELIN IN DER GONDEL SEINES LIEBSTEN LUFTSCHIFFES, DER »SACHSEN«.

LZ 11 »VIKTORIA LUISE« ÜBER STENDAL.

FÜHRERGONDEL UND PASSAGIERKABINE DER »VIKTORIA LUISE«.

GRAF ZEPPELIN UND DER KÖNIG VON SACHSEN IN DER PASSAGIERKABINE DER »SACHSEN«.

UM NATIONALHELDEN WURDE

FOTOMONTAGE VON 1914: DIE DRESDNER LUFTSCHIFFHALLE WAR NICHT NUR DIE GRÖSSTE VORKRIEGS-LUFTSCHIFFHALLE, SONDERN AUCH DIE SCHÖNSTE. DER SCHAUFELRADDAMPFER »DRESDEN« SCHIPPERT NOCH HEUTE FAHRPLANMÄSSIG WIE EH UND JE AUF DER ELBE ENTLANG.

Die größte unter ihnen war die Dresdner mit 192 m Länge, 58 m Breite und 28 m Höhe. Sie wurde nach nur sechsmonatiger Bauzeit Ende Oktober 1913 eingeweiht. In ihr konnten wie in der Leipziger und der Potsdamer Halle zwei Zeppeline gleichzeitig bequem Platz finden.

Noch während der Bauzeit des LZ 17 entwickelte die Delag zusammen mit der Hamburg-Amerika Linie (Hapag) die Idee eines nationalen Luftverkehrsnetzes in Deutschland. Zentrum sollte Braunschweig werden. Von hier aus sollten alle teilnehmenden Großstädte erreichbar sein. Daneben plante man vor allem Pendelfahrten zwischen einzelnen Städten wie Friedrichshafen-Berlin, Berlin-Kopenhagen, Friedrichshafen-Luzern, Bremen-Hamburg, Leipzig-Dresden u.a. Zusätzlich wollte man Rundfahrten über den einzelnen Stationen bzw. den Regionen anbieten, so in Friedrichshafen über dem Bodensee und in Dresden über dem Elbsandsteingebirge. Sicherlich war der Luftverkehrsplan der Delag am Vorabend des Ersten Weltkrieges eine Vision. Aber ihn aus heutiger Sicht einfach zu negieren, ist nicht angemessen.

Insgesamt betrachtet, war die Delag keine Erfolgsgeschichte, zumindest nicht unter wirtschaftlichem Blickpunkt. Zu häufig mussten langfristig geplante Fahrten wegen schlechtem Wetter verschoben oder ganz abgesagt werden, und nicht immer waren die 24 Plätze ausgebucht. Nur wenige Luftschiffhäfen befanden sich wie der Dresdner unweit vom Stadtzentrum und konnten mit der Straßenbahn erreicht werden. Woanders musste deshalb mitunter viel Zeit aufgewendet werden, um überhaupt zum Luftschiffhafen zu kommen, wodurch sich die »Brutto«-Fahrzeiten zwischen zwei Städten drastisch verlängerten. Zwar stiegen die Einnahmen der Delag im Jahr 1913 gegenüber dem Vorjahr um 180.000 Mark auf 1.100.000 Mark, aber die Betriebskosten der Luftschiffe waren noch höher.

Am erfreulichsten während der fast fünfjährigen Luftverkehrsgeschichte

WIE ZEPPELIN VOM NARREN

Luftschiff- und Flieger-Verkehrstag in Gardelegen.

Der Verkehrs-Verein veranstaltet
am 12. Mai (2. Pfingstfeiertag auf dem Exerzierplatz (Kellerberge) ein

Großes Schaufliegen

des Zeppelin-Luftschiffes „Hansa", sowie Grade-Eindecker (Renntyp) und Wright-Doppeldecker.

Beginn der Flüge sow Eintreffen der „Hansa" wird noch näher bekan gegeben.

Kassenöffnung mittags 12 Uhr. Beginn des Konzerts mittags 1 Uhr.

Preise der Plätze: Im Vorverkauf Sitzplatz 2.—, numerierter 2.50. Stehplatz 1.—. Ringplatz 0.50. An dem beim Flugplatz errichteten Kassen: Sitzplatz 2.50. Stehplatz 1.25. Ringplatz 0.60. || Kinder zahlen auf allen Plätzen d Hälfte.

Karten sind im Vorverkauf zu haben in den Zigarrengeschäften Schütze, Jürgens, Schachel u. in den durch Plakate erkenntlichen Verkaufsstel

Der Ehren-Ausschuss.

Königlicher Landrat Werner von Alvensleben. Direktor Professor Dr. Conrad Alt, Uchtspringe. Rittmeister Freiherr Schoultz von Ascheraden. Ortsvorsteher Bammel, Wannefeld. Bürgermeister Beck. Major a. D. Fritz Bloch von Blottnitz, Isenschnibbe. Professor A. Boeckler. Rittmeister von Buch. Bankier Fritz Bussmann. Direktor Theodor Dressler. Postdirektor Ernst. Forstmeister von Eschwege, Oebisfelde. Gutsbesitzer Fehse, Uthmöden. Realschuldirektor Fritz Francke. Ratmann Wilhelm Frese. Rittmeister F. A. von Gossler, Zichtau. Justizrat Ferd. Heine. Steuerinspektor A. Hermann. Justizrat Wilhelm Heyden. Professor H. Hintze. Geheimer Justizrat L. Kaehrn. Oberförster von Krosigk, Jävenitz. Hauptmann d. R. Kummert, Calbe a. d. Gutsbesitzer Lemme, Staats. Forstmeister von Lindequist, Letzlingen. Guts G. List, Clüden. Ortsvorsteher Lübke, Letzlingen. Bürgermeister Meyer zu Gottesberge, Calbe a. d. Milde. Bürgermeister Müller, Oebisfelde. Ritterg besitzer Rimpau, Büstedt. Amtsvorsteher Ritzmann, Meisterhorst. Oberförster a. und Rittergutsbesitzer H. Roth, Weteritz. Majoratsherr J. von Schenk, Flechting Graf von der Schulenburg-Wolfsburg. Rentier G. Schultze. Gutsbes Bruno Schulze, Jävenitz. Apotheker Senf, Calbe a. d. Milde. Amtma Ungnade, Oebisfelde. Baron von Veltheim, Kl.-Neuendorf. Kreisarzt Dr. Vial

Der Vorstand des Verkehrs-Vereins Gardelegen.

GROSSFORMATIGE ZEITUNGSANZEIGEN DER VERKEHRSVEREINE SOLLTEN FÜR MÖGLICHST VIELE ZAHLENDE ZUSCHAUER (STEHPLATZ 1 MARK) SORGEN.

FAHRKARTE FÜR EINE ZEPPELIN-FAHRT MIT DER »SACHSEN« VON LEIPZIG NACH SCHWARZENBERG AM 19. OKTOBER 1913.

RUNDFAHRTEN ÜBER DEN THÜRINGER WALD ODER INS BERGISCHE LAND KOSTETEN JE NACH FAHRTDAUER ZWISCHEN 100 UND 200 MARK.

mit Zeppelinen vor dem ersten Weltkrieg war die Tatsache, dass es nie zu ernsthaften Unfällen oder gar Verkehrstoten kam.

Meist kostete eine Rundfahrt zwischen 100 und 200 Mark. Die Passagiere waren nicht versichert weder »für die Folgen von Ereignissen höherer Gewalt noch sonstiger Zwischenfälle, die bei der Luftschifffahrt eintreten können«, wie es in den Allgemeinen Geschäftsbedingungen hieß. Eigentlich rentierten sich nur dann Zeppelinfahrten, wenn eine Stadt oder ein Verein zu einer Feierlichkeit oder einem Jubiläum eingeladen hatte und ein Startgeld zahlte. Wenn dann die Werbetrommel kräftig gerührt wurde und es der Wettergott gut meinte, machten die Delag und der Veranstalter sogar einen kleinen Gewinn.

Unter den weit über 1000 Fahrten der Delag-Luftschiffe waren zwei, die eine besondere Erwähnung verdienen, weil sie völkerverbinden über die Landesgrenzen hinweg nach Kopenhagen und Wien führten. Dabei ließ es sich Zeppelin nicht nehmen, selbst in die Führergondel zu steigen. Nach längeren Verhandlungen zwischen der Delag und der dänischen Aeronautischen Gesellschaft einigten sich beide im Sommer 1912 über einen Besuch Kopenhagens mit dem damals modernsten Zeppelin (»Hansa«). Aus der Fahrt wurde zwar kein Geheimnis gemacht, aber die offiziellen Stellen auf beiden Seiten der Grenze verfolgten das Unternehmen argwöhnisch. Es war der Vorabend des Ersten Weltkrieges.

Die deutsche Militärverwaltung befürchtete Spionage während der Landung. Erst recht, wenn das Schiff notlanden müsste. Dänemark und die Schutzmacht England unterstellten den Deutschen wiederum die Absicht, von der Luft aus militärische Anlagen auszukundschaften.

Dennoch fanden sich genügend zahlende Passagiere (400 Mark je Hin-

und Rückfahrt), so dass die Reise am 19. September morgens um 4:00 Uhr von Hamburg-Fuhlsbüttel aus beginnen konnte. Ihre Fotoapparate mussten sie freilich abgeben. An Bord war ein dänischer Offizier in zivil und immer an der Seite Eckeners und Zeppelins sowie die Passagiere im Blick, um zu verhindern, dass das Luftschiff »Festungsanlagen oder im Bau befindliche Befestigungen, Versuchsgelände der Armee oder Munitionsdepots der Armee und der Marine etc., und auch kein Marinearsenal überfliegt, und dass jede Art von Fotoaufnahmen von Festungen oder dem Bau von Festungen unterbleibt«, wie es im Geheimauftrag hieß.

Gegen 8:00 Uhr erfolgte die Landung in Kopenhagen und um 16:45 Uhr traf das Luftschiff wieder in Hamburg ein. Es wurden knapp 1500 km völlig problemlos und bei schönstem Wetter zurückgelegt.

Ein Jahr später, am 9. Juni 1913, unternahm Zeppelin noch einmal eine annähernd gleich weite Reise. Diesmal war die österreichische Kaiserstadt Wien das Ziel. Auf beiden Seiten war die Fahrt lange vorher angekündigt und mit Freuden erwartet. Die Militärs auf beiden Seiten waren in alle Details der Fahrt einbezogen. Obwohl das Wetter während der gesamten Fahrt nicht das Beste war,

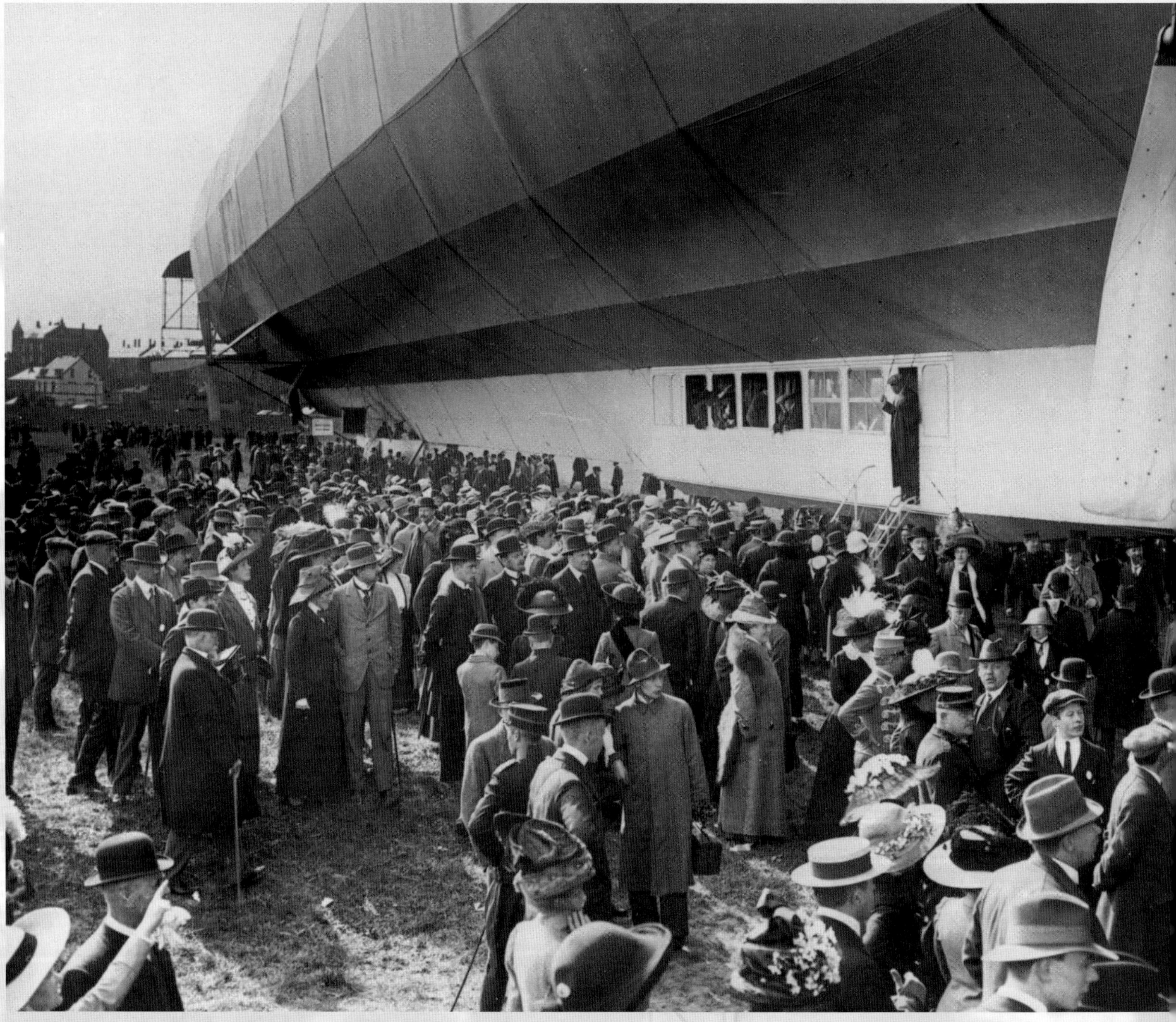

Dicht gedrängt bestaunen die Kopenhagener das riesige Luftschiff.

POSTKARTEN ERHIELTEN DEN STEMPEL »AN BORD DES ZEPPELIN LUFTSCHIFFES ,HANSA', 19. SEPTEMBER 1912«.

DÄNISCHES MILITÄR SICHERT DIE LANDUNG DER LZ 13 »HANSA« IN KOPENHAGEN AM 19. SEPTEMBER 1912.

brachte es der Zeppelin auf durchschnittlich 90 km/h, also knapp 25 m/s. Das war Rekord. Die Fahrzeit eines Expresszuges Stuttgart-Wien wäre um die Hälfte unterboten worden.

Die Fahrt begann 5:30 Uhr in Baden-Oos. Auf dem Wege nach der Rauen Alb kam es zu einer Begegnung mit dem Luftschiff »Ersatz Z I« (LZ 19), das sich gerade auf der Abnahmefahrt für das Heer befand. Es war das erste Mal, dass sich zwei Zeppeline auf großen Fernfahrten begegnet sind. Dabei tauschten sie mittels eigener funkentelegrafischer Stationen an Bord Nachrichten und Grüße aus. Hierfür zeichnete Prof. Dieckmann von der Telefunken-Gesellschaft an Bord der »Sachsen« verantwortlich.

Die österreichische Grenze wurde knapp vor 11 Uhr etwas südlich von Schärding passiert. Über Linz trat der Zeppelin mit der Telegrafenstation des österreichischen Kriegsministeriums in Kontakt.

Überall war in Österreich die Bevölkerung auf den Beinen. Zeppelin schrieb darüber: »Alle Anhöhen und vorspringenden Punkte, die eine freie Aussicht gewähren, sahen wir dicht mit Menschen besetzt. Böllerschüsse wurden abgefeuert, deren Dröhnen und weißer Rauch bis zu uns empordrang. Die Leute schwenkten die Hüte und Tücher, aber die Rufe,

Ein Exemplar 4 Heller.
14. Jahrgang. Nr. 4827.

Illustrierte Kronen Zeitung

Monatlich Krone 1.20 mit Zustellung ins Haus.

Administration: IX/1, Pramergasse 25, Tel. 15711. Stadtbureau: Schwertsgasse 11, Teleph. 7927.

Wien, Dienstag, den 10. Juni 1913.
Redaktion: Wien, IX/1, Pramergasse 28.

Provinz-Abonnement vierteljährlich 3 Kronen. Bestellungen für weniger als drei Monate werden nicht angenommen.

Die Ankunft des Grafen Zeppelin auf dem Wiener Flugfelde.

IN ALLEN ÖSTERREICHISCHEN TAGESZEITUNGEN WAR DIE LANDUNG DES ZEPPELINS DAS TOP-THEMA.

FAHRTROUTE DER »SACHSEN« WÄHREND DER FAHRT NACH WIEN AM 9. SEPTEMBER 1913.

die sie zu uns emporschrien, wurden von dem Getöse unserer Motoren verschlungen, so dass wir sie nicht verstehen konnten«.

Die »Sachsen« überflog Wien mit der Richtung auf Schönbrunn, »wo es mir gegönnt war, vor Kaiser Franz Josef meine Huldigung auszuführen«.

Der knapp 75-jährige Zeppelin dankte den Wienern nach der Landung und Begrüßung mit den bewegenden Worten: »Ich bin zu tief ergriffen, um viele Worte zu machen. Ich danke Gott, dass er mich noch diesen Tag erleben ließ«.

Mit dem Mobilmachungsbefehl und dem Beginn des Ersten Weltkrieges im Sommer 1914 endete die erste Etappe der friedlichen Verkehrsluftschifffahrt mit Zeppelinen in Deutschland. Die drei Schwesterschiffe wurden zunächst wie vorgesehen in den zivilen Hallen in Frankfurt (»Viktoria Luise«), Düsseldorf (»Hansa«) und Dresden (»Sachsen«) stationiert, bevor sie an die Ost- und die Westfront fuhren und dort an taktischen Kriegseinsätzen teilnahmen oder zurückkehrten, um als Schulschiffe für das Heer oder die Marine zu dienen. Sie wurden zwei Jahre später, weil technisch überholt, abgewrackt.

WIE ZEPPELIN VOM NARREN

Wie Zeppelin vom Narren zum Nationalhelden wurde

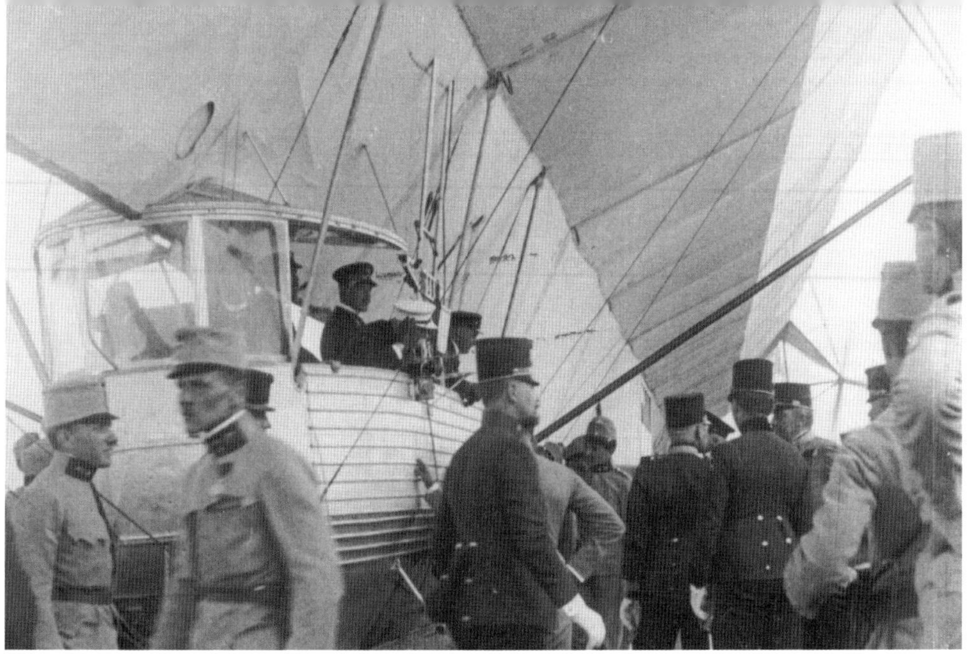

Österreichisches Militär sicherte die Landung der »Sachsen«.

Graf Zeppelin mit dem Luftschiff »Sachsen« über Schloss Schönbrunn.

Wie Zeppelin vom Narren zum Nationalhelden wurde

Graf Zeppelin sucht einen Landeplatz für einen seiner Zeppelin-Luftschiffe auf Spitzbergen.

Graf Zeppelin (li.) und Prof. Hergesell (re.) vertrieben sich die Zeit auf dem Expeditionsschiff mit dem vielgeliebten Schachspiel.

Mit Graf Zeppelin nach Spitzbergen

16.10.1909. Spitzbergen. Fritjof Nansen an Prof. Hergesell: »Während solcher Luftreisen kann man auch die Ausbreitung und Beschaffenheit des Polareises ausgezeichnet studieren, was von Bedeutung für die Zirkulationsprobleme des Meeres und der Luft ist«.

Als der Meteorologe Prof. Hergesell in den Jahren 1907/08 selbst an Zeppelinfahrten in Deutschland und der Schweiz teilnahm und in beiden Sommern aus wissenschaftlichen Gründen auf Spitzbergen weilte, kam dem Professor der Gedanke, von dieser Insel aus mit einem Zeppelin die Arktis zu erforschen.
Er vermutete, dass der warme Golfstrom, das kalte sibirische Eismeer und der ewige Eispanzer eine Art Wetterküche für Europa bilden. Das galt es genauer zu untersuchen. Mit dieser Vorstellung lief er bei Zeppelin – wen wunderts – offene Türen ein, denn der hatte seine Luftschiffe bereits in seinen ersten Aufzeichnungen in den Jahren 1874/75 für wissenschaftliche Fahrten vorgesehen.
Deshalb berief Hergesell im Jahre 1909 einen hochkarätigen Arbeitsausschuss für die Vorbereitung einer Luftschiffexpedition nach Spitzbergen ein. Ihm gehörte neben Prinz Heinrich, dem Bruder des Kaisers, und mehreren international geachteten Ozeanografen, Meteorologen, Geodäten, Ornithologen und Fotochemikern auch der 71-jährige Graf Zeppelin an.
Der Plan sah vor, von der städtischen Luftschiffhalle Hamburg aus mit einem Zeppelin nach Spitzbergen zu fahren. Dort sollte ein weiterer Zeppelin für sternförmige Zielfahrten ins ewige Eis in einer Zelthalle ähnlich der neuen in Friedrichshafen bereitstehen. Täglich wollten die Wissenschaftler ihre Messergebnisse per Funk über die beiden Funkstationen

Wie Zeppelin vom Narren

PRINZ HEINRICH UND GRAF ZEPPELIN AN BORD DER »MAINZ«.

DER »ZEPPELIN-HAFEN« VOM BALLON AUS GESEHEN.

Norddeich und Cuxhaven in ihre Institute und Labors schicken.
Zu jener Zeit standen aber noch keine geeigneten Zeppeline zur Verfügung, und die Funkentelegrafie steckte noch in den Kinderschuhen.
Um bis zur erwarteten Vervollkommnung der Zeppeline keine Zeit für das Vorhaben zu verlieren, beschloss der Arbeitskreis, im Jahre 1910 zunächst eine »Studienfahrt« mit dem Forschungsschiff »Mainz« nach Spitzbergen zu unternehmen. Dabei konnten die Wissenschaftler schon einige Messergebnisse einholen. Außerdem könnte Zeppelin vor Ort nach einem geeigneten Standort für die Luftschiffhalle Ausschau halten.
Die Studienfahrt begann am 30. Juni 1910 in Kiel. Sie wurde zu wesentlichen Teilen von Zeppelin und weiteren privaten Stiftern finanziert und führte über Bergen und Tromsö nach Spitzbergen. Von dort aus unternahmen die Wissenschaftler mehrere Abstecher mit einem kleinen Schiff, mit Schlitten und per Fuß in die umliegenden Berge und Ebenen.
Ende Juli wurden verschiedene bisher zwar bekannte, aber noch nicht vermessene und benannte Buchten, kartographiert. Eine von ihnen erhielt den Namen »Zeppelin-Hafen«.
Am 3. August stiegen am nördlichsten Punkt der Forschungsreise Hergesell und Zeppelin in den mitgeführten 500-m^3-Fesselballon und machten während einer Auffahrt bis zu 1000 m Höhe mehrere Temperatur-, Feuchtigkeit- und Druckmessungen. Währenddessen stiegen mehrere kleine ungefesselte 2-m^3-Registrierballons bis in Höhen von 15.000 m auf.
Die Forschungsreise dauerte sieben Wochen. Die Wissenschaftler brachten Tausende Messergebnisse mit und waren insgesamt mit den Ergebnissen der Forschungsreise vollauf zufrieden. Nun lag es am Luftschiffbau Zeppelin, ein verkehrstüchtiges Luftschiff zu bauen, das den extre-

men Anforderungen der Arktis gerecht wird.
Das sollte aber noch fast zwei Jahrzehnte dauern und dem Luftschiff LZ 127 »Graf Zeppelin« vorbehalten bleiben.

MIT EINEM FESSELBALLON STIEGEN PROF. HERGESELL UND ZEPPELIN AM 3. AUGUST ÜBER SPITZBERGEN AUF UND MACHTEN ZAHLREICHE WISSENSCHAFTLICHE MESSUNGEN. IM HINTERGRUND DIE »MAINZ«.

DER LOUIS-MAYER-GLETSCHER IN DER CROSSBAY.

WIE ZEPPELIN VOM NARREN

DAS ERSTE DEUTSCHE LUFTPOSTUNTERNEHMEN

21. AUGUST 1912. BERLIN. AMTSBLATT NR. 50 DES REICHS-POSTAMTES: »AN BORD DER LUFTSCHIFFE DER DEUTSCHEN LUFTSCHIFFFAHRTS-AKTIEN-GESELLSCHAFT FRANKFURT SIND POSTBETRIEBSSTELLEN EINGERICHTET WORDEN«.

Als der Generalpostmeister Heinrich von Stephan im Jahre 1874 über das Thema »Weltpost und Luftschifffahrt« eine Denkschrift verfasste, die zufälligerweise auch dem Grafen Zeppelin in die Hände kam, war der Gedanke des Verfassers reinste Utopie. Für Zeppelin aber waren die Ideen Stephans der Auslöser dafür, sich das Luftschiffprojekt zum Lebensziel zu machen. Nicht vordergründig im Sinne Stephans für das Postwesen, aber auch nicht jenseits davon.
So prophezeite er am 17. August 1896: »Es könnte die Post von Berlin aus zum Beispiel nach Konstantinopel in achtunddreißig Stunden, nach New York in fünf Tagen, nach Bombay in sechs Tagen je Flug gebracht werden«.
Diese für die damalige Zeit völlig unrealistischen Überlegungen und Thesen haben Zeppelin bei seinem Vorhaben damals aber mehr geschadet als genützt. Sie munitionierten seine Kritiker auf und untermauerten den Ruf des Grafen als »Narren vom Bodensee«.
Aber nur reichlich zehn Jahre später hatte sich das Bild komplett gewandelt. Die Delag besaß drei fahrtüchtige zivile Luftschiffe, und in vielen großen Städten standen Luftschiffhallen. Neue Luftschiffe waren auf dem Reißbrett vorhanden und weitere Hallen waren geplant. Es existierte sogar der Plan von einem künftigen Luftverkehrsnetz über ganz Deutschland. Was lag da näher als während dieser regelmäßigen Fahrten auch Post zu befördern?
Dass diese Idee letztlich scheiterte, lag weniger an den Zeppelinen, sondern zuallererst daran, dass sich der Automobilismus und der Ausbau des Straßen- sowie des Schienennetzes in kaum vorstellbarer Geschwindigkeit entwickelte und dadurch die regelmäßige Postbeförderung im Inland per Luftschiff ad absurdem führte.
Bis zur offiziellen Zulassung als Luftpost im Deutschen Reich im Jahre 1912 überwand die Zeppelinpost mehrere Stufen. Es begann 1908, als von Bord des LZ 4 während der Schweiz- und der Echterdingenfahrt Abwurf- und Fundmeldekarten aus dem Luftschiff abgeworfen wurden. Sie besaßen weder vorgedruckte Hinweise über das Beförderungsmittel noch Bordstempel oder Briefmar-

VORLÄUFER DER LUFTPOST: FLUGPOSTKARTE DER »SCHWABEN« VOM 26. JUNI 1912.

AMTLICHER LUFTPOSTSTEMPEL.

ken. Der Absender bat den Finder unverbindlich, die Karte an den Adressaten weiter zu leiten.
Im Sommer 1909 kamen auf den beiden Luftschiffen LZ 5 und LZ 6 gelbliche oder blaue Doppelkarten der Luftschiffbau Zeppelin GmbH zum Einsatz: »Der Finder dieser Karte wird höflichst gebeten, die eine Hälfte ungesäumt zur Post zu geben. Er erhält, wenn er diese Hälfte der Karte an uns sendet, einen persönlichen Dank Sr. Exzellenz des Herrn Grafen von Zeppelin«.
Nach der Gründung der Delag im Jahre 1909/10 und mit dem Einsetzen der Passagierfahrten verkaufte eine Servicekraft an Bord eigens vorgedruckte Bildpostkarten mit dem Firmenstempel der Delag. Sie waren ausreichend frankiert. Zusammen mit einem 50-Pfennigstück, sowie der Bitte, den Fund im nächsten Postamt abzugeben, wurden Sie in kleinen Beuteln abgeworfen.
Im Frühjahr 1911 wurden erstmals an Bord des Luftschiffes LZ 8 (»Ersatz Deutschland«) in einer separaten Posthilfsstelle ein Bordstempel mitgeführt und alle Postsachen gestempelt. Damit begann die eigentliche Geschichte der Zeppelinpost, während alle vorherigen Belege als Vorläufer gelten.
Die erste größere Zeppelinpostbeförderung fand zwischen dem 10. und

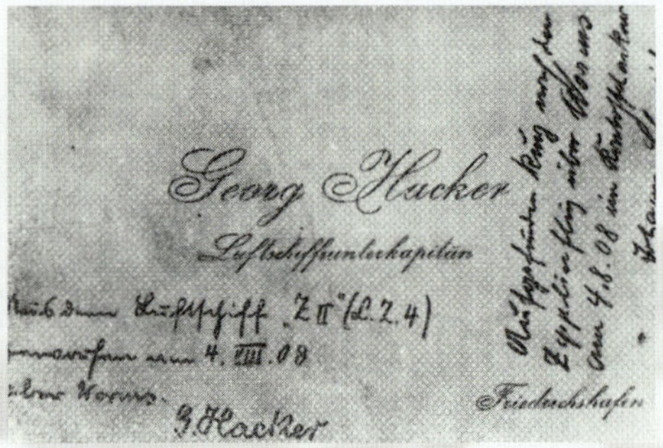

Fundkarte Hackers aus dem LZ 4.

23. Juni 1912 als »Erste Luftpost am Rhein und Main« statt. Die Postsachen wurden zwischen Frankfurt am Main, Offenbach, Darmstadt, Worms und Mainz befördert, wobei neben der »Schwaben« auch das Euler-Flugzeug »Gelber Hund« beteiligt war, das allerdings den weitaus geringsten Teil transportierte. Der Zeppelin nahm zwei Postsäcke in Frankfurt an Bord und warf diese in Offenbach unter Verwendung von Postfallschirmen aus 50 m Höhe über einem vorher festgelegten Platz ab und nahm gleichzeitig zwei neue mittels eines Postflugseiles wieder auf. Gleiches wurde danach in Darmstadt, Worms und Mainz zelebriert. In Frankfurt endete der Rundkurs, für den ein Passagier 300 Mark zahlen musste.
Nachdem die Anerkennung der Postbeförderung mit Zeppelinen durch die Reichspost genehmigt wurde, hatten die Delag-Schiffe Postbe-

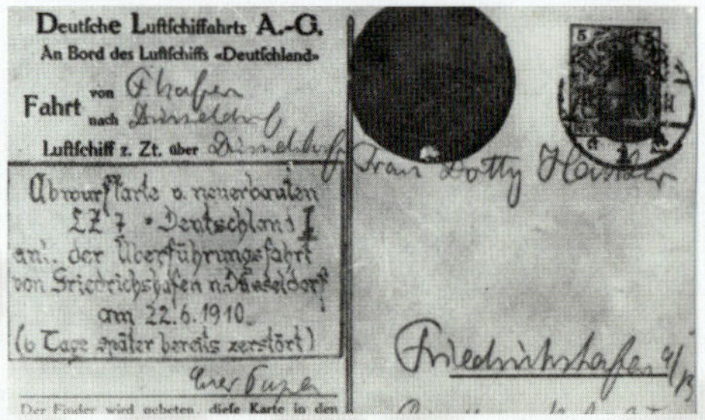
Deutsche Luftschiffahrts A.-G.
An Bord des Luftschiffs »Deutschland«
Fahrt von
nach
Luftschiff z. Zt. über

Karte, die zunächst mit dem Luftschiff und nach Abwurf mit der amtlichen Post befördert wurde.

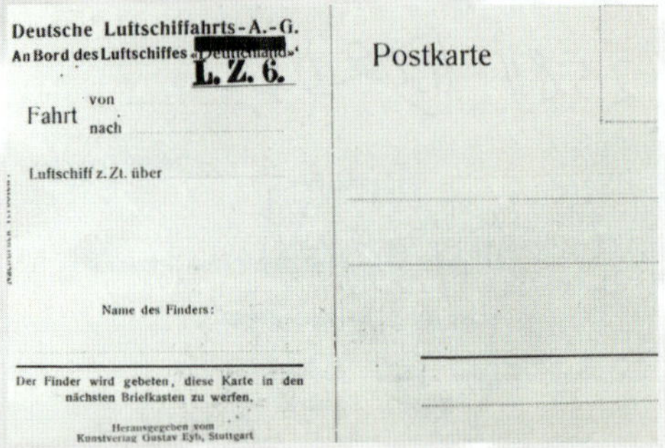
Deutsche Luftschiffahrts-A.-G.
An Bord des Luftschiffes [redacted]
L. Z. 6.
Fahrt von
nach
Luftschiff z. Zt. über
Name des Finders:
Der Finder wird gebeten, diese Karte in den nächsten Briefkasten zu werfen.
Herausgegeben vom Kunstverlag Gustav Eyb, Stuttgart
Postkarte

Abwurfkarte

Postabwurfbeutel (Foto: Werner Prelop).

Älteste Schiffskennzeichnung einer Postkarte mit einem violetten Gummistempel. Die Überstempelung war notwendig, weil der Zeppelin »Deutschland« inzwischen gestrandet war.

triebsstellen an Bord, erstmals am 17. Juli 1912 die »Viktoria Luise«. Ab nun führten die Stempel die offizielle Bezeichnung »Luftpost«.
Colsman und Eckener stellten schon bald erfreut fest, dass die Zeppelin-Postkarten und speziellen Flugpostmarken reißenden Absatz fanden. Deshalb waren sie auch gern bereit, während besonderer Veranstaltungen wie zur Nationalflugspende, zu den »Kinderhilfstagen« und vielen anderen Volksfesten solche Postkarten in den Delag-Schiffen zu befördern, sie zu stempeln und dann nach der Landung zur offiziellen Post bringen zu lassen. Der Gewinn verbesserte die Rentabilität der Fahrten beträchtlich.
Zeitgleich zur Postbeförderung mit Zeppelin-Luftschiffen genehmigte die Reichspost bereits 1912 der Delag, die auf ihren Luftschiffen mitgeführten Telegrafeneinrichtungen den Passagieren für ihre privaten Telegramme zur Verfügung zu stellen. Im Gegenzug verpflichtete sich die Reichspost, die aufgegebenen Telegramme unverzüglich den Adressaten zuzustellen. Die ersten Telegramme wurden an Bord der »Viktoria Luise« während des Oberrheinischen Überlandfluges im Mai 1912 versandt. Die Nachrichten wurden von der 200 km entfernten Radiostation Frankfurt a. M. empfangen und weitergeleitet.
Das Kriegsministerium versuchte bereits seit 1909 funkentelegrafische Einrichtungen an Bord ihrer Luftschiffe unterzubringen. Das gelang auf PL 2 und M II mit einigem Erfolg. Nicht jedoch auf dem Zeppelin Z I.

Der weltweit erste Bordstempel eines Luftschiffes wurde auf der Speisekarte des LZ 8 »Ersatz Deutschland« aufgeschlagen (Foto: Werner Prelop).

Bordstempel der »Schwaben«.

»Erste Flugpost am Rhein und Main« vom 23. Juni 1912.

Luftschiff Deutschland.

Speisen

Bester Beluga-Malossol (Russ. Kaviar-Import-Haus Berlin, Joh. Kattus, Hofl.)	Port. Mk.	4.—
Franz. Masthuhn, 12—14 Mk.	" "	3.—
Straßburger Gänseleber-Pasteten	" "	3.—
Salate	" "	1.—
Erdbeeren nach Melba	" "	3.—

Weine

1908er Rauenthaler Berg (Hofl. Wilh. Ruthe, Wiesbaden)	Mk.	4.50
1905er Steinberger, Originalabfüllung (Hofl. Wilh. Ruthe, Wiesbaden)	"	8.—
Moseltreppchen (Math. Beckmann, Treppchen-Kellerei, Köln)	"	4.—
1898er Ducru Beaucaillou (J. Buxdorf, Wichelhausen & Co., Bremen)	"	6.—
Burgeff grün	"	8.—
G. H. Mumm, Reims, gout americain	"	17.—
Courvoisier Cognac *** p. Glas	"	1.—

Fahrt von Friedrichshafen nach Stuttgart
Baden-Baden, Frankfurt und Düsseldorf
April 1911

Ernst Kölblin, Hofbuchdruckerei, Baden-Baden

Wie Zeppelin vom Narren zum Nationalhelden wurde

Der hatte bekanntlich einen ganz aus Metall bestehenden Tragkörper mit innen liegenden Gaszellen. Es war zu befürchten, dass die enormen elektrischen Ladungsmengen, vor allem beim Senden der elektromagnetischen Wellen, auf das Gerippe überspringen und den Tragkörper zur Explosion bringen könnten. Was den militärischen Wert der Zeppeline in jener Zeit erheblich schmälerte, denn neben ihrer taktischen Verwendung als Bombentransporter sollten die Luftschiffe vor allem der Frühaufklärung dienen. Hierfür war die ständige Verbindung zwischen dem Luftschiff und der Kommandozentrale im Hinterland von ausschlaggebender Bedeutung.

Der Luftschiffbau Zeppelin und die Delag experimentierten erstmals seit Anfang Oktober 1909, ermutigt durch die spektakuläre Berlinfahrt im August und unter dem Druck der Konkurrenz, mit einer funkentelegrafischen (FT) Einrichtung auf ihrem am Boden verankerten Luftschiff LZ 6, das damals noch Z III genannt wurde. Die Wellenlänge lag zwischen 800 und 1000 m, und die Senderenergie der Einrichtung betrug 750 W. Die von Friedrichshafen ausgesandten Signale wurden in Metz, Straßburg, Nauen und sogar von Norddeich empfangen. Die Ladungen sprangen zwar nicht über. Dennoch scheute man den Einbau der Anlage in den fahrenden Zeppelin.

Der erste erfolgreiche Einsatz einer FT-Station auf einem fahrenden Zeppelin erfolgte im Herbst 1911 auf dem Heeresluftschiff Z II (LZ 9), nachdem es umgebaut und umgewidmet als Ausbildungsschiff war. Die Marine beauftragte 1912 den Luftschiffbau Zeppelin in ihr erstes Luftschiff, L 1 (LZ 14), einen eigenen Raum für die FT-Station einzubauen. Nach mehreren Erprobungen im Frühjahr 1913 kam die Station im Herbst 1913 während des Herbstmanövers erstmals unter kriegsmäßigen Bedingungen zur Verwendung. Ihre Reichweite betrug 500 km.

Alle FT-Stationen auf den Kriegs- und Delag-Luftschiffen waren vom Typ »Telefunken«. Ihre Maße waren anfangs beträchtlich: 66 cm breit, 33 cm tief und 76 cm hoch. Ihr Gewicht betrug 70 kg. Auf dem kastenförmigen Schrank stand auf vier Porzellanisolatoren ein Laufrad mit einem Durchmesser von 60 cm, auf dem ca. 200 m Bronzelitze mit 3 mm Durchmesser aufgewickelt waren. Mittels einer stark isolierten Handkurbel spulte man den Draht entsprechend der gewählten Wellenlänge auf und ab. Über eine ebenfalls gut isolierte Rolle an der Bordkante der Gondel gelangte der Draht nach außen und hing mit einem kleinen Gewicht beschwert frei schwebend in der Luft. Als Stromquelle diente ein 55 kg schwerer Wechselstromgenerator, der vom Luftschiffmotor angetrieben wurde.

Flugpostmarke anlässlich des Margareten Volksfestes Leipzig am 18. Mai 1912.

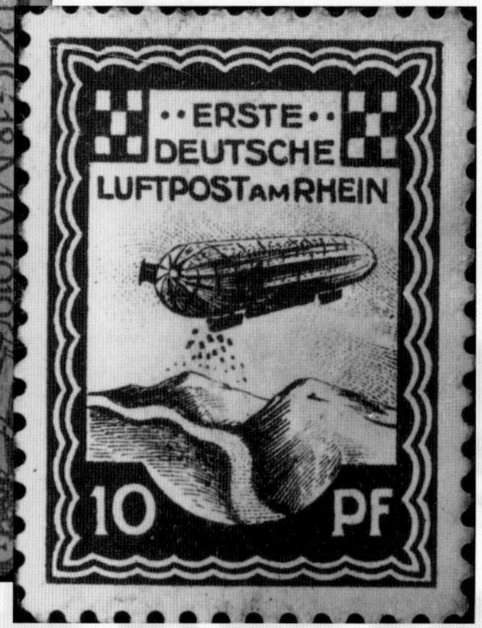

Während Sonderveranstaltungen liess die Delag Postkarten und Sonderbriefmarken drucken, die heute ein beliebtes Sammelgebiet sind.

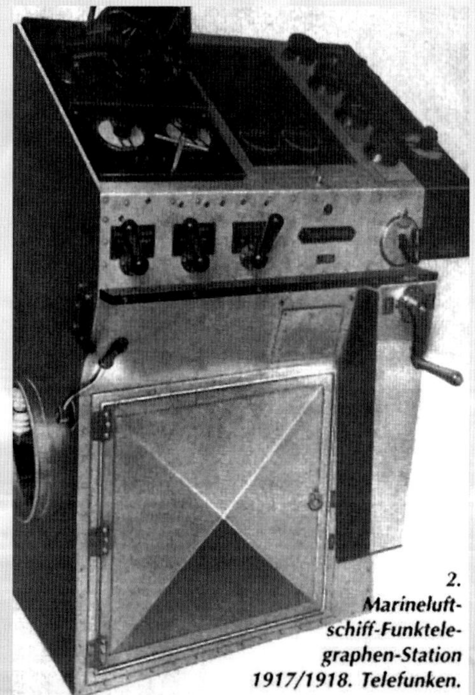

Telegrafenstation vom Typ »Telefunken« (Foto: Urban).

WIE ZEPPELIN VOM NARREN

DAS SOZIALE WERK ZEPPELINS

8. JULI 1913. GROSSER FACKELUMZUG ANLÄSSLICH DES 75. GEBURTSTAGES ZEPPELINS. COLSMAN: ALS GRAF ZEPPELIN MICH FRAGTE, WAS ER DEN HUNDERTEN TEILNEHMERN ALS BESONDEREN DANK SAGEN SOLLE, SCHLUG ICH DEN »BAU EINER ARBEITERSIEDLUNG« VOR.

Nachdem Zeppelin mit den Mitteln der Volksspende die Luftschiffbau-Zeppelin GmbH samt verschiedenen Tochtergesellschaften gegründet hatte, nahm die Zahl seiner Mitarbeiter drastisch zu. Bis dahin beschäftigte Zeppelin in seinem Unternehmen nur während der Endmontage der Luftschiffe etwa 70 Mitarbeiter, die meiste Zeit weniger als zehn. Diese Zahl vervielfachte sich bis zum Beginn des Ersten Weltkrieges auf über 700. Das waren etwa 10 % aller Einwohner Friedrichshafens.
Durch den Zuzug neuer Mitarbeiter, den sprunghaft wachsenden Zeppelin-Tourismus, die Stationierung der Luftschifferkompanie, die Ansiedlung bedeutender Künstler, Wissenschaftler und Ärzte und andere Gründe war Friedrichshafen zur damals teuersten Stadt in Württemberg geworden.
Zeppelin investierte bisher zwar mit seinem LZ sehr große Geldsummen in die touristische Infrastruktur Friedrichshafens - unter anderem ließ er 1910 das Kurgartenhotel und 1911/12 die noch heute vielbesuchte Uferpromenade sowie den für den Geldadel gedachten Yachthafen bauen - und sorgte so für erheblich höhere Steuereinnahmen der Stadt. Doch die sozialen Probleme seiner Firmenmitarbeiter wurden dadurch nicht geringer. Das führte unter ihnen zu Spannungen und sogar zu Streikandrohungen.
Dem wollte Zeppelin entschlossen entgegensteuern. Es galt, für die Arbeiter und Meister die Lebenshaltungskosten zu senken und ihnen die Grundbedürfnisse zu sichern und sie somit in Friedrichshafen zu halten und weitere anzuwerben.
Unter den Zeppelinern kam es schon bald zur Bildung des Wohlfahrtsausschusses, der die Sozialeinrichtungen des Zeppelin-Konzerns koordinierte und weiterentwickelte. Er setzte sich zum Beispiel erfolgreich dafür ein, dass jeder Mitarbeiter eine betriebliche Lebensversicherung abschließen konnte. Wer plötzlich in soziale Not geriet, erhielt ohne große Umschweife vorübergehend kostenlos Brot und Logis.
Den Namen dieses allseits anerkannten Ausschusses übernahm Zeppelin für sein wichtigstes soziales Werk – die Zeppelin-Wohlfahrt GmbH, die noch heute besteht.
Ihre Gründung erfolgte am 23. September 1913. Da waren gerade zwei Monate vergangen, seitdem Zeppelin unter großem Beifall anlässlich seines 75. Geburtstages versprochen hatte, eine Arbeitersiedlung zu bauen. Sie erhielt den Namen Zeppelindorf. Für die Planung konnte der berühmte Architekt Prof. Paul Bonatz

BLICK AUF ZEPPELINDORF, EINE DER ERSTEN ARBEITERSIEDLUNGEN DEUTSCHLANDS.

DER GASTHOF »ZEPPELIN-DORFKRUG«, 1916 EINGEWEIHT, IST NOCH HEUTE DER KULTURELLE MITTELPUNKT DER SIEDLUNG.

gewonnen werden, der auch für den Stuttgarter Hauptbahnhof verantwortlich zeichnete.

Zeppelindorf ist beredter Ausdruck für das soziale Engagement des Grafen Zeppelin zugunsten seiner Mitarbeiter, das in der damaligen Zeit seinesgleichen suchte. In der Siedlung gab es neben den Wohnanlagen eine eigene Kirche, einen Kindergarten, ein Kinderheim, eine Schule, ein Wöchnerinnen- und ein Ledigenwohnheim sowie Sport- und Freizeiteinrichtungen.

Selbstverständlich ließen sich dort auch ein Tante-Emma-Laden und eine Schlachterei mit Metzgerei nieder. Rings um das Dorf existierten sechs mittelgroße Bauernhöfe, die die Grundversorgung der Bürger mit Fleisch und Milch sicherten.

Im gesellschaftlichen Mittelpunkt der Siedlung stand die am 1. April 1916 eröffnete Gaststätte »Dorfkrug«, die noch heute dank strengster Denkmalschutzauflagen im originalen Zustand ihre Gäste einlädt.

Zwischen 1914 und 1917 wurden insgesamt 127 Häuser gebaut, 90 % davon Ein- und Zweifamilienhäuser. Je nach Ausstattung gab es Arbeiter- und Meisterhäuser. Jedes Haus hatte einen eigenen erstaunlich großen Garten, im Schnitt über 800 m² groß, der sich streifenförmig hinter dem jeweiligen Haus erstreckte und der größtenteils mit Kartoffeln, Rüben und anderem Gemüse bestellt wurde. Auch kleine Stallanlagen und überdachte Gemüsebeete standen dort. In den schmalen Bauerngärten vor den Häusern wuchsen fast das ganze Jahr über üppige Blumen und Sträucher. Dazwischen standen Bänke und Obstbäume.

Am 20. März 1917 – zwei Wochen nach dem Tode des Grafen – wurde der »Zeppelin-Saalbau« eingeweiht. Hier fanden noch während des Krieges Theater- und Konzertaufführungen und Buchlesungen statt. Noch wichtiger war allerdings, dass dort eine Großküche eingerichtet wurde, die zu stark subventionierten Preisen Mittagessen auch für Werksfremde ausreichte. So kostete ein Teller Gemüsesuppe mit Wurst 45 Pfennig und ein Hauptgericht samt Vorsuppe nur 65 Pfennig.

Obwohl die Grundstücke bzw. die Häuser ursprünglich an die Zeppeliner verkauft werden sollten, entschloss man sich, diese nur zu vermieten. Wegen der erschwinglichen Mietpreise in Höhe von maximal 46 Mark/Monat für ein alleinstehendes, exklusives Meisterhaus mit 116 m² Wohnfläche, ein alleinstehendes Meisterhaus mit 86 m² Wohnfläche von 34 Mark/Monat und für ein Arbeiterhaus als Doppelhaushälfte mit 67 m² von 27 Mark/Monat war es

EINZELHAUS IN ZEPPELINDORF.

ZWEI-FAMILIENHAUS IN DER SIEDLUNG.

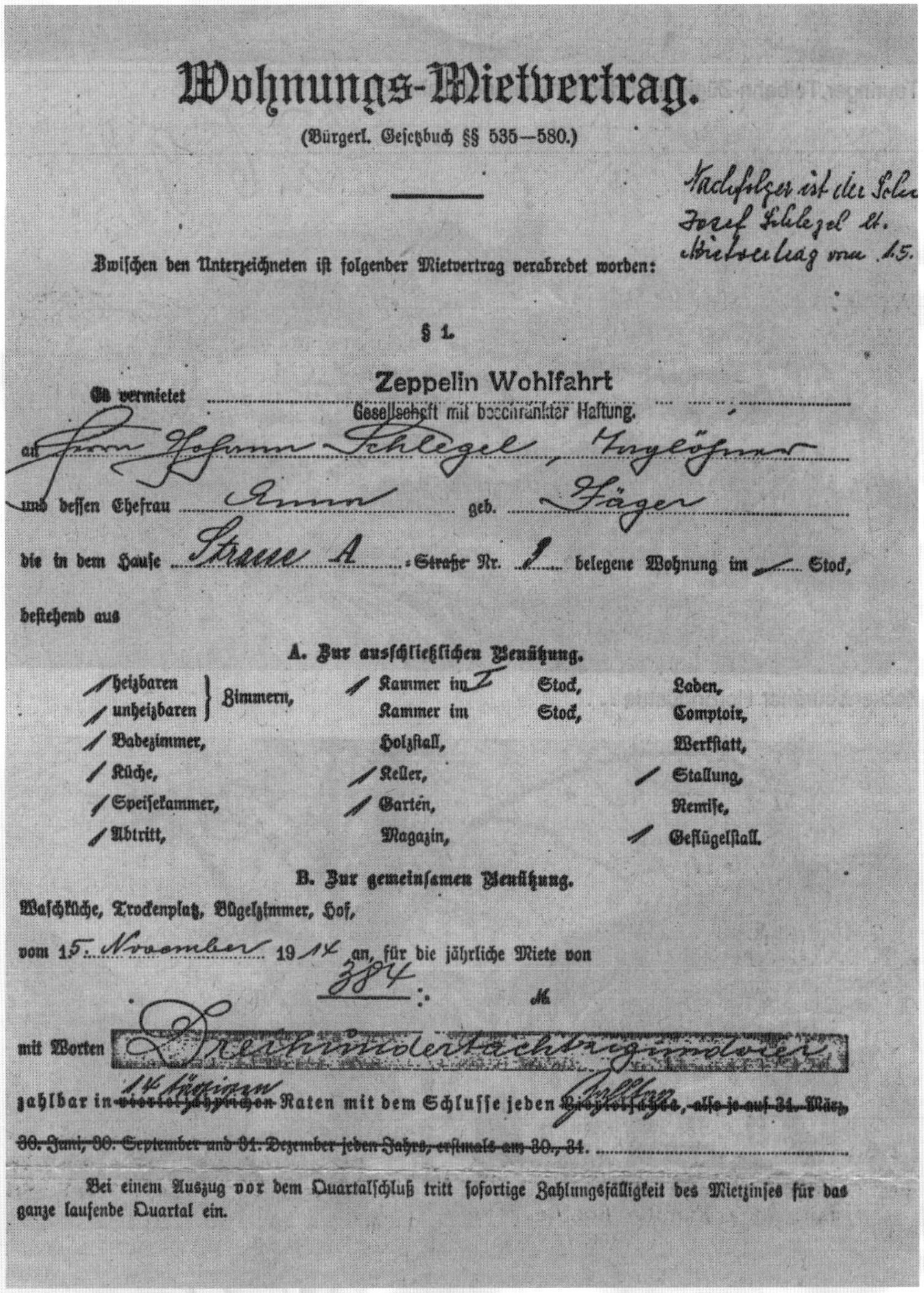

Wohnungs-Mietvertrag.

(Bürgerl. Gesetzbuch §§ 535—580.)

Nachfolger ist der Sohn Josef Schlegel u. Mietvertrag vom 15.

Zwischen den Unterzeichneten ist folgender Mietvertrag verabredet worden:

§ 1.

Es vermietet Zeppelin Wohlfahrt Gesellschaft mit beschränkter Haftung.

an Herrn Johann Schlegel, Taglöhner

und dessen Ehefrau Anna geb. Jäger

die in dem Hause Strasse A -Straße Nr. 1 belegene Wohnung im – Stock,

bestehend aus

A. Zur ausschließlichen Benützung.

1 heizbaren } Zimmern,	1 Kammer im I	Stock,	Laden,
1 unheizbaren }	Kammer im	Stock,	Comptoir,
1 Badezimmer,	Holzstall,		Werkstatt,
1 Küche,	1 Keller,		1 Stallung,
1 Speisekammer,	1 Garten,		Remise,
1 Abtritt,	Magazin,		1 Geflügelstall.

B. Zur gemeinsamen Benützung.

Waschküche, Trockenplatz, Bügelzimmer, Hof,

vom 15. November 1914 an, für die jährliche Miete von 384.– M

mit Worten Dreihundertachtzigundvier

zahlbar in 14 tägigen ~~vierteljährlichen~~ Raten mit dem Schlusse jeden Zahltag ~~Vierteljahres, also je auf 31. März 30. Juni, 30. September und 31. Dezember jeden Jahrs, erstmals am 30., 31.~~

Bei einem Auszug vor dem Quartalschluß tritt sofortige Zahlungsfälligkeit des Mietzinses für das ganze laufende Quartal ein.

MIETVERTRAG FÜR EIN MEISTERHAUS IN ZEPPELINDORF, 1914 (FOTO ZEPPELIN-BRIEFE).

dadurch auch mittleren Angestellten und Arbeitern möglich, dort sesshaft zu werden.

Über die damalige Versorgung mit Lebensmitteln berichtete ein Bewohner: »Das war überhaupt kein Problem. Jeder hatte einen großen Garten, und zeitweise betrieb die Zeppelin-Wohlfahrt noch zusätzlich eine Gärtnerei. Angebaut wurde in den Hausgärten alles für den täglichen Bedarf und was Mutter für den Winter eindünsten oder trocknen konnte. Hühner-, Enten- und Hasenhaltung waren obligatorisch, ebenso wurden in den meisten Haushalten entweder Ziegen oder eine Sau gehalten. Es gab gegenüber dem Wirtshaus ‚Dorfkrug' den wohlfahrtseigenen ‚Konsum', in dem nicht nur Brot und Backwaren aus der Zeppelin-Bäckerei, sondern eigentlich alles fürs tägliche Leben zu kaufen war«.

Die Zeppelin-Wohlfahrt GmbH war ein großartiges soziales Werk am Vorabend und während des Ersten Weltkrieges. Dass sie den Tod ihres Gründungsvaters und den Krieg überstand und noch heute in fast unveränderter Form existiert, spricht einmal mehr für dessen weitsichtiges soziales Engagement.

Seine Mitarbeiter spürten, dass sich Zeppelin die Sorgen der Arbeiter und Angestellten um den Erhalt ihres Arbeitsplatzes zu seinen eigenen Sorgen machte und dankten ihm für dieses ehrliche und herzliche Verhältnis mit zum Teil lebenslanger guter Arbeit im Werk und im späteren Konzern. Sicher machte es sie auch besonders stolz, wenn sich Kaiser, Könige, Wissenschaftler und die Tausende Touristen die Klinke in die Hand gaben, um ihr »nationales Werk« – die Zeppeline zu besichtigen. Respektvoll mussten auch die Kritiker Zeppelins anerkennen, dass die Zeppelin-Erfolgsgeschichte in erster Linie die Geschichte des Erfolges Zeppelins bei seinen Zeppelinern war.

UM NATIONALHELDEN WURDE

Die Barbarisierung des Zeppelinschen Werkes

Die Barbarisierung des

Zeppelinschen Werkes

Die Barbarisierung des Zeppelinschen Werkes

Am Vorabend des Ersten Weltkrieges

4. April 1913. Lunéville. Ein Zeuge antwortete auf die Frage eines Reporters: »Ist es wahr, dass die Menschen vor Wut geschrien haben und man den Zeppelin auf der Stelle zerstechen wollte«? – »Ja, ich habe es gesehen«.

Am 3. April 1913 frühmorgens um 6.00 Uhr startete in Friedrichshafen das Luftschiff Z IV (LZ 16) mit einer Abnahmekommission des Kriegsministeriums, bestehend aus Hauptmann George und zwei weiteren uniformierten Offizieren sowie einem Unteroffizier, an Bord. Er sollte an seinen zwischenzeitlichen Bestimmungsort Baden-Oos überführt werden. Die Führung des Luftschiffes lag in den Händen des erfahrenen Luftschiffkapitäns Gluud. Ihm zur Seite standen sieben Mechaniker von der Luftschiffbau Zeppelin GmbH.

Bald nach der Auffahrt geriet der Luftkreuzer in ein dichtes Wolkenfeld und verlor die Orientierung. Ein starker Ostwind trieb das Schiff über den Schwarzwald und in Richtung deutsch-französischer Grenze. Es überfuhr dabei auch die im Bau befindliche Festung Manonvillers und strategisch wichtige Eisenbahnlinien. Schließlich landete der Zeppelin auf dem Exerzierplatz von Lunéville. Dort nahm gerade ein General eine Parade des 17. Kavallerieregiments ab.

Da das Luftschiff schon längere Zeit von den Einwohnern beobachtet wurde, strömten schnell viele von ihnen ganz aufgebracht zum Landeplatz.

Es herrschte damals auch in Lunéville eine antideutsche Stimmung, zumal vor kurzer Zeit infolge der Ankündigung neuer Militärgesetze über die Verstärkung des Truppenbestandes der deutschen Armee ein Überfall befürchtet wurde. Die Meinung, dass

Französische Militärs und Techniker inspizieren den notgelandeten Z IV (LZ 16).

Das am 3. April 1913 in Lunéville notgelandete Luftschiff Z IV musste von Polizei und Armee weiträumig abgesperrt werden, um die aufgebrachte Bevölkerung fern zu halten.

DIE FRANZÖSISCHE REGIERUNGSKOMMISSION UNTER GENERAL LESCOT (3.V.L.) WAR SOFORT VOR ORT.

HAUPTMANN GEORGE UND DIE BEIDEN LEUTNANTS JACOBI UND BRANDEIS SIND OFFENSICHTLICH RATLOS.

die Deutschen diesen Zwischenfall provoziert hätten, machte schnell die Runde, obwohl die Besatzungsmitglieder schon lange mit weißen Tüchern zum Zeichen einer nicht kriegerischen Absicht schwenkten. Aber als bei einigen Passagieren deutsche Uniformen sichtbar wurden, war die Menge nicht mehr zu halten, und die Polizei sowie das anwesende Militär musste sie energisch zurückdrängen, damit nichts Ärgeres passiert.

In Paris glaubte man zunächst an einen militärischen Einfall in französisches Territorium und ließ die Offiziere und die Besatzung des Z IV von Bord bringen und vorläufig in Gewahrsam nehmen.

Eine Regierungskommission unter General Lescot wurde unverzüglich nach Lunéville beordert. Sie untersuchte mit erfahrenen Luftschiffern und zwei Ingenieuren bis spät in die Nacht und am Morgen des 4. April 1913 alle technischen Details des Zeppelins. Gleichzeitig wurden Gluud und Hauptmann George mehrfach verhört.

Gegen 7.30 Uhr erhielt Gluud die Erlaubnis, das Luftschiff wieder betreten zu dürfen. Mit seinen Mechanikern wurden eiligst einige Notreparaturen durchgeführt. Um 10.00 Uhr traf der Sonderzug aus Friedrichshafen mit 200 Gasflaschen und Ersatzteilen ein. Schnellstens wurden das Gas nachgefüllt und letzte Handgriffe an Steuereinrichtungen und Motoren gelegt.

Auch in diesen reichlich drei Stunden waren die französischen Spezialisten in allen Winkeln des Schiffes eifrig tätig.

Nachdem Hauptmann George sein Ehrenwort gegeben hatte, dass zu keinem Zeitpunkt über französischem Territorium Fotoaufnahmen gemacht wurden, kam gegen 11.15 Uhr die Order aus Paris, Luftschiff und Besatzung auf freien Fuß zu setzen.

Um Teile der Bevölkerung zur vorläufigen Heimkehr zu bewegen und nicht neue Menschenmassen anzulocken, waren sich beide Seiten übereingekommen, eine irreführende spätere Startzeit für die Ausweisung des Luftkreuzers zu verkünden. Und tatsächlich, noch ehe sich erneut aufgeputschte Bürger zum Exerzierplatz aufmachten, stieg das Luftschiff ohne die Militärs um 12.30 Uhr ganz schnell auf und verschwand über den Wolken. Die anwesenden Bürger fühlten sich getäuscht und pöbelten gegen die Polizisten, doch als dann das Auto mit den deutschen Offizieren erschien und Richtung Grenze davonfuhr, richteten sie ihre Wutausbrüche wieder gegen die deutschen Eindringlinge.

Vor dem Start hatte der Luftschiffführer dem Bürgermeister von Lunéville 2000 Franc übergeben, die den Armen der Stadt zukommen sollten. Außerdem hatte er 7600 Franc Zollgebühr für Ein- und Ausfuhr des Luftschiffes zahlen müssen.

Noch am Abend des 4. April bedankte sich die deutsche Regierung über ihren Botschafter beim französischen Außenministerium für die loyale Behandlung der Besatzung des Zeppelins.

Doch es blieben Zweifel an der Ehrbarkeit der Besatzung. Auch Zeppelin war sich unsicher: »Mir ist das unverständlich, wie so etwas hat passieren können. Man kennt doch genau die Schnelligkeit, mit der das Luftschiff fährt. Man weiß nach der Karte genau, wie weit die französische Grenze vom Ausgangspunkt entfernt ist. Auch wenn die Wolken den Ausblick unmöglich gemacht haben, musste man rechtzeitig vor der französischen Grenze wieder umkehren«.

Die wichtigste Lehre aus diesem Vorfall war der Befehl, auf allen militärischen Luftschiffen unverzüglich Funkstationen einzubauen und mit ausgebildeten Funkern zu besetzen.

FLUCHTARTIG VERLIESS Z IV AM 4. APRIL 1913 LUNÉVILLE.

DIE ERSTEN OPFER DER ZEPPELIN-LUFTSCHIFFFAHRT

22. OKTOBER 1913. BERLIN. DIE LETZTE FAHRT DER TODESOPFER DES LUFTKREUZERS L 2 (LZ 18): »WÄHREND VOM TURM DIE GLOCKEN ERTÖNTEN, WURDE EIN SARG NACH DEM ANDEREN HINAUS AUF DEN LEICHENWAGEN GETRAGEN UND ALSBALD TRAT UNTER DEN KLÄNGEN DES CHOPINSCHEN TRAUERMARSCHES DER ZUG IN BEWEGUNG«.

IN DEM RESTLOS AUSGEBRANNTEN MARINELUFTSCHIFF L2 (LZ 18) ÜBERLEBTE KEINER DER 28 BESATZUNGSMITGLIEDER, UNTER IHNEN DER KOMMANDEUR DER MARINELUFTSCHIFFER-ABTEILUNG BEHNISCH UND DER RANGHÖCHSTE LUFTSCHIFFTECHNIKER DER MARINE PIETZKER.

Nach den erfolgreichen Probefahrten des Heereszeppelins Ersatz Z II (LZ 9) sowie den Leistungen des Delag-Luftschiffes »Schwaben« (LZ 10), das im zweiten Halbjahr 1911 über 100 Passagierfahrten, darunter mehrere Fernfahrten von Baden-Oos nach Gotha, Düsseldorf, Hamburg, Potsdam und Berlin ohne Zwischenfälle ausgeführt hatte, war für das Kaiserliche Werftdepartement unter Großadmiral Tirpitz der Zeitpunkt gekommen, den militärischen Wert des Zeppelins für die Marine erneut zu prüfen.

Das Prüfergebnis lag am 8. November 1911 vor. Das Resultat war der Auftrag zum Ankauf des ersten Marineluftschiffes L 1 (LZ 14) und die Bestellung eines zweiten, sobald positive Erfahrungen mit dem ersten vorlägen.

Die Fertigstellung des ersten deutschen Marineluftkreuzers erfolgte am 28. September 1912. Tirpitz nahm in Gegenwart des Grafen Zeppelin nach erfolgreicher 30stündiger Dauerfahrt am 17. Oktober das Luftschiff L 1 in Johannisthal für die Marine ab.

Der Zeppelin hatte eine Länge von 160 m, einen Durchmesser von 15 m und ein Volumen von 22.000 m³. In der vorderen Gondel waren ein, in der hinteren Gondel zwei Maybach-Motoren von je 170 PS eingebaut, die

Die Barbarisierung des Zeppelinschen Werkes

Der Marinekreuzer L 1 (LZ 14) bei seiner ersten Auffahrt am 7. Oktober 1913 in Friedrichshafen.

dem Luftschiff eine Geschwindigkeit von 22 – 24 m/s verliehen. Die vorderen Propeller waren zweiflügelig, die hinteren vierflügelig. Der Tragkörper hatte 18 Gaszellen. Die Steuerung saß vereinigt in einem Rahmen am Heck; die Seitensteuerung hatte sechs Vertikal-, die Höhensteuerung acht Horizontalflächen. Auf dem Rücken des Tragkörpers befand sich eine Plattform aus Aluminiumblech, die als Beobachtungsstand für die Offiziere diente und durch einen Schacht erreicht werden konnte. In den Laufgang war ein Unterkunftsraum für Offiziere und Mannschaften eingebaut. Hier befand sich auch die Station für Funkentelegrafie. Das Luftschiff konnte 7500 kg Nutzlast befördern, davon 3000 kg Benzin und Öl. Es hätte demnach rein rechnerisch innerhalb von 50 Stunden fast 2500 km zurücklegen können. Der L 1 war außerdem mit elektrischer Beleuchtung und Scheinwerfern ausgerüstet, die noch aus einer Höhe von 1000 m bei Nacht eine deutliche Beobachtung der Erdober- bzw. der Wasserfläche gestatten sollten.

Während der 68. Fahrt des L 1, am 9. September 1913, geschah die Katastrophe. Es war das erste Mal, dass ein Zeppelin auf der Fahrt einen so vernichtenden Unfall erlitt.

Das Luftschiff nahm damals an einem Hochseemanöver teil. Die großangelegte Übung begann am 8. September um 3:00 Uhr morgens bei glatter See, klarer Sicht und schönem Wetter.

Den bedeutendsten Erfolg verzeichnete L 1 als er eher als die Aufklärungsschiffe die feindlichen Kreuzer und Torpedoboote sowie den Rest der gesamten gegnerischen Flotte entdeckte und an die Zentrale meldete. Das Reichs-Marine-Amt würdigte diese Tat sogleich als »vollen Erfolg der Aufklärungstätigkeit des Luftschiffes«. Die FT-Station hatte sich bestens bewährt.

Am zweiten Manövertag war das Wetter umgeschlagen. Es war windig, diesig und regnerisch. L 1 verließ um 13:15 Uhr Fuhlsbüttel und fuhr in nordwestlicher Richtung, um

L 1 diente in Johannisthal als Ausbildungsschiff und in Fuhlsbüttel als Luftkreuzer für die Marine.

erneut den Gegner zu suchen.

Gegen 17:00 Uhr empfing das Luftschiff eine Wetterwarnung. Schlagartig verschlechterte sich die Situation für das Luftschiff dramatisch.

Durch die Kälte, in welcher sich das Luftschiff mehrere Stunden befand, zog sich das Gas in den Zellen stark zusammen. Außerdem war durch die Fahrt in Höhen zwischen 1000 und 1500 m ein Gasverlust von etwa 2500 m³ entstanden. Allmählich schmolz der Auftrieb dahin, obschon der gesamte Wasserballast und überflüssiges Material über Bord gegangen waren. Heftiger Regen machte das Luftschiff noch schwerer. In dieser Situation entschloss sich der Kommandeur Kapitänleutnant Hanne zur Wasserung. Dabei versagte das Vertikalsteuer, und das Luftschiff stürzte aus 100 m Höhe mit fast 20 m/s in die Nordsee, wobei das Gerüst zerbrach. Binnen weniger Minuten versank der riesige Zeppelin in den aufgewühlten Fluten vor Helgolands Küste, 13 Besatzungsmitglieder in den Gondeln mit sich reißend.

Sieben Personen konnten zwar noch gerettet werden, doch nur sechs überlebten.

Unter den Toten befand sich neben dem Führer des Luftschiffes auch Korvettenkapitän Friedrich Metzing, der Kommandeur der Marineluftschiff-Abteilung.

In der selben Zeit, in der der Luftkreuzer L 1 mit den Wellen und die Besatzung mit dem Tode rangen, stieg in Friedrichshafen das zweite, soeben fertiggestellte Marineluftschiff L 2 (LZ 18) zu seiner 50stündigen Erstfahrt auf, die unter dem Kommando Dürrs ebenfalls nach Helgoland führte. Bei dieser Gelegenheit wollte der Kreuzer auch seinen künftigen Heimathafen in Nordholz aufsuchen, wo seit April 1913 an der größten drehbaren Doppelhalle der Welt gebaut wurde.

Der L 2 hatte gegenüber seinen Vorgängern ein um 5000 m³ größeres Volumen. Dadurch konnte ein vierter 180-PS-Motor eingebaut werden, was ihn schneller und leistungsfä-

Die Barbarisierung des Zeppelinschen Werkes

Die grösste Doppeldrehhalle der Welt in Nordholz bei Cuxhaven nach ihrer Fertigstellung im Oktober 1914.

Der Marineluftkreuzer L 2 (LZ 18).

higer machte. Sein Querschnitt war kein 17-Eck mehr, sondern ein 19-Eck.

Die Besatzung bestand aus drei Offizieren, vier Steuerleuten und zwölf Mechanikern der Marineluftschiff-Abteilung. Um die Ursachen der Vernichtung des L 1 auszuschließen, nahm sie eine doppelt so große Ballastreserve mit an Bord.

Seine zehnte Fahrt am 17. Oktober 1913 war für die Abnahmekommission des Reichs-Marine-Amtes von besonderer Bedeutung. Ihr ging es um Prüfung, ob der Zeppelin über längere Strecken hinweg problemlos in gleicher Höhe fahren kann. Das war eine wichtige Voraussetzung für die Fernaufklärung auf hoher See. Deshalb hatte Korvettenkapitän Behnisch, der erst vor wenigen Tagen nach dem Tode von Metzing zum Kommandeur der Marineluftschiff-Abteilung befohlen wurde, noch fünf Ingenieure an seiner Seite, unter ihnen Deutschlands ranghöchsten, Marinebaumeister Pietzker.

Insgesamt waren 28 Besatzungsmitglieder an Bord. Die 17 Mitglieder der Marine-Luftschiff-Abteilung standen unter der Führung von Kapitänleutnant Freyer, und die fünf Vertreter der Zeppelin Luftschiffbau GmbH wurden angeführt von Kapitän Glud, der sich vor einem halben Jahr mit Z IV nach Lunévile verirrt hatte.

L 2 erhob sich um 10:05 Uhr vom Flugplatz Johannisthal ohne irgendwelche Schwierigkeiten, umkreiste den Flugplatz und nahm dann in südwestlicher Richtung, an der Zeppelin-Halle vorbeifahrend, Kurs auf Buckow. Aus den Gondeln winkten die Passagiere den Zurückbleibenden freundliche Grüße zu, die ebenso erwidert wurden. Keiner von ihnen ahnte, dass der stolze Marineluftkreuzer wenige Sekunden später zerschmettert am Boden liegen würde.

Als der Zeppelin eine Höhe von etwa 150 Meter in ruhiger Fahrt erreicht hatte, registrierten die Zuschauer

GRAF ZEPPELIN BEI DER TRAUERFEIER FÜR DIE OPFER DES ZEPPELINS L 2. URSPRÜNGLICH WOLLTE ZEPPELIN ZUR GLEICHEN ZEIT DIE DRESDNER LUFTSCHIFFHALLE EINWEIHEN

Extra-Blatt.

Tageblatt

Annaberger Wochenblatt

Amtsblatt für die Königl. Amtshauptmannschaft Annaberg, für die Königl. und städt. Behörden zu Annaberg und Jöhstadt sowie für die Gemeinden der Amtsbezirke.

Hauptzeitung und verbreitetster Geschäfts- und Familien-Anzeiger für das obere Erzgebirge

Druck und Verlag von Felix Challwitz, in Firma C. O. Schreiber, Annaberg i. Erzgeb., Markt 8.

Ausgegeben Freitag, den 17. Oktober 1913, mittags 12.30 Uhr.

Zeppelin-Luftschiff „L. 2" in den Lüften explodiert.

Berlin, 17. Oktober. Das Luftschiff „L. 2" ist in 300 Meter Höhe kurz nach dem Aufstieg über der Rudauer Chaussee explodiert. Sämtliche Insassen sind tot. Näheres ist noch nicht bekannt.

Hierzu wird uns ferner gedrahtet:

Berlin, 17. Oktober, 12 Uhr mittags. „L. 2" ist heute vormittag 10.15 Uhr in 300 Meter Höhe, 500 Meter westlich vom Flugplatz Johannistal explodiert. An Bord befand sich außer der Besatzung die Marine-Abnahmekommission unter Führung des Korvettenkapitäns Behnisch vom Reichsmarineamt, ferner drei Vertreter der Zeppelinwerft mit Kapitän Gluth. Die Ursache der Katastrophe ist noch nicht bekannt.

IN GANZ DEUTSCHLAND ERSCHIENEN UNMITTELBAR NACH DER SCHRECKENSNACHRICHT ÜBER DEN ABSTURZ DES MARINEKREUZERS L 2 EXTRABLÄTTER.

plötzlich, dass aus der vorderen Maschinengondel eine Flamme hervor züngelte. Das ganze Luftschiff stand blitzartig in Flammen und fiel als brennende Fackel zu Boden. Zwar stürzten die Zuschauer von allen Seiten zur Unglücksstelle, um irgendwie zu helfen, doch jede Hilfe kam zu spät.

Die Barbarisierung des Zeppelinschen Werkes

Zeppeline bringen Schrecken, Tod und Verderben über ganz Europa

Kriegsbeginn. Zeppelin über die Rolle seiner Kriegszeppeline: »Wenn die militärische Wirkung der Zeppelin-Luftschiffe zur Folge hat, den Krieg auch nur um einen Tag zu verkürzen und dadurch vielleicht Tausende von Menschenleben zu retten – dann ist meine Lebensarbeit nicht vergeblich gewesen«.

Für einen erfolgreichen Luftkrieg mit Zeppelinen brauchte Deutschland zum einen strategisch günstig gelegene Luftschiffhallen, zum anderen gut ausgebildete Luftschiffer und vor allem Luftschiffe nach dem neuesten Stand der Technik. Gleichzeitig musste die Organisation der Luftschiffereinheiten des Heeres neu strukturiert werden. Die Marineluftschifffahrt stand nach den Katastrophen der Kreuzer L 1 und L 2 praktisch vor einem Neuanfang.
Um dies zu gewährleisten, erhöhte der Reichstag die Ausgaben für Luftrüstung im Zeitraum von 1911 bis 1914 um das 13,6fache auf insgesamt 63 Millionen Mark. Diese horrende Ausgabenerhöhung setzte sich von Jahr zu Jahr bis zum Kriegsende ungebremst fort.

Zeitgenössische Darstellung wie Zeppelin-Bomber auf dem Weg nach England gleich noch feindliche Schiffe ausfindig machen könnten.

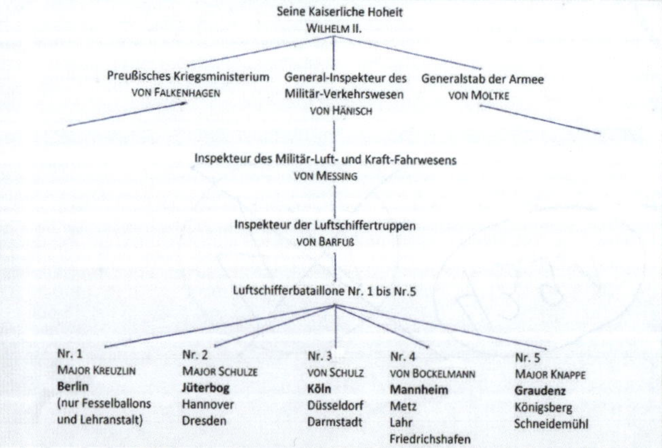

Die Struktur der militärischen Luftschiffereinheiten zu Beginn des Krieges.

DIE HALLEN

Militärische Luftschiffhallen wurden schon seit 1905 gemäß dem Schlieffen-Plan, der einen Krieg an zwei Fronten Einkalkulierte, längs der West- und Ostgrenze sowie an der Küste errichtet.

Zum Kriegsbeginn besaß das Heer im Westen drei Hallenstandorte (Metz, Köln, Trier) und im Osten vier (Königsberg, Posen, Liegnitz, Allenstein). Die Marine hatte demgegenüber nur eine Halle in Nordholz bei Cuxhaven.

Im Krieg kamen für die Marine neue Standorte hinzu, im Westen in Hage, Ahlhorn und Tondern und im Osten in Seddin und Seerappen. Das Heer errichtete eine Halle in Wittmund (Westen) und eine in Schneidemühl (Osten).

Nordholz wurde zum Zentrum der Marineluftschifffahrt ausgebaut. Hier baute die Marine in den ersten beiden Kriegsjahren zusätzlich eine feste und eine drehbare Doppelhalle.

Heute ist Nordholz der Sitz des Marinefliegergeschwaders »Graf Zeppelin«.

Mit der Mobilmachung kamen alle 13 Delag-, die privaten und die städtischen Luftschiffhallen von Hamburg bis Baden-Oos und von Düsseldorf bis Dresden in militärischen Besitz. Sie dienten fortan als Ausbildungs-

HEERES-LUFTSCHIFFHALLE IN POSEN

MILITÄRISCHE LUFTSCHIFFHALLEN ZU BEGINN DES KRIEGES (PROVAN)

LUFTSCHIFFHALLEN IN NORDHOLZ, DEM GRÖSSTEN LUFTSCHIFFSTÜTZPUNKT IM KRIEG. VORN DIE BEIDEN EINZELHALLEN NORA UND NORBERT, HINTEN LINKS DIE DOPPELDREHHALLE NOBEL UND RECHTS HINTEN DIE DOPPELDREHHALLE NORMANN.

zentren oder als Reparaturwerften für defekte Luftschiffe. Mitunter ließ das Reich auf demselben Gelände eigene Luftschiffhallen errichten wie in Dresden, wo zeitweise das Zentrum der Marineluftschifferausbildung war und eine Reparaturwerft entstand.

In den ersten Monaten des Krieges eroberten die Deutschen weitere Luftschiffhallen im Westen (Namur und Maubeuge) sowie im Osten (Warschau). Ihre Verbündeten überließen ihnen die Hallen in Jambol (Bulgarien) und Temesvár (Ungarn).

KORVETTENKAPITÄN PETER STRASSER, DER FÜHRER DER LUFTSCHIFFE (F.D.L.).

DIE LUFTSCHIFFER

Nicht zu Unrecht galten die Luftschiffer als die am besten ausgebildete elitäre Offiziers- und Soldatengattung im Kaiserlichen Deutschland. Während bei Kavallerie-, Artillerie-Infanterie- und Schiffsgefechten zumeist die Zahl der eingesetzten Truppen und die Tonnage an Munition über den Ausgang der Schlacht entschied und in Luftgefechten der Flieger der Wagemut des einzelnen Piloten zählte, mussten die Luftschiffer stets als eingeschworenes, auf sich gestelltes Team bestehen.

Luftschiffer waren gezwungen, in kleinsten Einheiten perfekt zu operieren. Jeder musste sich jederzeit auf jeden ohne jeden Abstrich verlassen können. Der kleinste Fehler konnte das Leben aller Kameraden kosten.

Luftschiffer beherrschten auf ihrem Gebiet die modernste Kriegstechnik. Sie waren Spezialisten. Gleichzeitig musste jeder einzelne in der Lage sein, kurzfristig fast jede Position im Luftschiff zu übernehmen.

Zu einer Luftschiffbesatzung gehörten neben dem Kommandanten (bei der Marine meist im Rang eines Kapitänleutnants; beim Heer im Rang eines Hauptmanns) und dem 1. Offizier noch mindestens fünf Steuerleute, ein oder zwei Funker, ein Segelmacher sowie wenigstens zehn Maschinisten.

Die Marineluftschiffer hatten alle eine abgeschlossene Marineausbildung hinter sich. Sie trugen Matrosenmützen mit der Aufschrift »Marine Luftschiff Abteilung«. Die Heeresluftschiffer rekrutierten sich vorwiegend aus dem Bereich techni-

HEERESLUFTSCHIFFBESATZUNG DES LZ 25 (Z IX) VOR IHRER GONDEL.

MARINELUFTSCHIFFBESATZUNG DES L 39 MIT KAPITÄNLEUTNANT KOCH (MITTE). AM 17. MÄRZ 1917 WURDE DAS LUFTSCHIFF ÜBER DER FRANZÖSISCHEN FRONT ABGESCHOSSEN. KEINER ÜBERLEBTE (FOTO: URBAN).

scher Einheiten, da sie ja zu den Verkehrstruppen gehörten. Unter ihnen waren aber viele ehemalige Matrosen.
Zu Beginn des Krieges herrschte ein ungeheurer Bedarf an ausgebildeten Luftschiffern. Die Qualifizierung zum Luftschiffer brauchte seine Zeit. Und befähigte Ausbilder. Deshalb wurden unmittelbar nach Kriegsbeginn alle Luftschiffkapitäne der Delag dienstverpflichtet.
Chef der Ausbildung wurde Hugo Eckener im Rang eines Kapitänleutnants.

Die theoretische Ausbildung der Marineluftschiffer war besonders anspruchsvoll, weil die Navigation über Wasser mangels fehlender Orientierungshilfen wesentlich schwerer war als über Land. Hingegen stellt die Steuerung eines Luftschiffes über festem Boden wegen der sich ständig ändernden Aufwinde höhere Anforderungen an die Luftschiffbesatzung als über einer Wasserfläche. Sowohl Marine- als auch Heeresluftschiffer hatten vor allem die Aufgabe, punktgenau Bomben über vorher bestimmte Ziele abzuwerfen. Daneben übernahmen die Marineluftschiffer im Laufe des Krieges zunehmend Aufklärungsaufgaben. Seit dem Abschuss des Luftschiffes L 70 mit dem »Führer der Luftschiffe« Peter Strasser an Bord am 5./6. August 1918 durften sie nur noch solche Fahrten ausführen. Am 12. Oktober 1918 fand der letzte Aufklärungsauftrag für Kriegszeppeline statt. Beteiligt waren die beiden Kreuzer L 63 (LZ 110) und L 65 (LZ 111).
Die Heeresluftschifffahrt wurde aufgrund besserer Alternativen (Riesenflugzeuge als Bomber, Kleinflugzeuge als flexible und billige Aufklärer über Land) vor dem Ende des Krieges, im Frühjahr 1917, eingestellt. Zudem verfügten die Aufklärungsflugzeuge bereits seit 1915 über eigene Funkanlagen an Bord.
Bei den vielen Angriffen auf England hatten die Heeresluftschiffer gegenüber den Marineluftschiffern den Vorteil kürzerer Wege, weil sie zumeist von Metz, Namur und Gontronde aus starteten, während die Marineluftschiffer vorwiegend von Ahlhorn, Wittmund und Nordholz auf die viel längere gefährliche Reise gehen mussten.
Die Ausbildung der Marineluftschiffer fand in Ermangelung geeigneter Ausbildungsvoraussetzungen an der Küste zunächst in Leipzig und in Dresden statt und umfasste etwa drei Monate. Im Mittelpunkt des Unterrichts standen das Studium von Generalstabs- und Wetterkarten, die Land- und Seenavigation mit dem Kompass, die Wolkenkunde, der Umgang mit allerlei Messgeräten für den Luftdruck, die Temperatur, die Fahrthöhe und die Geschwindigkeit, sowie der Grundlagen der Funkentelegrafie einschließlich des Morsens und nicht zuletzt die Beschäftigung mit der Physik der Atmosphäre. Das körperliche Training hatte einen hohen Stellenwert.

Während der meist zwar nur kurzen Einsatzzeit standen die Luftschiffer unter einem extrem hohem psychischem Druck und immens starker physischer Belastung. Mitunter mussten sie in kürzester Zeit auf über 7000 m aufsteigen und dort bei -30° C 15 Stunden und mehr verharren oder neu navigieren. Um dabei nicht ohnmächtig zu werden, führte jeder Luftschiffer eine Atemmaske und flüssigen Sauerstoff in einer Flasche mit sich. Blutstürze und Erfrierungen waren nicht selten.

Luftschiffer mit Pelzmantel und Atemgerät.

DIE KRIEGSZEPPELINE

Als Folge des Mobilisiermachungsbefehls kamen die drei Delag-Schiffe »Viktoria Luise«, »Hansa« und »Sachsen« in die Verfügungsgewalt der Militärs.

Dadurch verfügte Deutschland zu Kriegsbeginn über 13 einsatzbereite Luftschiffe, darunter sieben Zeppeline und je ein Parseval (PL IV), Groß/Basenach (M IV) und Schütte/Lanz (SL II). Bis auf das Marineluftschiff L 3 (LZ 24), das erst am 11. Mai fertiggestellt wurde, unterstanden alle dem Heer.

Demgegenüber besaßen Frankeich, Rußland und England zusammen nur zehn einsatzbereite militärische Luftschiffe, die zudem den deutschen Luftschiffen in allen technischen Parametern klar unterlegen waren.

Sowohl das Heer als auch die Marine bestellten unmittelbar nach Kriegsbeginn viel mehr Zeppeline als die Werften in Friedrichshafen und Potsdam liefern konnten. Der Luftschiffbau Zeppelin baute im Schnitt zwei Schiffe monatlich. Ihre Preise lagen zwischen 600.000 und 850.000 RM. Die technische Entwicklung der Zeppeline profitierte von dieser gewaltigen Nachfrage. Alle Parameter aus der Vorkriegszeit wurden zum Teil um ein Vielfaches überboten, wie folgende Tabelle zeigt:

DER KREUZER L 3 (LZ 24) WAR ZU KRIEGSBEGINN DAS EINZIGE EINSATZBEREITE MARINELUFTSCHIFF.

ZWEITE WERFTHALLE DES LUFTSCHIFFBAU ZEPPELIN 1915. EIN JAHR SPÄTER WURDE EINE DRITTE ZWISCHEN DIE BEIDEN BESTEHENDEN GEBAUT.

Die Barbarisierung des Zeppelinschen Werkes

Parameter	LZ 24 (L 3) Erstfahrt 11. Mai 1914	LZ 112 (L70) Erstfahrt 01. Juli 1918
Länge	158 m	211,5 m
Volumen	22.500 m^3	62.600 m^3
Nutzlast	9,2 t	44,5 t
Motorenleistung	630 PS	1820 PS
Geschwindigkeit	22 m/s	37 m/s

L 30 (LZ 62)) war erstmals annähernd stromlinienförmig. Die Schütte-Lanz-Luftschiffe hatten diese Form schon viel eher bevorzugt.

Die auffälligste Veränderung erfuhren die Zeppeline ab Baunummer 62. L 30 (Erstfahrt 28. Mai 1916), weil sie ab nun annähernd stromlinienförmig waren.
Der erste militärische Einsatz eines deutschen Luftschiffes fand bereits in der ersten Kriegswoche, am 6. August 1914, statt. Ziel war die Festung Lüttich. Aber der Zeppelin Z VI richtete keinen nennenswerten Schaden an, da er nur 200 kg Bomben an Bord

Schutzmaßregeln in Paris und London gegen Zeppeline

Französischer Scheinwerfer. Abwehrgeschütz, auf einer Rücklauf-Plattform aufgebaut. Horchposten am Feinhöre

Aus dem nächtlichen Paris: Scheinwerfer in Tätigkeit auf dem Konkordienplatz.

Aus einer Londoner Schule: Belehrung der Kinder über das Verhalten bei Zeppelingefahr.
Die Tafelinschrift lautet verdeutscht: „Wenn Zeppeline kommen, geht in die Häuser, löscht das Licht aus und verhaltet euch ruhig

SCHUTZMASSNAHMEN DER BEVÖLKERUNG VOR ZEPPELINANGRIFFEN (FOTO: URBAN).

MIT MASCHINENGEWEHREN UND LANGSAM FLIEGENDEN BRANDGESCHOSSEN VOM BODEN AUS ODER MIT HANDABWURFBOMBEN UND MIT MASCHINENGEWEHREN VOM FLUGZEUG AUS WURDEN VIELE DER KRIEGSZEPPELINE VERNICHTET.

hatte. Den bewirkte aber ausgerechnet das ehemalige Delag-Luftschiff »Sachsen«. Unter Bruch der Neutralität Belgiens und entgegen den Haager Verpflichtungen griff das ehemalige Flaggschiff der Delag am 2. September früh drei Uhr, als die ganze Stadt schlief, Antwerpen an und warf fast 1000 kg Sprengstoff ab. Es gab zahlreiche Tote und Verletzte.

In Paris wappnete man sich schon frühzeitig gegen den Bombenterror der Zeppeline. Besondere Sorge galt den einmaligen Kunstschätzen im Louvre. Die meisten Gemälde verschwanden in eisernen Kisten und wurden ausgelagert. Die »Venus« von Milo und die »Mona Lisa« schloss man sogar in Stahlkammern ein. Und als Schutz vor Luftangriffen benutzte man die oberen Etagen des Louvre als Schild, indem sie in ein Lazarett umgewandelt wurden. Obenauf und auch bei Nacht deutlich sichtbar die Flaggen des Roten Kreuzes.

Gegen die Zeppelinbomber hatten anfangs weder die Franzosen noch die anderen Nationen etwas Gleichwertiges entgegen zu setzen. Das änderte sich aber rasch. Zunächst wurde die Reichweite aller Schusswaffen beträchtlich vergrößert, sodass sich die Zeppeline in größere Höhen begeben mussten, wodurch wiederum deren Zielgenauigkeit litt. Mit dem Ergebnis, dass sie im Stellungskrieg überhaupt nicht eingesetzt werden konnten.

Die Barbarisierung des Zeppelinschen Werkes

Blieb ihr Einsatz gegen Hafen- und Industrieanlagen, gegen Schiffskonvois und eben der gezielte Krieg gegen die Zivilbevölkerung, um deren Moral zu brechen. Aber auch auf diesen Feldern wurde ihr Einsatz immer gefährlicher und schließlich aussichtslos.

Tagsüber wurden die trägen Zeppeline immer leichtere Beute der Jagdflieger, die nicht nur dank ihrer rasanten technischen Entwicklung immer schneller und weiter fliegen konnten, sondern vor allem wegen der Erfindung »durch die Propeller« schießen zu können. Dazu noch mit Brandgeschossen. Dagegen halfen auch die Maschinengewehrstände auf den Rücken der Zeppeline nicht mehr.

Nachts setzte die britische Artillerie, die längs der Küste und rings um die gefährdeten Zielgebiete feste Stellungen aufgebaut hatte, Scheinwerferbatterien ein. Die Markierung eines Zeppelins erforderte höchste Präzision und gelang nur selten über längere Zeit. Meist konnten die Zeppeline rechtzeitig und schnellstmöglich, freilich ohne Rücksicht auf die Gesundheit der Besatzung, in mehrere tausend Meter aufsteigen.

Am 19. Januar 1915 griffen die beiden Marine-Luftschiffe L 3 und L 4 erstmals die englische Küste und die Stadt Yarmouth an. Acht Zentnerbomben und elf 28-kg-Brandbom-

Spähkorb eines Zeppelins. An langen Leinen wurde der Beobachter bis unter die Wolkendecke herabgelassen.

Maschinengewehrstand auf dem Rücken eines Luftschiffes.

Maschinengewehrstand auf dem Rücken eines Luftschiffes (Foto: Urban).

Wassergekühltes Maschinengewehr Maxim 08/15 an Bord der Heckgondel von LZ 113 zur Abwehr feindlicher Jagdflugzeuge (Foto: Urban).

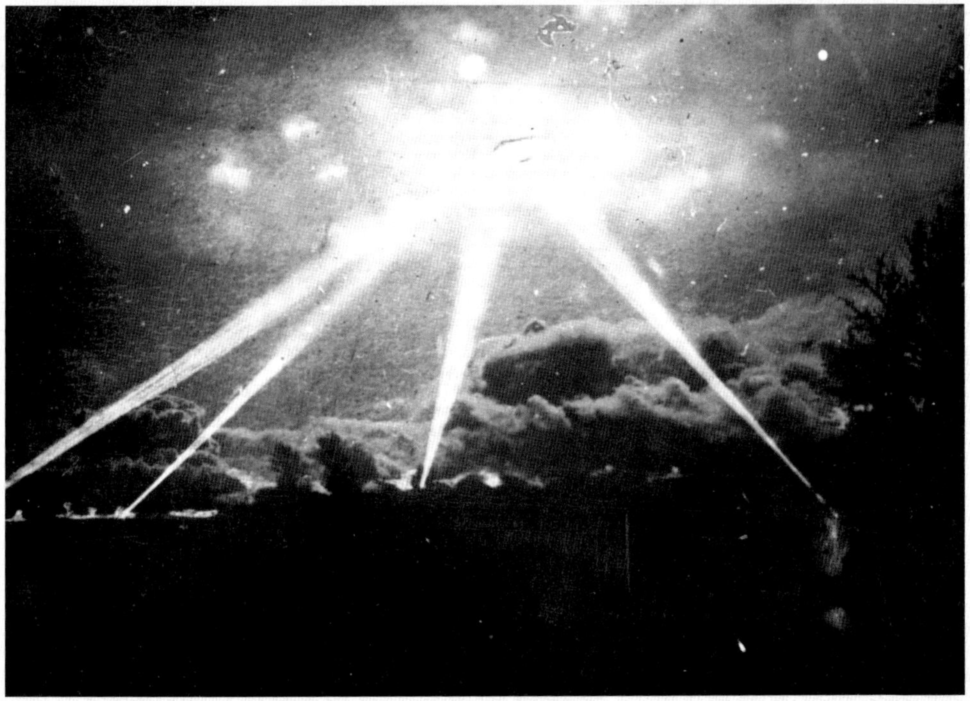

EINE SCHEINWERFERKOMPANIE HAT EIN LUFTSCHIFF ENTDECKT.

LUFTSCHIFF SL 11 STÜRZT AM 3. SEPTEMBER 1916 BRENNEND BEI CUFFLEY AB. (FOTO: URBAN).

L 14 (LZ 46) DAS »ERFOLGREICHSTE« MARINELUFTSCHIFF VOR DER HALLE NOBEL IN NORDHOLZ.

Z XII, DAS »ERFOLGREICHSTE« HEERESLUFTSCHIFF IN HANNOVER.

ben wurden abgeworfen. Es gab zahlreiche Tote und Verletze unter der Zivilbevölkerung.

Das nach abgeworfener Bombenlast »effektivste« Marineluftschiff war L 14 (LZ 46), das bei 17 Angriffsfahrten gegen England allein 22 t Bomben abwarf. Beim Heer führte diesen zweifelhaften Titel Z XII (LZ 26), der während elf Angriffsfahrten auf 20 t Bombenlast kam.

Der massivste Einsatz der Kriegszeppeline fand in der Nacht vom 17. zum 18. Oktober 1917 statt. Verzweifelt wollte man die an die französischen und englischen Jagdflieger längst verlorene Lufthoheit zurückerobern. Doch das Vorhaben zeigte nach Abschluss in aller Deutlichkeit, welchen Wert diese »Waffen« tatsächlich hatten, nämlich einen sehr geringen. 13 Luftschiffe sollten gleichzeitig von Tondern, Nordholz, Ahlhorn und Wittmund aus die Industrieanlagen Londons angreifen. Zwei von ihnen scheiterten wegen starken Querwindes beim Aushallen. Elf erreichten zwar England, doch der Großteil von ihnen konnte dem starken Nordwind nicht Stand halten und wurde über die Frontlinie nach Frankreich getrieben, wobei L 44 abgeschossen wurde. L 45 musste in Südfrankreich notlanden, wo ihn seine Mannschaft vor dem Zugriff der Franzosen selbst zerstörte. L 49 sollte das gleiche

IMMER WIEDER WAR DIE ZIVILBEVÖLKERUNG ZIEL UND OPFER DER ZEPPELINANGRIFFE. DIE KRIEGSPROPAGANDA SCHEUTE AUF BEIDEN SEITEN AUCH NICHT VOR AUGENSCHEINLICHEN UNTERSTELLUNGEN UND ÜBERTREIBUNGEN ZURÜCK.

Schicksal erleiden, doch war in den Zellen zu wenig Gas zum Abbrennen vorhanden. Die komplette Mannschaft wurde gefangen genommen. L 50 trieb nach einer harten Notlandung ohne die Gondeln herrenlos in Richtung Alpen und Mittelmeer und wurde nie wieder gesehen. L 55 landete so schwer beschädigt in Thüringen, dass er abgewrackt werden musste. Alle anderen Kreuzer sahen zu, dass sie der englischen

Flakabwehr und den Jagdfliegern entkamen. Der militärische Wert war gleich Null.

Die Marine behielt dennoch ihre Luftschiffe bis zum Kriegsende. Das zuletzt von der Marine übernommene und für Angriffsfahrten verwendete Luftschiff war L 70 (LZ 112). Dieser Zeppelin gehörte zu den technisch besten, den der Luftschiffbau Zeppelin je gebaut hatte. Er hatte ein Volumen von 62.200 m^3 und erreichte eine Geschwindigkeit von über 35 m/s.

Seine Fahrt in der Nacht vom 5. zum 6. August 1918 beendete den unsäglichen Missbrauch der Zeppelintechnik für Kriegszwecke. Ungewollt und auf schreckliche Weise. In jener Nacht wurde der Zeppelin in der Nähe von Norfolk durch einen englischen Jagdflieger abgeschossen. Brennend stürzte er in die geschlossene Wolkendecke und brach in der Mitte auseinander. Keiner überlebte. Unter den Toten war auch der Führer der Luftschiffe Peter Strasser. Dies nahm die Marineführung zum Anlass, sämtliche Angriffsfahrten mit Luftschiffen einzustellen. Sie dienten ab nun nur noch der Fernaufklärung für die Hochseeflotte.

Die Bilanz der Kriegszeppeline war vernichtend. Sie galten im Vorkriegsdeutschland bei den deutschen Militärs als »Geheimwaffe«. Technisch

L 33 MUSSTE BEI SEINEM 2. EINSATZ IN BRENTWOOD IN ESSEX NOTLANDEN. ENGLISCHE LUFTSCHIFFEXPERTEN UNTERSUCHTEN DAS WRACK AUF DAS GENAUESTE UND BAUTEN DAS LUFTSCHIFF ALS »R 34« NACH.

DER ABGESCHOSSENE ZEPPELIN LZ 55/85 WURDE IN SALONIKI DER BEVÖLKERUNG ZUR SCHAU GESTELLT.

MIT DEM ABSCHUSS DES LZ 112 (L 70) UND DEM TOD DES FÜHRERS DER LUFTSCHIFFE PETER STRASSER AM 5. AUGUST 1918 ENDETE DIE MILITARISIERUNG DES ZEPPELINPROJEKTES.

waren sie weltweit allen anderen Luftschifftypen unbestritten klar überlegen. Wäre es zum Kampf zwischen Luftschiffen gekommen, hätte es auf diesem Feld nur einen Sieger geben können. Das befürchteten auch Engländer, Franzosen und Russen. Deshalb gingen vor allem Franzosen und Engländer einen gänzlich anderen Weg. Statt sich auf einen offensichtlich ausweglosen Wettbewerb um das technisch ausgereiftere Luftschiff mit dem Luftschiffbau Zeppelin einzulassen, setzte man viel eher als Deutschland auf das »System schwerer als Luft«. Und ging damit als eindeutiger Sieger im Luftkrieg hervor.

Etwa 500 Luftschiffer verloren bei Angriffsfahrten ihr Leben oder wurden vermisst. Gemessen an den Millionen Toten auf anderen Kriegsschauplätzen ist diese Zahl verschwindend gering. Doch: Jedes einzelne Opfer war eins zu viel.

Riesig war der materielle Verlust: Von 126 in Dienst gestellten Luftschiffen zerstörte der Feind 44, 34 fielen Naturgewalten zum Opfer, 30 (unter ihnen alle drei Delag-Schiffe) wurden aus technischen Gründen ausgemustert und sieben nach »Scapa flow« selbst zerstört. Elf Luftschiffe gingen als Reparationsmasse an die Alliierten. Die meisten Kriegszeppeline waren weniger als ein Jahr im

Einsatz und nahmen im Durchschnitt nur an 13 Fahrten teil.
Die mit Abstand beste technische Leistung eines Zeppelins im Ersten Weltkrieg vollbrachte L 59 (LZ 104) im November 1917. Er machte dabei weder eine Angriffs- noch eine Aufklärungs-, sondern lediglich eine Versorgungsfahrt. Das sonderbare Unternehmen kam in keinem Kriegsbericht vor und wurde mehr durch Zufall erst 1 ½ Jahre nach Kriegsende, im März 1919, bekannt.
Die Fahrt war so geheim, dass sie nicht einmal in den sonst so akkurat geführten Soldbüchern der Luftschiffer mit einem Wort erwähnt wurde. Ja selbst die Hauptperson, die man in Afrika erreichen wollte, wusste nichts von ihr.
In den Geheimdienstkreisen und den wenigen sonstigen Eingeweihten wurde das Unternehmen als »Sache China« geführt, nachdem es den Segen des Kaisers erhalten hatte.
Aber trotz aller Bemühungen um Geheimhaltung bekamen die Engländer dennoch Wind von der Sache. Den Experten der Abwehr war es gelungen, den Geheimcode der Funkstation zu entschlüsseln.
Ursache der waghalsigen Fahrt über alles in allem fast 7000 km Fahrtstrecke ohne Zwischenlandung in vier Tagen über Gebirge, Meere und Wüsten hinweg war die Seeblocka-

Der britische Jagdflieger »Sopwith F. 1« war der erfolgreichste im Ersten Weltkrieg. Er war 5,72 m lang und hatte eine Spannweite von 8,53 m. Seine Höchstgeschwindigkeit betrug 185 km/h. Die Bewaffnung bestand aus zwei Maschinengewehren und bis zu vier 11,3 kg schweren Bomben. Insgesamt wurden fast 6000 Stück gebaut.

Luftschifferdenkmal in Berlin-Neukölln (Foto Pharus-Plan).

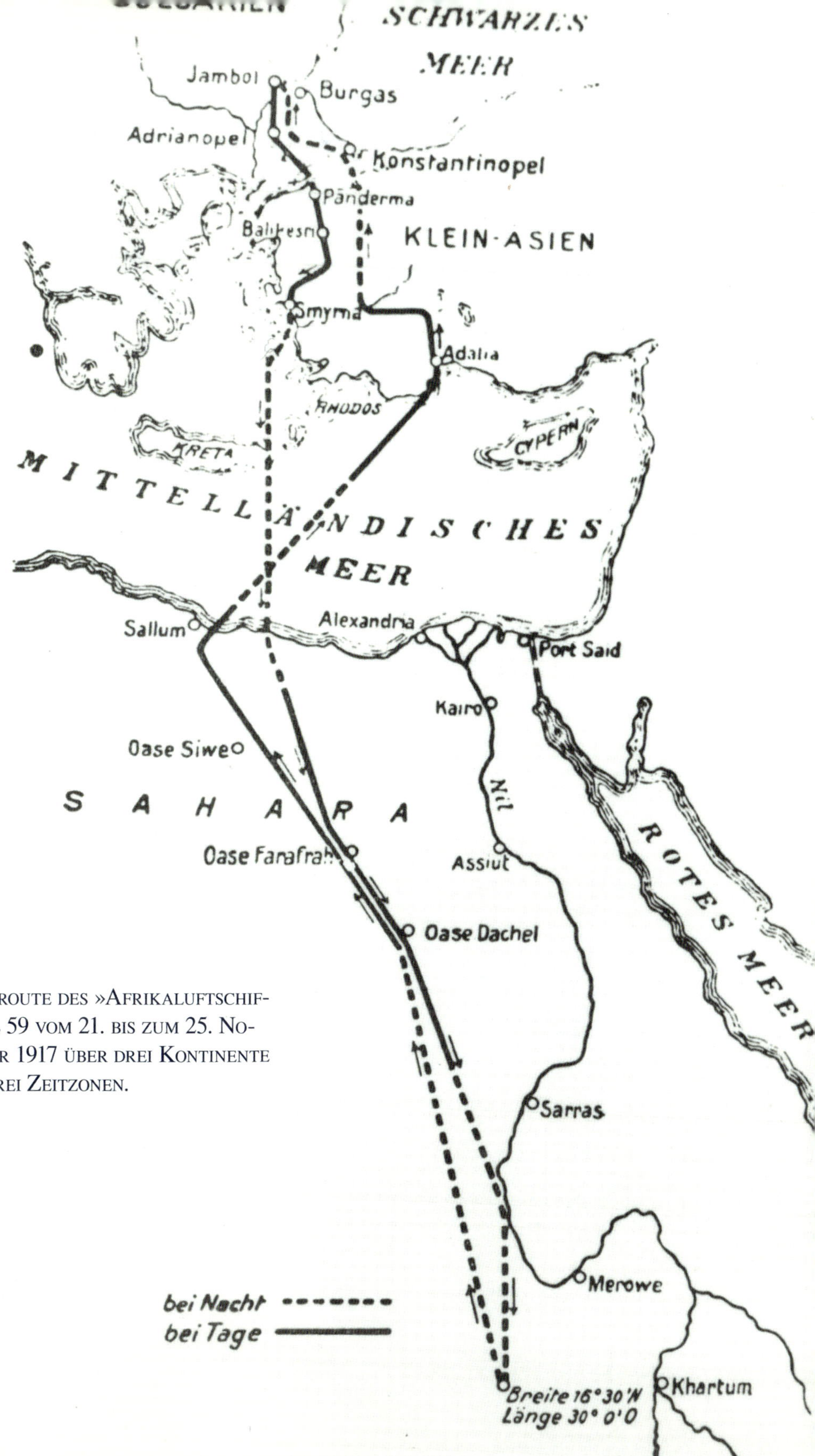

Fahrtroute des »Afrikaluftschiffes« L 59 vom 21. bis zum 25. November 1917 über drei Kontinente und drei Zeitzonen.

DIE BESATZUNG DES L 59 MIT KAPITÄNLEUTNANT BOCKHOLT (MITTE).

de der Royal Navy im Mittemeer. Sie schnitt die einzig noch kämpfende deutsche »Schutztruppe« in Ostafrika unter General Lettow-Vorbeck von jeglichem Nachschub aus Deutschland ab.
Deshalb sollte L 59 zwar dort landen, aber nicht wieder zurückkehren, sondern zerlegt in die Einzelteile neuen Verwendungen zugeführt werden, z.B. für Zeltbahnen, Verbandsmaterial, wasserdichte Schlafsäcke, Tropenanzüge, Schuhwerk, Stromaggregate, Tragbahren, Funkmasten usw. Die Besatzung sollte sich nach der Landung in die Schutzgruppe integrieren. Daneben hatte der Zeppelin 312.000 Gewehrpatronen, 30 Maschinengewehre mit 81.000 Patronen, 21 t Benzin, 9 t Wasser und 700 kg Lebensmittel an Bord.
Um diese gewaltige Last (insgesamt 50 t) sicher nach Afrika zu befördern, musste der Zeppelin mindestens 68.000 m³ Gasvolumen haben. Aber ein solcher Riese war noch nie gebaut worden.
Die modernsten Zeppeline waren die vom L 53 (LZ 100)-Typ mit 196,5

DAS »AFRIKALUFTSCHIFF« WIRD AUS DER HALLE GEFÜHRT.

L 59 KURZ VOR DEM START.

m Länge, 23,9 m Durchmesser und 55.200 m³ Volumen.
Deshalb entschloss sich das Reichsmarineamt gemeinsam mit der Friedrichshafener Werft, den gerade im Bau befindlichen L 57 (LZ 102) in der Mitte wieder durchzuschneiden und zwei weitere Segmente mit zusammen 30 m Länge einzubauen. Damit vergrößerte sich das Gasvolumen um 13.300 m³. Das war mehr als das legendäre Luftschiff LZ 3 insgesamt hatte.
Aber L 57 wurde von seinem Kommandanten schon im Oktober in Jüterbog nach einer Probefahrt in den Boden gefahren, konnte nicht sofort eingehallt werden und wurde dann durch den Wind zerstört, zumal das Luftschiff dabei Feuer fing. Nichts desto trotz hielt das Reichsamt an seinem Plan fest und ordnete an, dass das im Luftschiffbau Berlin-Staaken im Bau befindliche Schwesterschiff L 59 (LZ 104) in gleicher Weise wie L 57 vergrößert wird. Die fünf Maybach-Motoren brachten es auf eine Gesamtleistung von 1200 PS und eine Geschwindigkeit von 28, 6 m/s.
Am 21. November startete das »Afrikaluftschiff« L 59 von Jambol/Bulgarien aus (dort befand sich eine Heeresluftschiffhalle) zu der langen Reise über drei Erdteile. Während sich die Besatzung von L 59 ziemlich sorglos

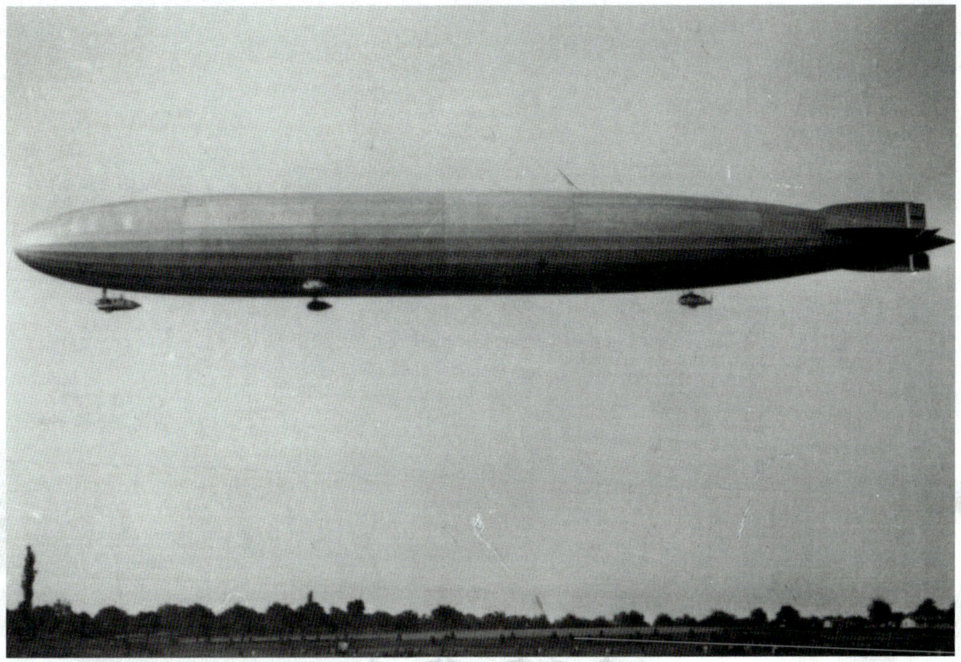

DAS »AFRIKALUFTSCHIFF« L 59 AUF DEM WEG ZU LETTOW-VORBECK IN DEUTSCH-OSTAFRIKA.

L 59 IST GLÜCKLICH GELANDET UND WIRD IN DIE JAMBOLER BERGEHALLE GEBRACHT.

GEDENKSTEIN IN JAMBOL FÜR DIE GEFALLENEN DES L 59.

fühlte, herrschten in Jambol und Berlin plötzlich hektische Betriebsamkeiten, denn es stellte sich heraus, dass sich die »Schutztruppe« wahrscheinlich schon in Portugiesisch-Ostafrika aufhielt. Damit wäre es völlig sinnlos, die Fahrt anzutreten. Als diese Erkenntnis feststand und auch der Kaiser das so sah, war es bereits zu spät, denn das Luftschiff befand sich schon fast vier Stunden in der Luft.

Alle Versuche von Jambol aus Funkverbindung mit Bockholt aufzunehmen, schlugen fehl. Auch der Großfunkstelle Nauen gelang dies nicht. Erst am 23. November exakt um 0:45 Uhr, nachdem das Luftschiff schon zwei Tage unterwegs war, empfing der Funker die überraschende Aufforderung aus Nauen: »Unternehmung abbrechen, zurückkehren«. Niemand zweifelte diese Nachricht an.

Um 2:30 Uhr, etwa 200 km südlich von Khartum/Sudan, drehte L 59 seine Nase um 180 Grad und fuhr nach Hause. Um schneller voran zu kommen, wurden die meisten Frachtstücke, alle Waffen und die Munition über Bord geworfen.

Am Tag der geplanten Landung des L 59 in Deutsch-Ostafrika, dem 25. November 1917, erreichte die »Schutztruppe« das Grenzgebiet zu Portugiesisch-Ostafrika und L 59 seinen Starthafen in Jambol.

Das Schiff hatte in knapp 96 Stunden ohne Zwischenhalt bei durchschnittlich 70 km/h 6700 Kilometer zurückgelegt. Eine fast unglaubliche Leistung von Mensch und Technik. Der noch an Bord befindliche Kraftstoff hätte für weitere 64 Stunden gereicht. So hätte das Luftschiff sogar bis nach San Franzisco fahren können.

Das Luftschiff machte nach der Afrikafahrt noch zwei Angriffsfahrten gegen Neapel und Malta. Am 7. April 1918 stieg L 59 zum letzten Mal in Jambol auf, um Malta anzugreifen. Ohne Feindberührung stürzte das Luftschiff brennend ins Mittelmeer. Niemand überlebte.

Graf Zeppelin und seine Flugzeuge

25. August 1891. Zeppelin an A. Riedinger: »Wenn ich nun mit Ihnen für wahrscheinlich halte, dass den Aviatikern (Flugzeugen-M.B.) die Zukunft der Luftfahrt gehört, so glaube ich doch, dass das Luftschiff der Vorläufer wird sein müssen«.

Fast 2/3 aller Heeresbomber und die meisten Wasserflugzeuge des Ersten Weltkrieges stammten aus den Zeppelinschen Flugzeugwerften. Vom Aufklärungsflugzug Typ FF 49 c wurden mehr als 200 Stück hergestellt.

Niemand käme auf die Idee, Graf Zeppelin als Aviatiker oder als Erfinder eines speziellen Systems »schwerer als Luft« oder einer bestimmten Bauart eines Flugzeuges zu bezeichnen. Aber es wäre auch falsch, seine Verdienste auf diesem Gebiet zu schmälern oder gar zu negieren. Unbestritten war er der Initiator für eine Reihe bedeutender Flugzeugprojekte am Vorabend und zu Beginn des Ersten Weltkrieges.

Auslöser für dieses neue Betätigungsfeld des Grafen waren die beschämenden Ergebnisse, die die deutschen Piloten während der Frankfurter Flugwoche im Oktober 1909, im Anschluss an die Internationale Luftschifffahrts-Ausstellung, vorwiesen. Der 1. Preis der Stadt Frankfurt ging an Carter, der sich mit seinem Flugzeug eine Stunde und 17 Minuten in der Luft hielt, während es Euler mit seiner »fliegenden Kiste« gerade mal auf 4 Minuten und 54 Sekunden brachte.

Nur kurze Zeit später initiierte Zeppelin in seinem Werk den Bau von Kriegsflugzeugen.

Hierbei unterschied er sich überhaupt nicht von seinen deutschen Luftschiffkonkurrenten Parseval, Schütte-Lanz und Siemens-Schuckert, in deren Werften am Vorabend des Ersten Weltkrieges ebenfalls Kriegsflugzeuge projektiert und gebaut wurden. Doch seine waren schließlich in allen technischen Belangen um ein Vielfaches besser und konnten sich durchaus mit den Marktführern »Junkers«, »Albatros«, »Fokker«, »Rumpler«, »AVO«, »Euler« und anderen messen.

Insgesamt brachte er drei eigenständige Flugzeugbaufirmen aus dem Luftschiffbau Zeppelin hervor, die Flugzeugbau Friedrichshafen GmbH, die Zeppelin-Werk Lindau GmbH und die Zeppelin-Werke GmbH Staaken.

Was seine Flugzeugwerften von anderen Flugzeugbauern im In- und Ausland unterschied, war vor allem die Möglichkeit, auf das riesige Wissen und technische Knowhow des weltweit erfolgreichsten Luftschiffbauunternehmens zurück zu greifen. Das betraf die Fahrzeugstatik, den Motorenbau, die Getriebetechnik, die Funkentelegrafie, die Armierung der Gondeln, die Beweglichkeit der Maschinengewehre, die Bombenabwurfeinrichtungen und nicht zuletzt die Pilotenausbildung. Damit bestätigte er seine kühne Behauptung aus dem Jahre 1891 über die Vorreiterrolle des Luftschiffbaues gegenüber dem Flugzeugbau.

Die Barbarisierung des Zeppelinschen Werkes

Die Flugzeugbau Friedrichshafen GmbH (FF)

Geschäftsführer und Kopf des Unternehmens war Theodor Kober. Derselbe Kober, der Anfang der 90er Jahre aus Zeppelins Grundideen von einem Luftschiff bisher unbekannten Ausmaßes einen tragfähigen Entwurf machte. 15 Jahre später beschäftigte er sich aber fast ausschließlich mit dem System »schwerer als Luft«. Nachdem er sogar den Pilotenschein erworben hatte, gründete er am 17. Juni 1912 die Flugzeugbau Friedrichshafen GmbH. Zeppelin überließ ihm kostenlos die alte Manzeller Landhalle und stattete ihn mit einem üppigen Startkapital aus.

Dank seiner jahrelangen intensiven Vorarbeiten konnte Kober schon fünf Monate später, am 16. November 1912, sein erstes Flugzeug, die FF 1, auf dem Bodensee starten und dem erstaunten Grafen Zeppelin präsentieren.

Prominentester Gast an Bord der zweisitzigen FF 1 war der bedeutende Förderer des Zeppelin-Projektes Marinebaumeister Felix Pietzker, der 1914 während der Abnahmefahrt des L 2 in dem brennenden Luftschiff tödlich verunglückte.

Kober spezialisierte sich anfangs auf Wasserflugzeuge für den Kriegseinsatz in der Nord- und Ostsee. Sie sollten dort entweder als Aufklärer oder als Jäger dienen. Erst als die Motorenleistung deutlich verbessert werden konnte, kam die Idee auf, bis zu 800 kg schwere Torpedos mit an Bord zu nehmen und diese auf gegnerische Schiffe abzufeuern.

Für den Seeflugzeugbau war Manzell ideal gelegen, bot es doch unmittelbar vor der Werfthalle mit dem Bodensee ein riesiges Experimentierfeld für alle Aufgaben, die ein Seeflugzeug zu erfüllen hat. Aber der Transport zu den Einsatzgebieten in Nord- und Ostsee war viel zu lang. Deshalb erwarb die Flugzeugbau Friedrichshafen GmbH 1916 in Warnemünde ein Grundstück und baute darauf eine neue Flugzeugwerft. Von hier aus wurden ab 1917 bis zum Kriegsende mehr als 50 Seeflugzeuge an die Kaiserliche Marine geliefert.

Der aus militärischer Sicht erfolgreichste deutsche Seeflugzeugtyp war FF 33. Von diesem Typ wurden fast 500 Stück gebaut. Die sogenannten Rumpfdoppeldecker waren zweisitzig. Neben dem Piloten war noch ein Beobachter oder ein MG-Schütze an Bord. Die Motorenstärke schwankte zwischen 120 und 160 PS und verlieh dem ca. 1,5 t schweren Flugzeug eine Reichweite von fast 700 km.

Insgesamt wurden in den Koberschen Flugzeugwerften während des Krieges mehr als 900 Wasserflugzeuge gefertigt und dem Reichsmarineamt übergeben.

Neben den Großaufträgen der Marine baute die Flugzeugbau Friedrichshafen GmbH auch Heeresflugzeuge. Es waren vorwiegend Bomber, aus militärischer Sicht die besten im deutschen Heer überhaupt. Da diese Flugzeuge größer waren als die Wasserflugzeuge und außerdem eine feste Startbahn benötigten, erwarb Kober in Friedrichshafen-Löwental auf dem Gelände der ehemaligen Luftschiffer-Abteilung einen neuen Werftstandort, der allen Ansprüchen entsprach. Auf einer eigens errichteten betonierten Startbahn, der ersten in der Welt, konnten die vergleichsweise schweren Flugzeuge ihre Probeflüge durchführen, bevor sie zu ihren Einsatzgebieten vornehmlich an die Westfront flogen.

Die Vorgaben des Heeres erfüllte der G III-Typ (FF 45) bzw. sein Nachfolger G IIIa (FF 61) am besten. Er wurde zum meistgebauten Bomber des deutschen Heeres. Der Bedarf an diesen Flugzeugen war so groß, dass die Friedrichshafener Werft mit der Produktion nicht nachkam, und sie deshalb in Lizenz bei den Hanseatischen Flugzeugwerken und bei Daimler zu Hunderten gebaut wurden. Insgesamt sollen es mehr als 1000 Stück gewesen sein.

Torpedoflugzeug des Koberschen Flugzeugbau Friedrichshafen.

Die Spannweite der G III-, G IIIa – Bomber lag zwischen 22,6 und 23,3 m. Sie waren ca. 12,9 m lang. Ihre

Flugfläche betrug 86 m², ihr Gewicht zwischen 3,8 und 4,9 t. Die zwei wassergekühlten 6-Zylinder Reihenmotoren von Mercedes verschafften den Flugzeugen eine maximale Geschwindigkeit von ca. 145 km/h und eine Dienstgipfelhöhe von 4500 m sowie eine Reichweite von 600 km.

Sie trugen bis zu 800 kg Bombenlast mit sich und waren mit 2 Maschinengewehren bewaffnet.
Am Kriegsende beschäftigte die Flugzeugbau Friedrichshafen GmbH 3500 Mitarbeiter. Etwa 40 % der eingesetzten Wasserflugzeuge der Marine und fast zwei Drittel der

Der meistgebaute Wasserflugzeugtyp war in der Kaiserlichen Marine die FF 33.

Die Barbarisierung des Zeppelinschen Werkes

Etwa 1000 Bomber des Typs G III/IIIa (FF 45) lieferten die Friedrichshafener Werft und in Lizenz auch andere Werften an das Heer aus.

Maschinengewehrstand auf einem G III-Bomber.

Bomber des Heeres stammten aus ihrer Produktion.
Der Inspekteur des Flugzeugwesens Major Wagenführ bescheinigte am 10. August 1920 Kober: »Jedenfalls können Sie versichert sein, dass der Flugzeugbau Friedrichshafen mit zu denjenigen Flugzeugfirmen gehört, denen die Fliegertruppe in erster Linie ihre großen Erfolge im Kriege zu danken hat«.
Die Bestimmungen des Versailler Vertrags machten der Flugzeugbau Friedrichshafen GmbH ein jähes Ende. Alle Versuche Kobers, in den verschiedenen Standorten auf Friedensproduktion umzustellen, schlugen fehl.
Im August 1914, im ersten Kriegsmonat, gingen aus der Luftschiffbau Zeppelin GmbH zwei weitere Flugzeugwerften hervor: Die Zeppelin-Werk Lindau GmbH und die Zeppelin-Werke GmbH Staaken (vormals Versuchsbau GmbH Gotha). Beide Firmen spezialisierten sich insbesondere auf den Bau von Riesenflugzeugen.

DIE ZEPPELIN-WERK LINDAU GMBH

Zeppelin fand in Claude Dornier den geeigneten Mann für die Umsetzung seines ehrgeizigen Riesenflugboot-Projektes für die Marine und die Riesenbomber für das Heer.

Dornier war seit 1910 im Luftschiffbau Zeppelin. Zeppelin machte ihn 1913 zum Leiter einer speziellen Forschungsabteilung, der Abteilung »Do«.

Zeppelin und Dornier waren sich einig darüber, dass die Riesenflugboote wegen des salzigen Wassers der Nord- und Ostsee nicht Holz als Baumaterial für die Schwimmer, den Rumpf und die Flügel als Baumaterial in Frage käme, sondern das bei den Zeppelinen verwendete Duralumin.

Noch im August übernahm die Abteilung »Do« in Seemoos bei Friedrichshafen ein Seegrundstück und begann mit dem Bau des ersten Riesenflugbootes, finanziert aus Mitteln der Luftschiffbau Zeppelin GmbH.

Der Doppeldecker war 29 m lang, hatte eine Spannbreite von 43,5 m und war rund 10 t schwer. Er wurde von drei starken 240-PS Motoren aus den konzerneigenen Maybach-Werken angetrieben. Doch wegen seiner zu großen Masse konnte er sich nie von der Wasserfläche erheben. Inmitten der Versuchsreihe

CLAUDE DORNIER (RE.) MIT HUGO ECKENER (DORNIER-MUSEUM).

DAS ERSTE DER RIESENFLUGZEUGE DER ZEPPELIN-WERKE LINDAU GMBH, RS. I, WIRD AUS DER SEEMOSER WERFT IN DEN BODENSEE GEHIEVT.

RS.I WAR DAS GRÖSSTE FLUGZEUG SEINER ZEIT.

RS. IV WAR DAS LETZTE VON DORNIER WÄHREND DES ERSTEN WELTKRIEGES GEBAUTE RIESENFLUGBOOT.

wurde Rs. I im Morgengrauen des 22. Dezember 1915 durch einen Sturm vom Anker gerissen und zerschmettert. Die Enttäuschung Zeppelins, der den gesamten Bauablauf und die Flugversuche akribisch verfolgte, war entsprechend groß.

Die weiteren drei von Dornier gebauten Riesenflugboote konnten zwar alle fliegen und ihre zum Teil hervorragende Tüchtigkeit in der Luft und zu Wasser beweisen, doch zu nennenswerten kriegerischen Einsätzen schaffte es keines.

Das letzte von Dornier im Krieg gebaute Riesenflugboot, die Rs. IV, machte im Oktober 1918 seinen Jungfernflug über dem Bodensee. Nach Kriegsende baute er das Flugzeug in ein Verkehrsflugzeug um.

JAGDFLUGZEUG D I VON DORNIER.

Fortan diente es als touristische Attraktion bei Rundflügen. Am 17. April musste es trotzdem auf Anordnung der Interalliierten Kontrollkommission abgewrackt werden.
Dornier baute während des Krieges nicht nur Riesenflugzeuge, sondern auch Jäger für Heer und Marine, sowie Aufklärer. Aber bis auf die DI meist nur in kleinen Stückzahlen. Begonnene Serienproduktionen mussten wegen des Kriegsendes abgebrochen werden.
Erwähnenswert sind diese Flugzeuge deshalb, weil sie in zunehmendem Maße aus Aluminium gebaut wurden, was bei Flugzeugen dieser Größe damals nicht üblich war. Das Jagdflugzeug D I war das erste, das mit glatten Aluminiumblechen beplankte Flügel hatte.
Die Dornier-Werke gibt es nicht mehr. Es bestehen Nachfolgeunternehmen, die in der Luft- und Raumfahrt tätig sind.

ZUR ROUTINEMÄSSIGEN SERIENPRODUKTION VON KRIEGSFLUGZEUGEN KAM ES AUCH BEI DORNIER NICHT MEHR (HIER: FERTIGUNGSHALLE FÜR PILOTENKANZELN).

Die Barbarisierung des Zeppelinschen Werkes

Die Zeppelin-Werke GmbH Staaken (vormals Versuchsbau GmbH Gotha)

Zur selben Zeit als Zeppelin Dornier mit dem Bau von Riesenflugbooten für die Marine beauftragte und Kober bereits fleißig mehrere Wasserflugzeuge baute und erprobte, bat er seinen Geschäftsführer bei der Luftschiffbau Zeppelin GmbH Alfred Colsman Verbindung mit Robert Bosch und Gustav Klein zwecks Gründung einer neuen Flugzeugbaugesellschaft aufzunehmen. Schnell waren sich die vier über das weitere Vorgehen einig. Noch im selben Jahr wurde die Versuchsbau GmbH Gotha gegründet. Das Startkapital stammte vom Luftschiffbau Zeppelin. Als Chefkonstrukteur konnte, der von Zeppelin mitfinanzierte Lehrstuhlinhaber für Luftfahrttechnik an der TH Stuttgart und enge Freund Bachs, Professor Alexander Baumann gewonnen werden.

Der Bau des ersten Marine-Riesenflugzeuges VGO I dauerte nur ein halbes Jahr. Es hatte seinen Jungfernflug am 1. April 1915 mit dem überaus populären Piloten Hellmuth Hirth. Weitere Flüge veranlassten auch die Heeresverwaltung einen solchen Riesenbomber zu kaufen. Der war bereits im September einsatzbereit und erhielt die Bezeichnung VGO II. Er wies in mehreren Details erhebliche Verbesserungen

VGO I, das erste Marine-Riesenflugzeug der Zeppelin-Werke Staaken

Bau eines Riesenflugzeuges in einer der beiden Staakener ehemaligen Luftschiffhallen.

PILOTENKANZEL EINES R. VI.

MARINE-RIESENFLUGZEUG DER STAAKENER ZEPPELIN-WERKE VOM TYP L.

R. VI WAR DAS MEISTGEBAUTE HEERES-RIESENFLUGZEUG DER STAAKENER WERFT.

gegenüber seinem Vorgänger auf, vor allem in der Armierung. Danach flog das Riesenflugzeug in einigen Etappen an die Ostfront, wo es mehrere Bombenangriffe gegen Nachschubdepots der russischen Armee durchführte.

Es war absehbar, dass eine Serienproduktion von Riesenflugzeugen auf dem beengten Gothaer Gelände nicht möglich ist. Deshalb siedelte die Werft nach Berlin-Staaken um. Dort war nicht nur ein größeres Gelände vorhanden, sondern die unmittelbare Nachbarschaft der Luftschiffbau Zeppelin GmbH Staaken. Im Herzen Deutschlands konnte man sich hier auch sicher vor feindlichen Fliegerangriffen fühlen.

Das meistgebaute Riesenflugzeug der Staakener Werft war R. VI. Dieser Heeresfernbomber hatten eine Spannweite von 42,20 m und eine Leermasse von knapp 8 t. Die vier 260-PS Motoren brachten die Riesen auf stattliche 130 km/h Höchstgeschwindigkeit.

Für die Marine bauten die Zeppelin-Werke Staaken das Riesenflugzeug vom Typ L.

Nachdem der Luftschiffbau in Staaken im März 1918 eingestellt wurde, nahm der Flugzeugbau von den Hallen, Werkstätten und Wohnanlagen der Mitarbeiter Besitz. Die Flugzeugwerft hatte nun bis zu 2500 Mitarbeiter. Sie sorgten dafür, dass nun fast wöchentlich ein Riesenflugzeug Staaken verließ und an die Westfront ihre todbringende Last flog.

Die Zeppelin-Flugzeugwerft in Staaken war der bedeutendste Hersteller von Riesenflugzeugen in Deutschland. Etwa 50 aller 64 hergestellten Exemplare stammten von hier.

Zeppelins Tod und das vorläufige Ende der Zeppelin-Luftschifffahrt

9. März 1917. Öffentlicher Nachruf im Vorwärts: »Dem Grafen Zeppelin verdankt die ganze lebende Generation Deutschlands unvergessliche Erlebnisse, und sein Name wird sagenumrankt in eine Zeit hinüber klingen, in der das Lenkluftschiff selbst wahrscheinlich nur noch in illustrierten Geschichten der Erfindungen zu sehen sein wird«.

Als Zeppelin Anfang Februar 1917 erstes Ehrenmitglied im Deutschen Museum München wurde, fiel einigen Tagungsteilnehmern eine besorgniserregende Veränderung im Wesen des Grafen auf. Der sonst so freundliche und lebhafte Mann schien plötzlich um Jahre gealtert. Er wirkte fahrig und wenig mitteilsam. Mutete er sich zu viel zu in seinem hohen Alter oder waren das Anzeichen einer tückischen Krankheit, fragten sich die, die ihn seit Jahren näher kannten. Kein Wort verlor Zeppelin über seine Beschwerden. Mit dem Hinweis, dass er Mitte des Monats nach Berlin in eine seiner Flugzeugwerften fahren werde, zerstob er die Befürchtungen seiner Freunde.
Und tatsächlich fuhr er in die Haupt-

Mythos Zeppelin: Gelernter Militär (hier mit Kaiser Wilhelm II. im Herbstmanöver 1913) und legendärer Luftschiffbauer (Landung in Kopenhagen 1912).

LETZTE AUFNAHMEN DES GRAFEN ZEPPELIN IN DER STAAKENER FLUGZEUGWERFT.

stadt um die Staakener Flugzeugwerft zu besuchen.

Es sollte sein letzter öffentlicher Auftritt werden. Die Verdauungsbeschwerden waren so groß geworden, dass nach einem Arzt gerufen werden musste. Zeppelin vermutete als Ursache für sein Unwohlsein eine verschleppte Ruhrinfektion aus dem 1870/71er Krieg. Tröstend schrieb er an seine Frau: »Du siehst, dass ich schon ziemlich lang damit umgehe, und es wohl auch bis an mein Lebensende damit tun kann«.

Das kam schneller als erwartet. Am 8. März 1917 verstarb er im Kreis seiner Familie.

Die Nachricht vom Tode Zeppelins erregte in ganz Deutschland tiefe Trauer und Teilnahme. Vier Tage später, am 12. März 1917, fand die Beisetzung in Stuttgart statt. An diesem Tage hatten viele Rathäuser in ganz Deutschland auf halbmast geflaggt und fanden Trauersitzungen der Stadträte statt. Dem Wunsch Zeppelins entsprechend, fand er seine letzte Ruhestätte neben dem Grab seiner Eltern auf dem Pragfriedhof Stuttgart. Zehntausende gaben ihm dort die letzte Ehre. An der Spitze das württembergische Königspaar. Ein Sonderzug brachte Hunderte Zeppeliner von Friedrichshafen in die Landeshauptstadt.

Während des Gottesdienstes erschienen zwei Zeppeline, schwarz beflaggt, über der Friedhofskapelle und warfen Blumensträuße herab. Eine Flugzeugstaffel umkreiste während der gesamten Dauer der Beisetzung den Friedhof. Ehrensalven seiner ehemaligen Ulanen und Artillerieschüsse umrahmten das Zeremoniell.

Auf das Werk Zeppelins, seine Luftschiffe und Flugzeuge, hatte sein Tod keinen Einfluss. Er hatte noch zu Lebzeiten die Struktur des Zeppelin-Konzerns klar geordnet und die Leitung der verschiedenen Tochtergesellschaften in tüchtige Hände gegeben. Der Moloch Krieg sorgte weiter für volle Auftragsbücher und horrende Gewinne.

Umso dramatischer trafen den Zeppelin-Konzern das Waffenstillstandsabkommen von Compiégne vom 11. November 1918 und das Versailler Friedensdiktat vom 28. Juni 1919: »Kein Lenkluftschiff darf unterhalten werden. Luftschiffe und Flugzeuge, die flugfertig, in Bau, in Reparatur oder in der Montage sind, müssen den Regierungen der alliierten und assoziierten Hauptmächte ausgeliefert werden«.

Die im Waffenstillstandsvertrag festgelegte Internierung der Luftschiffertruppen verpflichtete sie zu weiteren Wartungsdiensten in den erhaltenen Luftschiffhallen. Dort hingen noch insgesamt 15 Kriegszeppeline an Flaschenzügen, und es galt, diese, wie alle technischen Nebenanlagen, »in gutem Zustand« zu bewahren. Wie lange dieser Zustand anhalten sollte und was dessen Ziel war, blieb ihnen unklar. Die Alliierten wussten es nicht viel besser. Sie stritten noch über die Aufteilung dieser Kriegsbeute.

Zur Rettung der Zeppelin-Luftschifffahrt schlugen Colsman, Eckener und Dürr vor, das alte Vorkriegs-Delag-Projekt zu neuem Leben zu erwecken. Zunächst sollte eine planmäßige Luftschiffverbindung zwischen Friedrichshafen und Berlin hergestellt werden. Optionen für nationale und internationale Netzerweiterungen waren von ihnen ausdrücklich vorgesehen.

Ein neues Riesen-Dornier-Flugboot sollte zusätzlich für den Passagierverkehr gebaut und in das Streckennetz, quasi als Zubringer, integriert werden.

Kurzerhand entwarfen Dürr und sein Team unter Einbeziehung aller im Krieg gewonnenen technischen Erkenntnisse ein neues Verkehrsluftschiff. Es trug die Seriennummer LZ 120 und wurde nach seiner Fertigstellung »Bodensee« getauft. Die Erstfahrt hatte der kleine, nur 20.000 m^3 große Zeppelin, am 20. August 1919.

Doch inzwischen war es aus Sicht der Friedrichshafener zu unvorstellbaren Zwischenfällen in Nordholz und in Wittmund gekommen, der das mühsam begonnene Aufbau-

Anlässlich der Beisetzung des Grafen Zeppelin war das Luftschiff LZ 57 (Heeresbezeichnung LZ 87) abgeordnet.

König Wilhelm II. von Württemberg kondoliert Gräfin Zeppelin.

ZWECKS VERLÄNGERUNG DES TRAGKÖRPERS WURDE DAS GERIPPE AUFGESCHNITTEN UND EIN SEGMENT EINGEFÜGT.

LZ 120 »BODENSEE«, DER ERSTE NACH DEM KRIEG GEBAUTE FRIEDENSZEPPELIN.

werk zum Einsturz brachte. Was war geschehen?

Noch stand Deutschland im Zustand des Waffenstillstandes. Aber Mitte Mai sickerten einzelne Bestimmungen des künftigen Friedensvertrages an die Öffentlichkeit, unter anderem die Ablieferung der kompletten Flotte und aller Luftschiffe und Flugzeuge an die Siegermächte. Hierauf reagierten eine Woche vor der Vertragsunterzeichnung in Versailles, am 21. Juni 1919, die kaisertreuen Teile der Kriegsmarine und der Luftschiffertruppen mit abgestimmten spektakulären, unstreitig rechtswidrigen Handstreichen.

Damals befanden sich die Reste der geschlagenen deutschen Kriegsmarine, bestehend aus 74 Schiffen mit insgesamt 1800 Mann Notbesatzung, im schottischen Scapa Flow.

Ein geheimes Schreiben des Chefs der deutschen Admiralität von Trotha vom 9. Mai 1919 befahl den internierten Kapitänen, dass der Schiffsverband keinesfalls an den Feind ausgeliefert werden dürfe.

Nun wusste der Kommandierende der internierten deutschen Kriegsflotte, Konteradmiral von Reuter, was er zu tun hatte und er für seine soldatische Pflicht hielt, falls dieser Fall eintreten würde. Und er trat ein. Am Morgen des 21. Juni 1919 lief die britische Kriegsflotte von Scapa Flow zu einem Manöver in der Nordsee aus. Die im Hafen vor Anker liegenden deutschen Kriegsschiffe blieben ohne nennenswerte Bewachung zurück. Diesen Moment nutzte von Reuter. Nach kurzer Beratung mit den Kapitänen gab er den Befehl zur Selbstversenkung aller Kriegsschiffe. Binnen weniger Minuten versank ohne großes Getöse und mit ganz wenigen Ausnahmen die komplette Flotte.

Als die Meldungen von der Selbstversenkung der Hochseeflotte über den Äther gingen, befahlen zwei Tage später die Luftschiffkapitäne in Nordholz und Wittmund ihren Besatzungen die Ketten oder Drahtseile, an denen die Luftkreuzer hingen, zu lösen oder durchzuschneiden. Sieben mehrere Tonnen schwere Schiffsrümpfe fielen krachend und irreparabel zu Boden.

Auch in den Flugzeugbauwerften zerstörten Zeppeliner einige ihrer eigenen Werke, um deren Auslieferung an die Alliierten zu verhindern.

Zunächst beließen es die Alliierten dabei, die zivilen Arbeiten im Luftschiffbau Zeppelin nur zu beobachten. Von August bis Dezember 1919 fuhr das neue Schiff fahplanmäßig mit gutem Erfolg die Strecke Friedrichshafen-Berlin und machte dabei 100 Fahrten. Einmal fuhr die »Bodensee« in Absprache mit ei-

Die Barbarisierung des Zeppelinschen Werkes

ner schwedischen Verkehrsgesellschaft von Berlin nach Stockholm, um vor Ort die Möglichkeiten für einen Linienverkehr zwischen den beiden Hauptstädten zu prüfen. Offensichtlich glaubte Eckener, mit dieser friedlichen Geste gegenüber dem neutralen Schweden könne die Annäherung an die ehemaligen Feindesländer erleichtert werden.

Die Fahrt stimmte alle Beteiligten sehr optimistisch. Deshalb bestellte die Delag für die Strecke Berlin-Stockholm beim Luftschiffbau Zeppelin ein Schwesterschiff der »Bodensee«. Es erhielt die Werftnummer LZ 121 und trug den Namen »Nordstern«. Zusätzlich sollte noch ein Zeppelin-Passagierflugzeug von einzelnen schwedischen Inseln aus Zubringerdienste nach Stockholm leisten.

Äußerlich und in fast allen technischen Parametern glichen sich die beiden Zeppeline sehr. Allerdings war die »Nordstern« um 10 m länger, wodurch das Volumen des Tragkörpers auf 22.500 m^3 stieg. Die Luftschiffe hatten jeweils vier Maybach-Motoren, die zusammen 750 PS leisteten. Zwei Propeller waren seitlich unterhalb des Tragkörpers angebracht. Der hintere Propeller wurde von zwei Motoren gleichzeitig angetrieben. Sie machten das Luftschiff zum schnellsten, das jemals gebaut wurde. Beachtliche 133 km/h wurden gemessen. Diese hohe Geschwindigkeit wurde aber nicht nur durch die starken Motoren erreicht, sondern wegen dem wesentlich verbesserten Verhätnis Leistung/Volumen des Schiffes. Die Führer- und die Fahrgasträume bildeten erstmals eine Einheit. Sie war unmittelbar an der Unterseite des Luftschiffes befestigt, was den Luftwiderstand des Zeppelins erheblich verminderte.

Auf Anordnung der Siegermächte erfolgten die endgültigen Stilllegungen der »Bodensee« und der »Nordstern« im Juni 1921. Als Begründung mussten die Aktionen der Luftschiffer in Nordholz und Wittmund vor zwei Jahren herhalten. Bis dahin legte die »Bodensee« über 50.000 km zurück, also weit mehr als der Erdäquator lang ist. Insgesamt wurden 4050 Passagiere befördert, darunter 2253 zahlende. Die »Bodensee« wurde vom italienischen Militär übernommen, in »Esperia« umgetauft und sieben Jahre später abgewrackt. Die »Nordstern« machte nur eine Probefahrt bis zu ihrer Auslieferung nach Frankreich (13.6.1921). Sie hieß ab nun »Mediterranée« und diente bis zur Außerdienststellung im Jahre 1927 als Versuchs- und Trainingsschiff für Luftschiffer.

Auch die acht Marineluftschiffe, die noch existierten, wurden als Kriegs-

Blick in die Passagierkabine der »Bodensee«.

Kurz vor Unterzeichnung des Friedensvertrages zerstörten die Luftschiffbesatzungen in Nordholz und Wittmund ihre Luftkreuzer bevor sie an die Siegermächte als Reparationsleistung abgegeben werden mussten.

Die »Nordstern« (LZ 121) war für den Pendelverkehr zwischen Berlin und Stockholm vorgesehen, kam aber nie zum Einsatz, weil sie wie die »Bodensee« als Reparationsleistung an die Siegermächte ging.

LZ 121 NORDSTERN = MEDITERANNEE.

FOLGEN DES VERSAILLER FRIEDENSVERTRAGES: DEM ERDBODEN GLEICHGEMACHT WURDEN DIE ZIVILE (RECHTS) UND DIE MILITÄRISCHE (LINKS) LUFTSCHIFFHALLE IN DRESDEN.

beute unter die Siegermächte aufgeteilt: Je zwei erhielten Italien (LZ 90 und LZ 106), England (LZ 109 und LZ 113) und Frankreich (LZ 114 und LZ 83). LZ 62 ging an Belgien und LZ 75 an Japan. Lediglich die Vereinigten Staaten von Amerika gingen leer aus. Sie hatten weder an den Luftschiffen noch an dem Gefeilsche um sie ein Interesse gezeigt.

Am 9. August 1920 ordneten die Siegermächte an, alle militärischen Luftschiffhallen und Flugzeugschuppen bis spätestens zum 15. Februar 1921 abzureißen. Lediglich je eine Halle in Nordholz, Seddin und Löwenthal sollten für den internationalen zivilen Luftverkehr, den man ohne das Territorium Deutschlands nicht realisieren konnte, stehen bleiben. Das französische Militär übernahm sechs Hallen in Ahlhorn. Italien verleibte sich eine weitere Halle von dort und eine in Seerappen ein. Japan annektierte die Jüterboger Halle. Sie sollte ursprünglich abgebrochen und bei Tokio wieder aufgebaut werden. Nachdem die Japaner aber jedes Detail der Anlage exakt kopiert hatten, verzichteten sie auf den kompletten Abtransport und bauten in Kasumigaura bei Tokio eine vergleichbare Luftschiffhalle. Sie diente dem Luftschiff LZ 127 »Graf Zeppelin« einige Jahre später während der legendären Weltfahrt als willkommene Zwischenstation.

Nur drei Tage später, am 12. August 1920, ordnete die Internationale Luftfahrt-Überwachungskommission ultimativ an, dass auch die städtischen und privaten Luftschiffhallen und Flugzeugschuppen zu zerstören sind. Termin: sofort. Jeder konnte sich jetzt eine solche Halle kaufen. Einzige Bedingung war der schnellstmögliche totale Abbruch derselben. Aus der Verwertung des Abbruchmaterials konnte sogar nachträglich die Kaufsumme bezahlt werden.

Die grosse Zeit der Friedenszeppeline

»Graf Zeppelin« landet in Südamerika«.

R Friedenszeppeline

Die grosse Zeit der Friedenszeppeline

LZ 126 (ZR-3), das »Amerikaluftschiff«, auf dem Weg nach Amerika.

Zeppelins Traum geht in Erfüllung: Ein Zeppelin fährt nach Amerika (1924)

Oktober 1924. Capitol Theatre (New York City). Eckener vor 6000 geladenen Gästen: »Es würde die glücklichste Stunde unseres Lebens sein, wenn wir durch unsere Fahrt die deutsch-amerikanische Freundschaft wieder zum Erwachen gebracht haben sollten«.

Die Enttäuschung und Verbitterung über das jähe Ende der zivilen Zeppelin-Luftschifffahrt währte in Eckener, Dürr, Colsman und anderen nicht lange. Ihre Hoffnungen setzten sie auf die Vereinigten Staaten von Amerika, denen als Entschädigung für die zerstörten Luftschiffe die gigantische Summe von 3,2 Millionen Goldmark zustand.

Eckener gelang es, unter Umgehung des zuständigen Reichsschatzamtes, die amerikanische Militärkommission davon zu überzeugen, an Stelle der Entschädigung einen neuen Zeppelin für die US-Navy zu beauftragen. Das nahmen die Amerikaner wohlwollend auf, zumal sie selbst beim Nachbau eigener Zeppeline bisher wenig Erfolg hatten, gleichwohl aber am Aufbau einer eigenen Marineluftschiffflotte sehr interessiert waren.

Die Reichsregierung lehnte das Geschäft rundweg ab, weil die Amerikaner das Luftschiff erst abnehmen wollten, nachdem es erfolgreich den Atlantik überquert und in New York gelandet war. Das Risiko einer solchen Fahrt war ihr viel zu groß, und selbstverständlich fand sich keine Versicherung für den Fall, dass das Luftschiff umkehren musste oder gar ein Unglück geschehen würde.

Da setzte Eckener alles auf eine Karte. Er bürgte mit dem gesamten Besitz des Zeppelin-Konzerns für den Fall des Misslingens. Dem stimmte nun auch Berlin zu.

Der Bau des neuen Zeppelins LZ 126 (die Werftnummern 122-125 wurden aus verschiedenen Gründen nicht realisiert) begann unverzüglich nach Vertragsschluss. Er erhielt die amerikanische Bezeichnung ZR 3 (»Zeppelin rigid«) und später den Namen »Los Angeles«.

Für die lange Fahrt musste das Volumen des Tragkörpers erheblich größer sein als das der »Bodensee« (nach Umbau) und »Nordstern« (30.000 m^3). Was zwar den Versailler Bestimmungen eklatant widersprach und auf entschiedene Ablehnung der französischen Regierung stieß, doch die Amerikaner kümmerte dies nicht. Dürr konstruierte mit seinem Team einen Zeppelin von 70.000 m^3 Volumen, also 2,5 mal größer als die »Nordstern«. LZ 126 war 200 m lang und hatte einen maximalen Durchmesser von 27,6 m. Das aus Duralumin gefertigte Gerüst bestand aus 22 Längsträgern, in denen die 14 Gaszellen, getrennt durch Ring-

Das »Amerikaluftschiff« LZ 126 (ZR 3) leitete eine neue Ära in der deutsch-amerikanischen Freundschaft nach dem Krieg ein (rechts Präsident Coolidge).

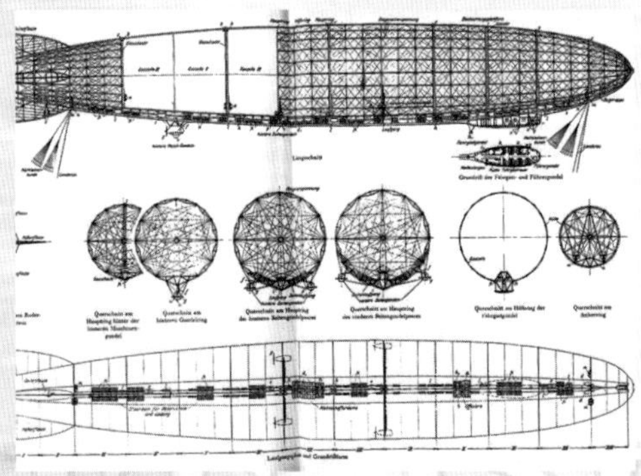

Bauplan des LZ 126.

träger, hingen. Silbrig grau gestrichner Baumwollstoff überspannte das Schiff. Am Heck befanden sich kreuzweise vier freitragende Stabilisierungsflächen mit beweglichen Steuerflächen an den Enden. Die Führergondel war eng am Schiffskörper befestigt. Fünf zwölfzylindrige Maybach-Motoren von insgesamt fast 2000 PS trieben das Luftschiff an.

Seine erste Werkstattfahrt hatte der Zeppelin am 27. August 1924.

Zahlreiche Journalisten aus aller Herren Länder verfolgten die Vorbereitungen für die spektakuläre Ozeanüberquerung in Friedrichshafen. Am 25. September, startete der Zeppelin zum entscheidenden Test. Nach dreißigstündiger Fahrt an die dänische Ostseeküste landete er ohne Zwischenfälle am nächsten Tage wieder in Friedrichshafen. Dabei hatte das Luftschiff seine Fahrtüchtigkeit glänzend unter Beweis gestellt. Die wichtigsten technischen Abnahmebedingungen wurden überzeugend erfüllt: Statt der geforderten 110 km/h erreichte das Schiff sogar 125 km/h, und die Traglast betrug nicht nur 40 t, sondern 46 t.

Als Starttermin für die Amerikafahrt war der 12. Oktober 1924 festgesetzt, der Tag, an dem vor 432 Jahren Christoph Kolumbus zum ersten Mal amerikanischen Boden betrat.

Der Bau der Bugspitze des LZ 126.

Der neue 70.000-m^3-Zeppelin vor der ersten Werkstattfahrt am 27. August 1924.

Die Führergondel lagert noch auf Böcken in der Halle.

Das Amerikaluftschiff LZ 126 kurz vor der Fertigstellung im Sommer 1924

Mit einem Hanomag-Schlepper wird das Luftschiff nach draussen gezogen.

Er brauchte damals 70 Tage, Eckener wollte es in 70 Stunden schaffen.

Es war wie in den Zeiten der friedlichen Zeppelinfahrten zwischen 1910 und 1914. Eine ungeheure Spannung und Anteilnahme erfasste Deutschland. Tausende Zeppeliner, Einheimische und Touristen strömten auf das Gelände des Luftschiffbaus, um dem historischen Start zur Amerikafahrt beizuwohnen.

Mit 28 Besatzungsmitgliedern unter Führung Eckeners und den erfahrenen Luftschiffkapitänen Lehmann, Flemming, Schiller und Wittemann sowie vier Mitgliedern der amerikanischen Abnahmekommission stieg der Zeppelin um 7:30 Uhr auf. Vom Heck flatterte nicht mehr die kaiserliche Reichsflagge, sondern das Banner der Weimarer Republik in schwarz-rot-gold.

Jedem Passagier standen 20 kg Gepäck zu, nicht weniger als heute in den modernsten Airbussen und Jumbos. Auf den Sitzen in der Passagierkabine lagen Blumen, aus der

Bordküche stieg ein verführerischer Kaffeeduft, und in der Führergondel zwitscherte ein Wellensittich. Überall herrschte eine aufgeregte, aber ausgesprochen freudige Stimmung. Welch ein Gegensatz zur Stimmung auf den schwarzen Kriegszeppelinen vor wenigen Jahren!

In schneller Fahrt ging es über Basel in französisches Hoheitsgebiet. Niemand brauchte sich vor Brandgeschossen aus Flak oder Abfangjägern zu fürchten. Aller Gedanken kreiste um dieses unbeschreibliche neue Gefühl von Frieden und Freiheit.

LZ 126 AM 26.9.1924 WÄHREND DER DEUTSCHLANDFAHRT ÜBER DRESDEN.

PASSAGIERABTEIL IM LZ 126.

KOMMANDANT ECKENER (X) INMITTEN SEINER 28-MANN-BESATZUNG VOR DEM »AMERIKALUFTSCHIFF« LZ 126 (ZR 3).

Weiter ging die Fahrt über Nordspanien auf den Atlantik hinaus. Nach 32 Stunden kamen die Azoren in Sicht. Die Hälfte der Strecke nach New York war glücklich überwunden. Aus der Kombüse wurden warme Speisen und edler Wein gereicht. Ununterbrochen kamen Glückwünsche aus der Heimat über den Äther.

Kurz vor Mitternacht des 15. Oktober, nach fast 8000 km Fahrtstrecke, erscholl der Ruf »Amerika, Amerika!«. Voraus grüßten die Lichter von Halifax auf Neuschottland.

Bei klarem Wetter erreichte ZR-3 Boston. Plötzlich ertönten Schiffssirenen, Nebelhörner, Brandsirenen, Autohupen. Ein unbeschreiblicher Lärm schwoll durch die Stadt nach oben. Im Nu waren die Straßen voller Menschen.

Aufgeschreckt durch die Schiffssirenen eilte die Millionenstadt in wenigen Minuten auf Straßen, Plätze, Bäume und Dächer, um das Luftschiff mit Winken und Geschrei zu begrüßen. Das übertraf selbst die kühnsten Erwartungen der Zeppeliner.

Um 9 Uhr erreichte der Zeppelin sein Ziel, den Flughafen von Lakehurst in New Jersey, 100 km südlich von New York. Das Gelände rings um den Flugplatz glich einem wahren Heerlager. Hundertausende waren mit Bahn und Auto hierher geströmt, um das technische Wunderwerk aus nächster Nähe zu sehen. Es folgten unbeschreibliche Momente der Freude, wie sie wohl nur Amerikaner zeigen können.

Vor 6000 geladenen Gästen bedankte sich Eckener im Capitol Theatre auf dem Broadway für den überaus herzlichen Empfang. Zuvor lief ein Film über ZR-3 bei Wagnerscher Musik über die Leinwand. Anschließend stimmte das Orchester spontan das Deutschland-Lied, die Nationalhymne, an – ein zuvor nicht für möglich gehaltener Vorgang so kurz nach Kriegsende.

DAS AMERIKALUFTSCHIFF LANDET NACH ERFOLGREICHER 77-STUNDEN-FAHRT ÜBER DEN ATLANTIK AM 15. OKTOBER 1924 IN LAKEHURST.

LZ 126 ÜBER DEM CAPITOL IN WASHINGTON.

LZ 126 ÜBER NEW YORK

Die grosse Zeit der Friedenszeppeline

Nach all dem Begrüßungsjubel suchte Eckener unverzüglich amerikanische Wirtschaftskreise und Börsenvereine auf, um mögliche Sponsoren und Betreiber für künftige regelmäßige Zeppelinfahrten zwischen Amerika und Deutschland zu gewinnen. Mit gutem Erfolg, wie sich später zeigte.

Das Luftschiff ZR-3 wurde nach der Landung auf den Namen »Los Angeles« getauft. Der Präsident nannte ihn »Friedensengel«.

Die US-Navy füllte es umgehend mit dem unbrennbaren Gas Helium und machte mit dem Zeppelin acht Jahre lang insgesamt 331 erfolgreiche Ausbildungsfahrten, wobei er 4398 Stunden in der Luft verbrachte.

Mitte November kehrte Eckener wieder nach Deutschland zurück, wo er wie ein Staatsmann empfangen wurde. Auch Reichspräsident Ebert reihte sich in die Schar der Gratulanten ein.

Die Wochen und Monate, die nun folgten, fühlte Eckener dennoch als die anstrengendsten und unerfreulichsten seines Lebens, und mehrfach wollte er aufgeben. Eckener wollte damals auch die Deutschen für die Idee des transatlantischen Luftverkehrs überzeugen. Dafür suchte er händeringend Finanziers. Deshalb trat er in allen großen deutschen Städten auf, referierte vor Dutzenden bedeutenden wissenschaftlichen und wirtschaftlichen Vereinen und führte Hunderte persönliche Gespräche mit Politikern verschiedener Parteien und Industriellen. Auch in Clubs, Biergärten, Kinos und Schulen versuchte er, seine Idee populär zu machen. Obwohl ihm überall und jederzeit grenzenlose Anerkennung für seine Großtat widerfuhr und sich alle über die internationale Würdigung der Fahrt freuten, stieß er bei der Frage der Finanzierung eines neuen, deutschen Zeppelins auf taube Ohren.

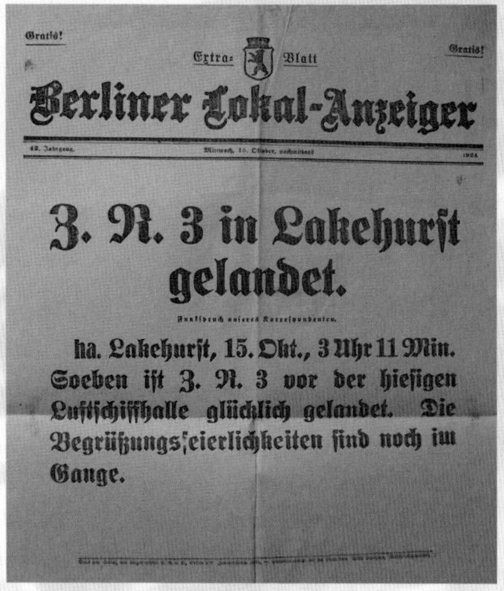
Gratis! Extra-Blatt Gratis!

Berliner Lokal-Anzeiger

Z. R. 3 in Lakehurst gelandet.

ha. Lakehurst, 15. Okt., 3 Uhr 11 Min. Soeben ist Z. R. 3 vor der hiesigen Luftschiffhalle glücklich gelandet. Die Begrüßungsfeierlichkeiten sind noch im Gange.

Alle Blätter meldeten die glückliche Landung in Amerika.

Die New Yorker bereiten der Zeppelin-Mannschaft einen triumphalen Empfang.

DIE US-NAVY VERWENDETE DEN ZEPPELIN NOCH VIELE JAHRE ALS AUSBILDUNGSSCHIFF.

Die grosse Zeit der Friedenszeppeline

Dürr baut und Eckener fährt den erfolgreichsten Zeppelin aller Zeiten

15. Oktober 1928. 600 Meter über New York. Ein Journalist an Bord des LZ 127: »New York ist ausser Rand und Band. Der Verkehr steht still. Die Menschen auf den Strassen gehen nicht weiter, Strassenbahnen halten, die Omnibusse rücken nicht von der Stelle. Die flachen Dächer auf den Wolkenkratzern sind schwarz von Menschen. Alles schreit, singt, pfeift, heult und dröhnt. New York erstickt in einem Freudentaumel«.

Hugo Eckener und Ludwig Dürr waren die entscheidenden Retter des Zeppelinschen Werkes zwischen den beiden Weltkriegen.

Zeppelin-Eckener Spendenkarte.

Eckener hatte nur ein Ziel, den friedlichen Welt-Luftverkehr. Für den Bau der hierfür notwendigen Zeppeline wollte er – wie seinerzeit Graf Zeppelin – unbedingt den Staat als Auftraggeber gewinnen.
Nachdem Eckener aber schnell erkannt hatte, dass sich der Staat (noch) nicht an einem Neubau beteiligen würde, kam er auf die rettende Idee einer Neuauflage der Zeppelin-Volksspende von 1908. Doch während damals eine Luftschiffkatastrophe (LZ 4 verbrannte bei Echterdingen) unmittelbar und spontan und aus dem Volk heraus zur »Volksspende« führte, musste Eckener nun von einem grandiosen Luftfahrterfolg (Atlantiküberquerung des LZ 126) ausgehend, langfristig und vom LZ organisiert eine vergleichbare Spendenbereitwilligkeit organisieren: Die »Zeppelin-Eckener-Spende« war geboren.
Nötig waren 4 Millionen Reichsmark, damit der Zeppelin die Mindestvoraussetzungen für den transatlantischen Passagierverkehr erfüllen kann. Dass der Luftschiffverkehr mit ihm rentabel sein würde, schloss Eckener aus, weil die vorhandene Friedrichshafener Werfthalle viel zu klein war, um einen genügend großen Tragkörper zu montieren. Dadurch blieb die Platzkapazität begrenzt und an einen 5-Sterne-Reisekomfort war nicht zu denken.
Der neue Zeppelin mit der Werftbezeichnung LZ 127 (zehn wurden zuvor nicht gebaut oder während der Montage aus verschiedenen Gründen wieder zerstört) war tatsächlich ein »Versuchsluftschiff«. Es sollte lediglich den Weg für das »perfekte« Riesenluftschiff der Zukunft ebenen, indem es mit möglichst vielen und spektakulären Fahrten die Weltöffentlichkeit auf die Zeppelin-Luftschifffahrt aufmerksam macht.
Da die Begeisterung für den Zeppelin inzwischen fest in breitesten Bevölkerungskreisen verwurzelt war und sich viele Deutsche nach dem Ersten Weltkrieg danach sehnten, endlich wieder mit einem friedlichen Werk in die Völkergemeinschaft aufgenommen zu werden, flossen binnen weniger Monate fast 2,3 Millionen RM in den Spendentopf. Hunderttausende gaben sehr bereitwillig, wenn auch zumeist kleinere Geldbeträge. So schien sich die Erfolgsgeschichte von 1908 glücklich zu wiederholen, und rechtzeitig sprang nun auch die

DIE GROSSE ZEIT DE

DIE HAUPTRINGE WURDEN WIE BEIM ERSTEN ZEPPELIN AM BODEN ZUSAMMENGENIETET UND ANSCHLIESSEND AUFGERICHTET. DEUTLICH IST DIE DREIECKSBAUART ZU ERKENNEN.

DIE VERNIETUNG ALLER TEILE ERFOLGTE BEIM LZ 127 NICHT MEHR PER HAND, SONDERN ERSTMALS MIT EINER PNEUMATISCHEN NIETPRESSE.

DAS GERIPPE DES ZEPPELINS BESTEHT AUS EINEM ÄUSSERST FILIGRANEN FLECHTWERK AUS STARREN ALUMINIUMTRÄGERN UND KILOMETERLANGEN DRÄHTEN.

DER BAUMWOLLSTOFF DER AUSSENHÜLLE WIRD AN DEN HAUPTRINGEN UND DEN LÄNGSTRÄGERN FESTGESPANNT.

Regierung auf den fahrenden Zug und sicherte weitere 1,1 Millionen Reichsmark zu. Der Rest stammte aus dem Eigenkapital des Zeppelin-Konzerns.

Nach zwei Jahren konnte Dr. Dürr Mitte 1926 die fertigen Konstruktionspläne für den neuen Zeppelin vorlegen. Nach weiteren 21 Monaten Bauzeit wurde er am 18. September 1928 in Dienst gestellt.

Auf Vorschlag Eckeners sollte das neue Luftschiff mit der Werftbezeichnung LZ 127 den verpflichtenden Namen »Graf Zeppelin« tragen. Die Taufe erfolgte bereits am 8. Juli 1928, dem 90. Geburtstag des Grafen Zeppelin, durch die Tochter des Grafen, Hella Gräfin von Brandenstein-Zeppelin.

Mit 236 m Länge und 30,5 m größtem Durchmesser hatte LZ 127 ein Volumen von 105.000 m^3. Es war das größte bisher gebaute Luftschiff. Das Schiff musste in der noch aus Kriegszeiten stammenden Friedrichshafener Halle montiert werden. Dadurch war der Schiffsdurchmesser limitiert. Um trotzdem das größtmögliche Volumen zu erhalten, wich man von der idealen aerodynamischen Form ab, indem der Mittelteil zylindrisch ausgeführt wurde. Dadurch erhielt das Schiff eine sehr ansprechende schlanke Form. Das Verhältnis Länge zu Durchmesser des Schiffes betrug 7,7:1, ideal wäre ein Streckungsverhältnis von 6:1 gewesen. Trotzdem erzeugte der im Durchmesser knapp 31 m große Tragkörper nur einen Luftwiderstand wie eine querangeströmte Scheibe von 5 m Durchmesser.

Der Querschnitt des Schiffes bildete ein regelmäßiges 28-Eck. Zwischen den Hauptträgern, die im Abstand von 15 m an den Längsträgern vernietet waren und den Zeppelin in 17 Segmente für die Gaszellen unterteilten, waren zusätzlich noch je zwei Hilfsringe aus einfachen Dreieckträgern an die Längsträger montiert. So entstanden Rechtecke von 5 m Länge. An diese mehr als 1000 Rahmen wurde die fast 20.000 m^2 große Außenhülle festgeschnürt und mit Dutzenden Kilometern Spanndraht versteift. Sie unterteilten die Rechtecke in stabile Dreiecke. Damit die Gaszellen sich nicht unmittelbar an der Außenhaut reiben konnten, war auf der Innenseite der Träger ein dichtes Netz aus Ramieschnur gespannt. Die Außenhülle war aus leichtem, besonders kräftigem Baumwollstoff und imprägniert sowie mit einem sonnenlichtabweisenden Lack, dem Aluminiumpulver beigemischt war. Die Gaszellen im Inneren des Tragkörpers bestanden ebenfalls aus Baumwollstoff, allerdings mit mehreren Lagen aus Tierdärmen beklebt, wodurch kaum noch Gas entweichen konnte. Der Wasserstoff wurde wie beim allerersten Zeppelin in 17 voneinander abgeschotteten Zellen im Innern des Gerippes verteilt. Alle Zellen besaßen automatische Überdruckventile, um ihr Platzen auszuschließen. Ein Teil der Zellen war zusätzlich mit Manövrierventilen versehen, mit denen von der Führergondel aus Gas abgelassen werden konnte, falls der Auftrieb zu stark werden sollte.

Die Gesamtlänge aller Träger betrug ca. 15 km. Mehr als 3 Millionen Niete hielten sie zusammen. Das Gewicht des Tragkörpers betrug 30 t. Es war aus Duraluminium mit einer Festigkeit von 480 N/mm² und war damit um mehr als 20 % gegenüber LZ 126 verbessert.

Fünf je 550-PS-Maybach-Ottomotoren gaben dem Zeppelin eine Höchstgeschwindigkeit von 128 km/h. Als Reisegeschwindigkeit waren 110 km/h ausgewiesen.

Bei Normalfahrt verbrannten die Motoren 400 kg/h Betriebsstoff. Dieser Gewichtsverlust musste durch Ablassen von Traggas ausgeglichen werden, um das statische Gleichgewicht zu erhalten. Für eine Fahrt nach Amerika brauchte der Zeppelin etwa 35 t Betriebsstoff, Die Kosten für den Gasverlust lagen bei 7000 Goldmark. Hätte man Helium verwendet, wären die Kosten siebenmal höher gewesen.

Das große Volumen und die leichte Bauweise ließen eine Nutzlast von 60 t und eine Reichweite von über 10.000 km zu.

Das Schiff war mit zwei Laufgängen ausgestattet. Einer folgte der unteren Kontur. An ihm wurden alle Lasten (Betriebsstoffe, Fracht, Mannschaftsräume u.a.) befestigt und Stromkabel, Rohrleitungen und Drahtzüge anmontiert. Ein weiter Laufgang erstreckte sich in der Mittelachse des Tragkörpers. Er stützte die Gaszellen ab. Natürlich wurden beide Laufgänge für die Bedienung und Wartung des Schiffes benutzt.

Die Elektrozentrale befand sich am Ende der Führergondel. Sie wurde aber erst 1931 installiert, als für die Arktisfahrt eine Heizung unabdingbar wurde. Zwei 50 PS-Motoren trieben die Dynamos an. Der Strom versorgte die Kombüse, die Lichtanlage, nachts den 1.200.000 Candela superstarken Scheinwerfer und die Funkanlage.

Die schall- und gasdichte Funkstation der »Graf Zeppelin« war auf dem neuesten Stand der Technik. Der Hauptsender strahlte im Wellenbereich zwischen 500 und 2100 m mit einer Leistung von 140 Watt aus. Seine Reichweite betrug bis zu 10.000 km. Der Notsender hatte nur 70 Watt. Beide Sender arbeiteten auf Röhrenbasis und wurden aus einem

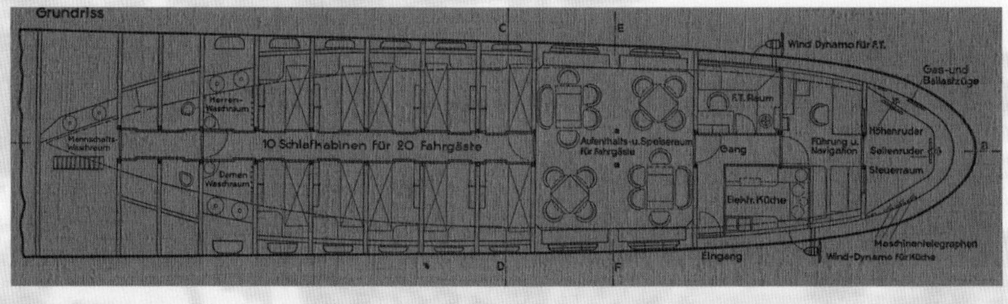

Grundriss der Gondel der »Graf Zeppelin«.

Führer- und Steuerraum. Links Höhensteuer mit Neigungsmesser, darüber Ballast- und Gaszüge, in der Mitte Seitensteuer mit Kompass, rechts der Maschinentelegraf. Der Barograf befindet sich im linken Fenster auf der rechten Seite (aufgehängter Kasten).

Mehrere Säcke Luftpost gehörten zur ständigen Nutzlast der »Graf Zeppelin«.

Navigationsraum mit umfangreichem Kartenmaterial.

Landung der »Graf Zeppelin« in Lakehurst.

Hochspannungsgenerator mit Propellerantrieb gespeist. Ihre Antenne umfasste zwei Drähte von je 100 m Länge. Der Empfänger war mit sechs Röhren bestückt und arbeitete im Bereich von 150 – 25.000 m Wellenlänge. Drei Funkoffiziere sorgten für einen reibungslosen Funkverkehr mit den Boden- und Wetterstationen sowie den privaten Telegrammdienst für die Passagiere.

Die Führerräume, die zehn Doppelkabinen für die Gäste, der Speiseraum und die Bordküche waren wie beim LZ 126 in einer gemeinsamen Gondel unter dem Bug des Luftschiffes untergebracht. Sie waren anfangs unbeheizt. Es gab separate Damen-, Herren- und Mannschaftstoiletten. Wieder rückte der Kolumbus-Tag näher. Die »Graf Zeppelin« hing in der Friedrichshafener Werfthalle abfahrtbereit zur längst angekündigten Amerikafahrt. Am frühen Morgen des 11. Oktober bestiegen Hugo Eckener, die Luftschiffkapitäne Flemming, von Schiller und Lehmann sowie die Besatzung und Gäste das Luftschiff. Unter ihnen vier Regierungsvertreter mit dem preußischen Innenminister Grzesinski an der Spitze. Sechs Journalisten (darunter zwei amerikanische) sollten kräftig die Werbetrommel rühren. Bis auf zwei zahlende Passagiere (3000 $ je Fahrt) waren die restlichen Fahrgäste offizielle Vertreter ihrer Firmen von A wie Allianz bis Z wie Zeiss.

Tausende Häfler, alle Zeppeliner und zahlreiche Touristen belagerten den Startplatz, um ihrem Zeppelin »Glück ab« und »Gute Fahrt« zu wünschen. Um 8:00 Uhr stand das Luftschiff über der Menge und neigte kurz seine Bugspitze. Eckener wählte diesmal eine südlichere Route über den Atlantik als vor vier Jahren mit dem LZ 126.

Längst war die »Graf Zeppelin« über dem Atlantik. Unter den Passagieren herrschte eine fröhliche Stimmung. Nur die Besatzung ahnte Arges, da schwere Gewitter im Anmarsch waren. Und sie hielten, was sie versprachen. Ein solches Unwetter hatte bisher noch kein ziviler Zeppelin erlebt. Der Regen peitschte mit großer Wucht gegen das Fahrzeug. Das Schiff wurde durch das eindringende Wasser fast 8 t schwerer.

Gebannt verfolgten die Funkstationen längs der Ostküste der USA den Kampf des Zeppelins mit den Naturgewalten und entsprechend groß

LZ 127 »GRAF ZEPPELIN«.

war die Erleichterung als »Graf Zeppelin« über Funk meldetet, dass die Havarie gemeistert wurde und ein Hilfsschiff nicht mehr benötigt wurde. Als der Zeppelin in Washington, Baltimore und Philadelphia Richtung New York gesichtet wurde, brach eine riesige Freude bei der Bevölkerung aus.

Um Mitternacht vom 28. auf den 29. Oktober 1928 begann die Heimfahrt in Lakehurst. Um 2:00 Uhr war das Schiff auf Kurs New York, denn Eckener wählte diesmal die Nordroute über Neufundland.

Nach 68 Stunden reiner Fahrtzeit erreichte »Graf Zeppelin« um 4:00 Uhr Friedrichshafen. Trotz der Frühe waren Tausende, unter ihnen der württembergische Ministerpräsident, zur Werfthalle gekommen, und mit Böllerschüssen wurden auch die letzten Ahnungslosen aus dem Schlaf gerissen, um schleunigst zur Halle zu eilen.

Zwei Stunden später gehorchte der Zeppelin dem Befehl zur Landung, und um 7:00 Uhr verschwand er in seiner Halle.

IM »GRAF ZEPPELIN« IN 20 TAGEN UM DIE WELT

30. AUGUST 1929. PRÄSIDENT HERBERT HOOVER ANLÄSSLICH DER WELTFAHRT DER »GRAF ZEPPELIN«: »ICH HATTE GEDACHT, DASS DIE ZEIT DER GROSSEN ABENTEURER, WIE KOLUMBUS, VASCO DA GAMA UND MAGELLAN, VORÜBER SEI. NUN STEHT EIN SOLCHER ABENTEURER VOR MIR. ICH FREUE MICH, DR. ECKENER, DASS DAS AMERIKANISCHE VOLK SIE SO WARM BEGRÜSST HAT, UND MÖCHTE SIE HEUTE PERSÖNLICH ZU IHRER LEISTUNG BEGLÜCKWÜNSCHEN«.

Bevor Eckener mit seinem Versuchsluftschiff LZ 127 »Graf Zeppelin« im August 1929 die historische Weltfahrt antrat, machte er zwei aufsehenerregende Fahrten ins östliche (25.-28. März) und ins westliche (23.-25. April) Mittelmeer.

Mit beiden Fahrten wollte er den Mitreisenden, vor allem aber den Millionen Lesern der Tageszeitungen und Illustrierten in aller Welt zeigen, dass der Zeppelin ein verkehrstüchtiges, sicheres und modernes Luftfahrzeug sei, mit dem man z. B. in konkurrenzlos kurzer Zeit von Deutschland aus alle Geburtsstätten der modernen Zivilisation wie Rom, Athen, Jerusalem und Kairo nicht nur erreichen, sondern sie aus einer einmaligen Perspektive genießen kann. Auch die Urlauberzentren auf den Mittelmeer-

WELTFAHRT DES »GRAF ZEPPELIN« VOM 7.–29. AUGUST 1929 (LAKEHURST–FRIEDRICHSHAFEN–TOKIO–LAKEHURST).

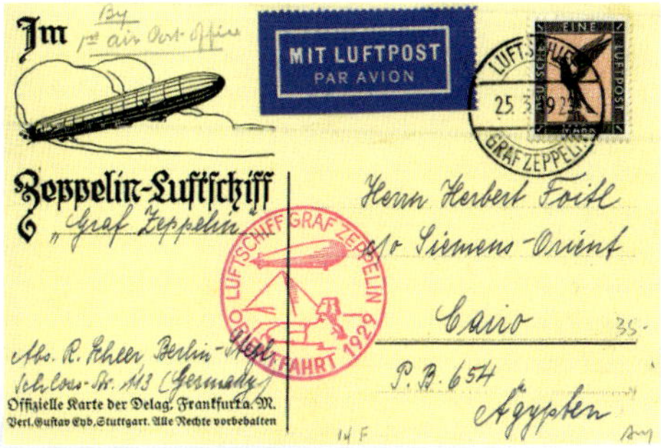

ZEPPELINPOSTBELEG NACH KAIRO WÄHREND DER ERSTEN ORIENTFAHRT. WEIL ENGLAND EINE LANDUNG DES ZEPPELINS IN ÄGYPTEN VERBOTEN HATTE, KAM DIE KARTE NUR ÜBER UMWEGE AN.

FAHRTROUTE DER SPANIENFAHRT VOM 23.-25. APRIL. GIBRALTAR DURFTE NICHT ÜBERFLOGEN WERDEN, DAFÜR STEUERTE DER ZEPPELIN ÜBER MAROKKO RICHTUNG RIVIERA.

inseln und längs der Riviera, Gibraltar, Lissabon, Barcelona und das Fürstentum Monaco könnten für Reiseveranstalter lukrative Ziele bieten.

In der Öffentlichkeit drehte sich ab nun Alles um die Frage: Traut sich Eckener mit seinem »Graf« eine Fahrt rund um die Welt zu oder nicht? Für ihn war diese Frage keinesfalls eine »der Ehre« und auch nicht Selbstzweck. Ihm ging es allein darum, das Werk des Grafen Zeppelin, das schon längst zu seinem eigenen geworden war, zu vollenden. Eine Weltfahrt mit dem Versuchsluftschiff »Graf Zeppelin« musste dafür unbedingt gewagt werden.

Endlich war es so weit. Nachdem in zähen Verhandlungen die nötigen Überflugrechte gesichert waren, startete »Graf Zeppelin« am 1. August morgens 3:00 Uhr in Friedrichshafen. Neben den 20 Passagieren waren wieder 41 Mann Besatzung an Bord.

Das Kommando lag in den Händen Eckeners. Ihm zur Seite standen die erfahrenen Kapitäne Lehmann, von Schiller und Flemming.

In Friedrichshafen fand keine Abschiedsfeier statt, denn die offizielle Weltreise musste in Lakehurst beginnen. Das war eine Forderung des amerikanischen Hauptsponsors Hearst.

Dort traf der Zeppelin 95 Stunden

später ein. Die »amerikanische« Weltfahrt begann am 7. August 1929. Für die erste Etappe von Lakehurst nach Friedrichshafen brauchte der Zeppelin nur 55 Stunden.

Die zweite Etappe startete am 15. August morgens 4:35 Uhr. Ursprünglich sollte vom Bodensee aus Moskau angesteuert werden, weshalb eigens ein sowjetischer Regierungsvertreter an Bord war. Doch die von den Moskauer Wetterstationen einlaufenden Meldungen waren schlecht. Deshalb entschied Eckener gegen den ausdrücklichen Willen des Sowjets, eine nördlichere Route zu wählen.

Stunden- ja tagelang überfuhr nun die »Graf Zeppelin« die menschenleeren unermesslichen Sumpf- und Waldflächen der Tundra und der Taiga.

Am nächsten Reisetag, es war der 19. August, erreichte der Zeppelin die japanische Küste.

In Kasimugaura bei Tokio hatten die

Brief mit Postabgangsstempel New York 7. August 1929 und Ankunftsstempel rückseitig Friedrichshafen 10. August 1929 (erste Etappe der Weltfahrt).

Zeppelinpostbeleg von der zweiten Etappe Friedrichshafen–Tokio.

Riesige Tundrawälder Sibiriens zu Füssen des Zeppelins.

Der Zeppelin über der Riviera.

Von Weitem wies der Leuchtturm den Weg zur japanischen Küste.

Luftschiffhalle von Kasimugaura.

»Graf Zeppelin« in der Halle von Kasimugaura bei Tokio.

»Graf Zeppelin« beim Aushallen.

Zeppelinpostbeleg von der dritten Etappe nach Lakehurst.

Japaner aus der Reparationsmasse des Ersten Weltkrieges die Jüterboger Luftschiffhalle neu entstehen lassen. Hier gewährten sie dem ehemaligen Kriegsgegner und nunmehrigen Gast eine vortreffliche Beherbergungsstätte für das Luftschiff. Aus Deutschland waren hierher schon vor einigen Tagen mehrere Tonnen Treibstoff angeliefert worden. Ebenso mehr als 10.000 m³ Wasserstoff. Nachdem das Luftschiff neu betankt, das Gas nachgefüllt und alle Lager geschmiert waren, begann am 23. August die dritte Etappe der Weltfahrt. Ziel war die Westküste Amerikas. Dazwischen lag der Stille Ozean mit seinen riesigen feuchtwarmen Flächen. Wie die Polargebiete in Sibirien waren auch diese Areale für den Zeppelin und die Mannschaft absolutes meteorologisches Neuland.

Die Westküste der USA erschien am 25. August nachmittags am Horizont. Ab San Francisco ging es die Westküste entlang bis Los Angeles. Dort erfolgte die dritte Fahrtunterbrechung, allerdings in Ermangelung einer Halle nur an einem Mast.

Die letzte Etappe war die kürzeste, aber auch die gefährlichste. Die Rocky Mountains mussten überfahren werden. Das kontinentale Klima konnte mit seinen Stürmen und Gewittern gefährlich werden. Die Fahrt von Los Angeles nach Lakehurst ging zunächst bis nach San Diego hinab. Dort schwenkte das Luftschiff nach Osten. Über weites Prärieland ging es über Texas, Oklahoma, Kansas und Michigan nach New York.

In den Morgenstunden des 29. August 1929 endete die Weltfahrt der »Graf Zeppelin« in Lakehurst, dem Ausgangspunkt der »amerikanischen« Weltfahrt. Vor genau 21 Tagen war das Luftschiff hier gestartet. Die Welt war auf einer Länge von 33.552 km umkreist. Die reine Fahrzeit betrug 286 Stunden und 48 Minuten.

Am 4. September 1929 landete LZ 127 »Graf Zeppelin« in Friedrichshafen, dem »deutschen« Start- und Zielort der Weltreise.

In fünf Etappen hatte das Luftschiff die Erde auf einer Strecke von 34.200 km in 300 Stunden umrundet. Die Durchschnittsgeschwindigkeit betrug 114 km/h. Während der Zwischenlandungen in Tokio, Los Angeles und Lakehurst mussten 22.600 m³ Wasserstoffgas nachgefüllt werden. Die Motoren verbrannten 58.100 m³ Blaugas und 10.700 l Benzin.

Nach der sensationellen Weltfahrt mit LZ 127 »Graf Zeppelin« nahm Eckeners Plan von einem regelmäßigen transatlantischen Luftschiffverkehr immer klarere Konturen an. Mit wahrhaft Zeppelinschem Durchhaltevermögen machte er ihn mit weiteren aufsehenerregenden Fahrten mit seiner »Graf Zeppelin« publik. So unternahm er noch im Herbst 1929 touristische Sonderfahrten in die Alpenwelt der Schweiz, nach Holland und Österreich.

In den Jahren 1930/31 setzte Eckener seine spektakulären Fahrten fort. Am bedeutendsten war die sogenannte Dreiecksfahrt Friedrichshafen – Rio de Janeiro – Lakehurst – Friedrichshafen im Mai 1930, wobei der Atlantik und der Äquator gleich zweimal überquert werden mussten.

Nur zwei Monate danach fuhr Eckener mit seinem Zeppelin auf den Spuren Zeppelins nach Spitzbergen und nach Island.

Am 26. Juli 1931 stieg die »Graf Zeppelin« in Leningrad auf, um die längst geplante wissenschaftliche Expedition in die Polarwelt zu unternehmen. Mit 50.000 Postsendungen und üppigen Sponsorengeldern aus Deutschland und anderen Ländern finanzierte sich die Expedition selbst.

An Bord waren vornehmlich Meteorologen, Geographen und Geophysiker, darunter mehrere sowjetische.

Nachdem der Zeppelin den Polarkreis und die Packeisgrenze passiert hatte, traf er dort auf den sowjetischen Eisbrecher »Malygin« mit dem berühmten italienischen Luftschiffpionier Nobile an Bord.

LANDUNG IN LAKEHURST AM 29. AUGUST 1929.

WÄHREND DER ARKTISFAHRT IM SOMMER 1931 WURDE AUCH LENINGRAD (WINTERPALAST) PASSIERT.

GLETSCHER AUF ISLAND.

ZEPPELINPOSTBELEG VON DER MOSKAUFAHRT IM SEPTEMBER 1930.

DIE »GRAF ZEPPELIN« TAUSCHTE IM PACKEIS MIT DEM SOWJETISCHEN SCHIFF »MALYGIN« POST AUS.

AUF SEINEN ZAHLREICHEN RUNDFAHRTEN ÜBER ÖSTERREICH UND DER SCHWEIZ ÜBERQUERTE DER ZEPPELIN MEHRFACH DIE ALPEN. IM BILD DER MONDSEE.

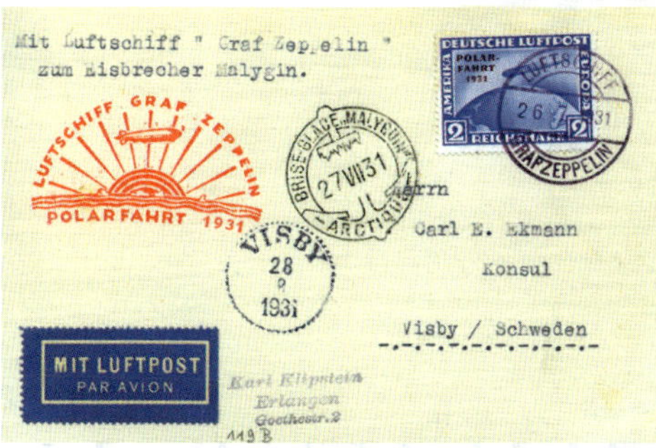

ZEPPELINPOSTBELEG »MALYGIN«.

ZWEITE ÄGYPTENFAHRT VOM 9.–13. APRIL 1931.

Die Fahrten des Luftschiffes »Graf Zeppelin« 1929 bis Mitte der 30er Jahre zeigten aller Welt, dass weder Klimazonen noch Wetterunbilden für den Zeppelin eine unüberwindliche Barriere bilden. Im Gegenteil. Die Manövrierfähigkeit des Zeppelins blieb in jeder Situation weitgehend unbeschränkt.

Im August, September und Oktober 1931 fuhr der Zeppelin regelmäßig von Friedrichshafen nach Brasilien und zurück. Es waren erstmals fahrplanmäßige kommerzielle Fahrten über den Atlantik. Sie waren genauso ausgebucht wie die folgenden neun Fahrten im Jahr 1932 und später.

Eckener gelang es sogar, den brasilianischen Präsidenten während einer Fahrt zu veranlassen, eine Luftschiffhalle bei Rio de Janeiro bauen zu lassen, die 1935 eingeweiht wurde.

Bis dahin machte die »Graf Zeppelin« noch neun Fahrten 1933, zwölf 1934 und gar sechzehn 1935. 1936, als auch die »Hindenburg« sieben Mal nach Brasilien fuhr, brachte es die »Graf Zeppelin« auf neunzehn Ozeanüberquerungen. Bei jeder Fahrt waren zwischen 200 kg und 350 kg Postsendungen an Bord. Pro Jahr stieg die Zahl der beförderten Briefsendungen auf fast eine Million. Die Zahl der Passagiere nahm bis 1936 auf jährlich 1500 zu. Insgesamt hatte der Zeppelin bis dahin mehr als

Die grosse Zeit der Friedenszeppeline

16.000 Personen an Bord und 200 t Post sowie Fracht befördert. Fast 1,5 Millionen Fahrtkilometer wies sein Bordbuch auf, darunter über 100 Ozeanüberquerungen.

Neben diesen rein kommerziellen Fahrten unternahm die »Graf Zeppelin« auch agitatorische »Zirkusfahrten« (Zitat Eckener) gemeinsam mit dem (fast) perfekten neuesten Zeppelin »Hindenburg« für die NSDAP.

Für die Nazis war der Zeppelin ein einzigartiges, wunderbares Propagandamittel. Mehr nicht. Solche Fahrten fanden ihren Höhepunkt während der Olympischen Sommerspiele 1936 in Berlin. Beide Zeppeline, die »Graf Zeppelin« und die »Hindenburg«, erreichten pünktlich am 1. August die Eröffnungszeremonien der Spiele. Sportler und Gäste aus aller Welt jubelten dem technischen Wunderwerk »Zeppelin« nicht weniger zu als den Wettstreitern in den olympischen Arenen.

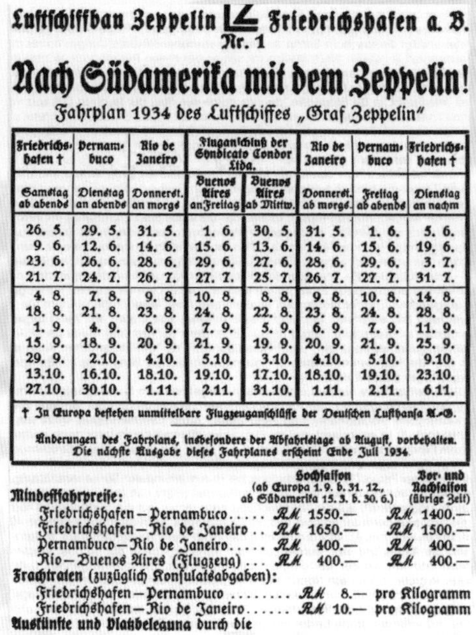

Luftschiffbau Zeppelin LZ Friedrichshafen a. B.
Nr. 1

Nach Südamerika mit dem Zeppelin!

Fahrplan 1934 des Luftschiffes „Graf Zeppelin"

Friedrichshafen †	Pernambuco	Rio de Janeiro	Fluganschluß der Syndicato Condor Ltda.		Rio de Janeiro	Pernambuco	Friedrichshafen †
Samstag ab abends	Dienstag an abends	Donnerst. an morgs	Buenos Aires an Freitag	Buenos Aires ab Mittw.	Donnerst. ab morgs.	Freitag ab abends	Dienstag an nachm
26. 5.	29. 5.	31. 5.	1. 6.	30. 5.	31. 5.	1. 6.	5. 6.
9. 6.	12. 6.	14. 6.	15. 6.	13. 6.	14. 6.	15. 6.	19. 6.
23. 6.	26. 6.	28. 6.	29. 6.	27. 6.	28. 6.	29. 6.	3. 7.
21. 7.	24. 7.	26. 7.	27. 7.	25. 7.	26. 7.	27. 7.	31. 7.
4. 8.	7. 8.	9. 8.	10. 8.	8. 8.	9. 8.	10. 8.	14. 8.
18. 8.	21. 8.	23. 8.	24. 8.	22. 8.	23. 8.	24. 8.	28. 8.
1. 9.	4. 9.	6. 9.	7. 9.	5. 9.	6. 9.	7. 9.	11. 9.
15. 9.	18. 9.	20. 9.	21. 9.	19. 9.	20. 9.	21. 9.	25. 9.
29. 9.	2.10.	4.10.	5.10.	3.10.	4.10.	5.10.	9.10.
13.10.	16.10.	18.10.	19.10.	17.10.	18.10.	19.10.	23.10.
27.10.	30.10.	1.11.	2.11.	31.10.	1.11.	2.11.	6.11.

† In Europa bestehen unmittelbare Flugzeuganschlüsse der Deutschen Lufthansa A.-G.

Änderungen des Fahrplans, insbesondere der Abfahrtstage ab August, vorbehalten.
Die nächste Ausgabe dieses Fahrplanes erscheint Ende Juli 1934

Mindestfahrpreise:	Hochsaison (ab Europa 1. 9. b. 31. 12., ab Südamerika 15. 3. b. 30. 6.)	Vor- und Nachsaison (übrige Zeit)
Friedrichshafen—Pernambuco	RM 1550.—	RM 1400.—
Friedrichshafen—Rio de Janeiro ..	RM 1650.—	RM 1500.—
Pernambuco—Rio de Janeiro	RM 400.—	RM 400.—
Rio—Buenos Aires (Flugzeug) ...	RM 400.—	RM 400.—

Frachtraten (zuzüglich Konsulatsabgaben):
Friedrichshafen—Pernambuco .... RM 8.— pro Kilogramm
Friedrichshafen—Rio de Janeiro ...... RM 10.— pro Kilogramm
Auskünfte und Platzbelegung durch die

Fahrplan für die Zeppelinfahrten Friedrichshafen–Pernambuco–Rio de Janeiro.

Der Zuckerhut von Rio unter der »Graf Zeppelin«.

»Graf Zeppelin« in Südamerika.

Perfekt inszeniert: Modellathleten und technisches Wunderwerk unter dem Hakenkreuz.

LZ 127 in der neuen Halle von Santa Cruz bei Rio des Janeiro.

Olympiastadion von Berlin aus dem LZ 129 aufgenommen.

»Hindenburg« – das (fast) perfekte Luftschiff verbrennt.

6. Mai 1937. Lakehurst. Radioreporter Herb Morrisson: »Es geht in Flammen auf...Oh nein, das ist grauenhaft... Oh nein...Bitte. Es brennt, wird von Flammen umtost und stürzt auf den Ankermast und all die Leute...Das ist eine der schlimmsten Katastrophen der Welt...Das gibt einen schrecklichen Absturz. Meine Damen und Herren... Oh, die Menschen und all die Passagiere«!

Binnen 34 Sekunden verbrannten 200.000 m³ Wasserstoff und hinterliessen von dem stolzen Riesenzeppelin LZ 129 »Hindenburg« ein einziges flammendes Inferno.

Luftschiff LZ 129 »Hindenburg« in der neuen Luftschiffhalle in Frankfurt am Main.

Nach dem Vorbild des Friedrichshafener Zeppelindorfes entstand nur wenige Kilometer vom neuen Flughafengelände die Siedlung Zeppelinheim für die Luftschiffbesatzungen und die Mitarbeiter des Flughafens, 1936.

Das Jahr 1935 leitete mit der Gründung der Deutsche Zeppelin-Reederei (DZR) am 22. März in Berlin für das Werk Zeppelins eine entscheidende Wende ein.
Im gleichen Jahr entstand auf dem Gelände des neuen Rhein-Main-Flughafens eine gigantische Luftschiffhalle. Sie war 272 m lang und 51 m hoch. Ihr folgte drei Jahre später die noch größere Halle 2. Frankfurt war nun der Heimathäfen der Zeppeline LZ 127, LZ 129 und später LZ 130.
Der Bau des neuen, fast perfekten, Riesen-Zeppelins mit der Werftbezeichnung LZ 129 begann nach drei Jahren Planungsarbeit im Herbst 1931. Nach weiteren fünf Jahren Bauzeit machte er am 4. März 1936 seine erste Probefahrt und erhielt den Namen »Hindenburg«.
Wichtigstes Merkmal war das gigantische Volumen des Tragkörpers, das eine wesentliche Erhöhung der Tragkraft brachte. Es betrug 200.000 m³, also größenmäßig vergleichbar mit der legendären »Titanic«. Der Zeppelin war 245 m lang und hatte einen Durchmesser von 41,2 m. Die verbesserte aerodynamische Form des Tragkörpers trug wesentlich zur Senkung des Luftwiderstandes bei. Das Leergewicht betrug fast 120 t.
Das Leitwerk bestand aus vier Flossen, die kreuzweise angeordnet waren. An ihren hinteren Enden befanden sich die Steuerflächen.
Die Hülle um das Gerippe des Tragkörpers war teils aus Baumwolle, teils aus Leinen und war mehrfach mit einem synthetischen Imprägnierungsmittel beschichtet, das gleichzeitig den Stoff straffte
Außerdem sollte das unbrennbare Helium den hochexplosiven Wasser-

stoff in den Gaszellen ersetzen. Geplant waren allerdings Doppelzellen: Im Inneren der explosive, aber billigere und leichtere Wasserstoff und als Abschirmung drumherum das unbrennbare, mehr als sieben Mal teurere und etwas schwerere Helium. Aber dies blieb Zukunftsmusik, weil Deutschland über dieses Gas gar nicht verfügte.

Tatsächlich war der Luftschiffbau Zeppelin zu dieser Zeit nicht mehr wirklich an Helium interessiert, weil man zu der Überzeugung kam, dass das Brandrisiko beherrschbar ist. Erst recht nach dem Unfall des englischen Zeppelins R 101, bei dem am 5. Oktober 1930 48 Menschen verbrannten. Man analysierte dessen Ursachen sehr sorgfältig und glaubte, alle Maßnahmen zur Vermeidung einer ähnlichen Katastrophe getroffen zu haben.

Erstmals wurden im Zeppelinbau Dieselmotoren der Firma Mercedes eingesetzt. Sie verbrannten Rohöl an Stelle des feuergefährlicheren Benzins. Jeder der vier Motoren lieferte 1050 PS und brachte den Riesen auf über 135 km/h Spitzengeschwindigkeit bei 125 km/h Reisegeschwindigkeit. Die Reichweite betrug mehr als 15.000 km. Es wurden zwei zweiflüglige Propeller rechtwinklig hintereinander montiert. Sie waren aus Holz. Ihr Durchmesser maß stolze sechs Meter. Sie waren durch ein Getriebe direkt mit den Motoren gekuppelt.

Die Verlegung der Passagierkabinen und Aufenthaltsräume in das ruhigere Schiffinnere, die Ausstattung aller Räume mit elektrischen Heizungen und Warmwasseranschlüssen, eine kleine Bordbibliothek, sogar ein Rauchsalon und insbesondere der fast schon luxuriös wirkende Gesellschaftsraum mit Blüthner-Flügel, Bar und sehr bequemen Sitzgruppen verbesserten wesentlich den Fahrkomfort für die Passagiere.

Durch die Verdopplung des Gasvolu-

DAS RIESIGE UND DOCH SO FILIGRANE GERIPPE DES »HINDENBURG« EIN JAHR VOR DER FERTIGSTELLUNG.

Der grosszügige Gesellschaftsraum wurde mitunter auch als Speiseraum genutzt. Ein separater Speiseraum befand sich auf der Steuerbordseite.

mens gegenüber dem Versuchsluftschiffes LZ 127 konnte die Fahrgastzahl ebenfalls verdoppelt werden, was wiederum die Wirtschaftlichkeit des Unternehmens verbesserte.
Der neue Riesen-Zeppelin war nur deshalb nicht »perfekt«, weil er eben doch nicht mit dem unbrennbaren Helium gefüllt werden konnte.
Das erste Mal stieg der Zeppelin am 31. März 1936 von Friedrichshafen aus in die Luft. Ziel war Rio de Janeiro. Neben Eckener waren nur geladene Gäste und Journalisten an Bord.
Die erste kommerzielle Passagier-

Landung der »Hindenburg« am Ankermast in Lakehurst.

Der Rauchsalon in der »Hindenburg« gehörte zu den hochfrequentierten Plätzen an Bord.

fahrt nach New York fand am 6. Mai 1936 statt.

In diesem Jahr überquerte die »Hindenburg« insgesamt 17 Mal den Atlantik. Zehnmal landete sie in Lakehurst bei New York und siebenmal in Rio de Janeiro. Das Schiff beförderte 1006 Passagiere sicher in die USA und knapp 600 nach Rio und zurück. Alle Fahrten waren zumeist gut ausgebucht. Sie gingen von Frankfurt aus und endeten auch dort. Nach Lakehurst brauchte der Zeppelin im Schnitt 59 Stunden, während die Rückfahrten wegen der günstigeren Luftströmungen nur 47 Stunden dauerten. Insgesamt legte die »Hindenburg« mehr als 330.000 km zurück. Er beförderte mehr als 3000 zahlende und Ehrengäste. Eine Fahrt auf der Nordamerika-Tour kostete in der Doppelkabine 1000 RM, in der Hochsaison August/September 1125 RM. Der Preis für eine Einzelfahrt nach Rio de Janeiro betrug 1500 RM. Das waren horrende Preise, doch es gab genügend Interessenten für diese Fahrten in Deutschland, Europa und Übersee.

Im Winter 1936/37, als klar war, dass die »Hindenburg« in absehbarer Zeit nicht mit Helium gefüllt würde, sondern mit dem leichteren Wasserstoff, was 10 % mehr Auftrieb bedeutete, fahren muss, bauten die Zeppeliner zusätzliche Kabinen in das Oberdeck ein, wodurch die Kapazität auf 70 Passagiere stieg.

Mit dem ersten Riesenzeppelin waren die Kosten, insbesondere für die Betreibung der Luftschiffhäfen keinesfalls gedeckt. Die DZR glaubte jedoch, mit vier Riesen-Zeppelinen schwarze Zahlen schreiben zu können.

Zu dieser Zeit war das Schwesterschiff LZ 130 kurz vor der Vollendung und sollte im Herbst in Dienst gestellt werden, während LZ 127 »Graf Zeppelin« weiter fleißig auf Südamerikakurs blieb.

Seine erste Passagierfahrt hatte die umgebaute »Hindenburg« vom 16. - 27. März 1937 nach Rio. Am 3. Mai 1937 machte sich das »fast perfekte« Luftschiff LZ 129 »Hindenburg« auf seine insgesamt 63. Fahrt, der ersten nach Nordamerika in diesem Jahr. Es überquerte zum 37. Mal den Ozean und sollte ein neues Zeitalter der zivilen Luftfahrt einleiten.

Doch der Gigant der Lüfte landete nie. Die Fahrt mit 97 Personen an Bord endete in einer furchtbaren Katastrophe mit 36 Toten, unter ihnen 13 Passagiere und Luftschiffkapitän Lehmann, und vielen Verletzten, der ersten Katastrophe in der Menschheitsgeschichte, die von Tausenden Augenzeugen ohnmächtig beobachtet werden musste und die in jeder Einzelheit in Wort und Bild dokumen-

Das fast perfekte Luftschiff LZ 129 »Hindenburg«.

Postbeladung des LZ 129.

Schon gebuchte Postsendungen mussten wegen des Unglückes an die Absender zurückgeschickt werden.

Luftschiff »Hindenburg« während des ersten Starts. Der Namenszug fehlt noch.

LZ 130, der letzte gebaute Zeppelin auf Deutschlandfahrt.

DIE FURCHTBARE KATASTROPHE DES LZ 129 »HINDENBURG« BEENDETE DIE VERWENDUNG DES HOCHEXPLOSIVEN WASSERSTOFFES ALS TRAGGAS FÜR PASSAGIERLUFTSCHIFFE.

tiert wurde. Zahlreiche Filme wurden seitdem über diese Schicksalsfahrt gedreht, Dutzende Bücher beschrieben es.

Wie durch ein Wunder war von den 72 verfügbaren Plätzen nur die Hälfte belegt. Viele hatten ihren Schutzengel bei sich. Es hätte also noch schlimmer kommen können. Und doch war jedes der Opfer eines zu viel.

Unmittelbar nach der Katastrophe riefen sowohl die Amerikaner als auch das deutsche Luftfahrtministerium Untersuchungskommissionen zur Klärung der Ursachen dieser Katastrophe ein. Das FBI ermittelte. Eckener und Dürr reisten schon anderntags per Schiff nach Lakehurst, wo sie vier Tage später eintrafen.

Schnell stand fest, dass es weder Spuren noch sonstige Hinweise für eine gezielte Zerstörung des Zeppelins gab. Gleichwohl konnte niemand die vielen Verschwörungstheorien mit absoluter Sicherheit widerlegen.

So blieben nur das Zusammentreffen mehrerer unglücklicher Umstände und damit ein Fall höherer Gewalt übrig.

Beim Anfahren auf Lakehurst hatte die »Hindenburg« ein Gewitter auf dem Landeplatz abwarten müssen und fuhr hierzu vor die Küste. Das Luftschiff war nass und vermutlich elektrostatisch aufgeladen. Das war für einen Zeppelin noch nie ein Problem gewesen, weder vor dem Krieg noch während des Krieges und auch nicht seither. Alle Motoren liefen ruhig, die Steuer reagierten auf jeden Befehl und mit der Bodenstation und der Wetterwarte herrschte ununterbrochen Funkverbindung. Die Passagiere säumten die schräg nach unten gestellten Panoramafenster im steuerbordwärtigen Gesellschaftsraum und gegenüber in der Promenade. Man unterhielt sich begeistert über die einmaligen Eindrücke der bisherigen Reise, fotografierte das Meer, die Küste, die Landschaft und die jubelnden Menschen zu Füßen des Schiffes. Alle freuten sich auf die bevorstehende Landung und das Wiedersehen mit Verwandten, Freunden und Geschäftspartnern.

Aber bis zum Landeplatz fuhr der diensthabende Kapitän Pruss mehrere zum Teil sehr enge Kurven. Diese waren notwendig, weil der Wind während der Anfahrt auf den Landeplatz mehrmals die Richtung wechselte. Dabei, so mutmaßte die Untersuchungskommission, ist wahrscheinlich einer der Tausenden Spanndrähte im Heck gerissen und hat in die vierte Gaszelle ein Leck geschlagen. Binnen kürzester Zeit strömen mehr als 1000 m³ Wasserstoff aus der Zelle, wodurch das Luftschiff absackte.

Gegen 19:10 Uhr schwebte die »Hindenburg« langsam auf den Ankermast zu. Um 19:21 Uhr wurden beide Haltetaue aus der Luke geworfen. Sie wurden von den 92 Marines und 139 zivilen Helfern erfasst. Bis zu diesem Augenblick war alles reine Routine. Bis zu diesem Augenblick.

Vier Minuten später, als sich das Luftschiff etwa 60 m über dem Boden befand, tauchte auf der Außenhülle über Zelle vier eine winzige Flamme auf. In den ersten paar Sekunden, während sich die Flamme im Heck rasch ausbreitete, bewegte sich der tödlich getroffene Riese kaum. Lediglich ein Zittern durchlief den Rumpf. Als aber der Zeppelin im hinteren Drittel durchbrach und das Heck zu Boden fiel, schoss eine riesige Feuerwalze durch das Schiff. In wenig mehr als einer halben Minute, nachdem die erste Flamme entdeckt wurde, lag der Zeppelin zerschmettert am Boden – von einem höllischen Feuer eingeschlossen. Das alles ging so schnell, dass sich der Wasserstoff in den Gaszellen gar nicht mehr mit dem Luftsauerstoff zu dem hochexplosiven Knallgas vermischen konnte und dadurch ein noch viel gewaltigeres Inferno ausblieb.

Wie der Brand entstanden ist, wurde nie endgültig geklärt

Die Luftschiffkatastrophe des LZ 129 »Hindenburg« bedeutete nicht das

Bis zum Ausbruch des Zweiten Weltkrieges beförderte der »Graf Zeppelin II« ausschliesslich Postsendungen. Danach erhielt er jegliches Startverbot.

Ende der Luftfahrt mit Luftschiffen, wohl aber der Verwendung von Wasserstoff als Traggas für Verkehrsluftschiffe.

Während sich in Lakehurst dramatische Szenen abspielten, fuhr die »Graf Zeppelin« unter Führung von Kapitän Hans von Schiller in gewohnter Gemütlichkeit über den Atlantik Richtung Friedrichshafen. Als von Schiller vom Untergang des »Hindenburg« erfuhr, war er natürlich geschockt, und er hielt es für seine Pflicht, die Mannschaft darüber zu informieren, allerdings mit der Bitte diese Nachricht bis nach der Landung unbedingt vor den Passagieren geheim zu halten. Schiller plagte die Besorgnis, es könne an Bord eine Panik ausbrechen.

Nach der glücklichen Landung in Friedrichshafen kam der »Graf« nie wieder zum Einsatz. Im Juni wurde er nach Frankfurt überführt und dort in einer der beiden Bergehallen als Museumsschiff ausgestellt.

Das Schwesterschiff der »Hindenburg«, das Luftschiff LZ 130 »Graf Zeppelin II«, wurde dennoch fertiggestellt. Seine Erstfahrt hatte der

NICHTS ALS WERTLOSE WRACKTEILE UND SCHUTTBERGE BLIEBEN NACH DER VON GÖRING ANGEORDNETEN ZERSTÖRUNG DER BEIDEN LUFTSCHIFFE »GRAF ZEPPELIN« UND »GRAF ZEPPELIN II« SOWIE VON DEN BEIDEN WELTGRÖSSTEN LUFTSCHIFFHALLEN IN FRANKFURT AM MAIN ÜBRIG.

Zeppelin am 14. März 1938. Allerdings waren ihm jegliche Passagierfahrten verboten. Lediglich Ausbildungs- und Rundfahrten mit jeder Menge Luftpost an Bord waren ihm erlaubt.

Mitte August 1939, unmittelbar vor Kriegsausbruch wurde der Fahrtbetrieb des LZ 130 endgültig eingestellt. Das Aus der Zeppelin-Luftschifffahrt erfolgte im März 1940 als auf Befehl Görings die beiden völlig intakten Zeppeline LZ »Graf Zeppelin« und LZ 130 »Graf Zeppelin II« sowie die ersten Ringe des LZ 131 zerstört und kurz darauf deren Bergehallen gesprengt wurden.

Die 30er Jahre zeigten, dass die Nazis es waren, die das Zeppelinprojekt und damit den Traum vom perfekten Luftschiff fast zur Verwirklichung gebracht hatten. Genau sie waren aber auch schuld daran, dass er eben nur »fast« verwirklicht wurde. Und sie waren es schließlich, die den Traum endgültig und für immer auslöschten.

Die USA waren ein halbes Jahr nach der »Hindenburg«-Katastrophe bereit, für die geplanten 18 Fahrten des LZ 130 im Sommer des nächsten Jahres nach Amerika 300.000 m^3 Helium zur Verfügung zu stellen. Doch wegen der immer dreister werdenden Außen- und Innenpolitik Hitler-Deutschlands verfügten sie ein Ausfuhrverbot für Helium. Anlass hierzu lieferte die Annexion Österreichs im März 1938. Die Chance für einen »perfekten« Zeppelin war vertan.

Der Zeppelin NT aus Friedrichshafen

Der Zeppelin NT a

us Friedrichshafen

FÜR DEN CARGOLIFTER WAR DIE ZEIT WOHL NOCH NICHT REIF

DAS KANN JEDEN TAG PASSIEREN. AN VIELEN ORTEN DER WELT: »NACH ANGABEN DER STAATLICHEN MEDIEN KAMEN BEI DEM ERDBEBEN FAST 10.000 MENSCHEN UMS LEBEN… ALLE STRASSEN, EISENBAHNLINIEN UND VERBINDUNGSWEGE SIND UNPASSIERBAR«.

Für Riesen-Transport-Luftschiffe von der Größe der »Hindenburg« und größer könnte es ein Leichtes sein, in kürzester Zeit Ärzte, Medikamente, Trinkwasser, Lebensmittel und andere dringend benötigte Lebensmittel zu den Katastrophengebieten zu bringen. Nach der punktgenauen Landung im Katastrophenzentrum hätten die Luftschiffe Verletzte, Waisen und Gebrechliche rasch aus der Gefahrenzone evakuieren können.
Die Liste weiterer humanitärer Aktivitäten wäre für die Riesentransporter lang: Überschwemmungen, Waldbrände, Reaktorunfälle, friedensbildende Maßnahmen der UNO…
Doch es gibt diese Riesenluftschiffe nicht. Und es wird sie auch in absehbarer Zeit nicht geben.
Dabei bestand um die Jahrtausendwende in Brand, 60 km südlich von Berlin, ein Luftschiffprojekt, das Hoffnung machte, in diesem Sinne verwirklicht zu werden. Es trug die Bezeichnung CargoLifter (CL). Nestor des Unternehmens war Dr. Carl-Heinrich Freiherr von Gablenz.
Der CargoLifter war ursprünglich aber nicht speziell für humanitäre Einsatze geplant, sondern für den »weltweiten Transport großer und schwerer Güter«. Die zu befördernden Lasten könnten bis zu 50 m x 8 m x 8 m groß und bis zu 160 t schwer sein. Daher die Bezeichnung CL 160.
Aber nicht nur aus ökonomischer Sicht, sondern vor allem aus ökologischer hätte es der CargoLifter verdient, sich auf dem Markt zu beweisen. Die Argumente liegen auf der Hand: Kürzeste Wege und keine Beeinträchtigung der Straßen-, Schienen- und Flusswege.
Von Gablenz gründete am 1. September 1996 im Wiesbadener Kurhaus, gemeinsam mit 93 Aktionären und einem Eigenkapital von 500.000 DM (ca. 250.000 €), die CargoLifter AG.
Auf der Suche nach einem geeigneten Standort für sein Unternehmen fand Gablenz den keinen Ort Brand im neuen Bundesland Brandenburg. Hier existierte ein längst verlassener, heruntergekommener, fast 500 ha großer ehemaliger Flugplatz der Sowjetarmee, der kostengünstig vom Land Brandenburg bzw. einigen Alteigentümern zu erwerben war.

MODELL DES CARGOLIFTER 160 MIT LASTPLATTFORM.

Zudem war Brandenburg zu jener Zeit bei der Vergabe von Fördermitteln aufgeschlossen, da es sich um ein zukunftsträchtiges Unternehmen handelte. Man befand sich 1997 allgemein in einer Aufbruchsstimmung in Deutschland und selbst der Deutsche Bundestag stimmte einer 80%igen Ausfallbürgschaft für Darlehen an CargoLifter zu.
Die Verhandlungen mit den Behörden dauerten nicht lange. Schon am 2. Mai 1998 erfolgte der erste symbolische Spatenstich, begleitet von einem riesigen Medienrummel und im Beisein des damaligen Wirtschaftsministers von Brandenburg (Herr Dreher) und einer großen Schar von Aktionären, die tatkräftig mit anpackten.
Nach nur 18-monatiger Bauzeit erfolgte am 30. November 2000 die feierliche Einweihung der Werfthalle in Brand.

DR. CARL-HEINRICH FREIHERR VON GABLENZ.

Sie ist 360 m lang, 210 m breit und 107 m hoch. Ihr Volumen beträgt 550.000 m^3. Die Form der Halle, ihre geografische Ausrichtung nach Südwesten in der Hauptwindrichtung und vor allem die riesigen beweglichen Stahltore mussten insbesondere dem enormen Winddruck auf freiem Feld standhalten. Wie das bewältigt wurde – eine technische Meisterleistung!
Parallel zur Hallenplanung und zum Hallenbau arbeiteten zeitweise mehr als 100 Ingenieure an der Entwicklung des Riesenluftschiffes. Das

DIE WERFTHALLE FÜR DEN CARGOLIFTER »AERIUM« IST DIE GRÖSSTE JEMALS GEBAUTE FREITRAGENDE HALLE DER WELT.

BLICK IN DAS INNERE DER WERFTHALLE MIT »CHARLY« (HINTEN) UND AIRCRANE CL 75.

Team setzte sich aus jungen Ingenieuren der Universität Stuttgart mit Prof. Kröplin als Repräsentant im Aufsichtsrat und Fachleuten aus der klassischen Luft- und Raumfahrt zusammen.
Sie mussten sich vor allem auf die Krananlage zum Heben der Lasten konzentrieren, denn sie bedeutete absolutes ingenieurtechnisches Neuland.
Beim Bau des Tragkörpers verließ man sich hingegen auf die Erfahrungen des Luftschiffbau Zeppelin. »Das Rad muss nicht noch einmal erfunden werden«, pflegte von Gablenz auf diesbezügliche Fragen zu antworten. Skeptiker des Projektes wollten sich mit dieser lapidaren Antwort nie zufrieden geben, denn immerhin hatte der CL 160 mehr als das Doppelte des Volumens des LZ 129 »Hindenburg«: gigantische 550.000 m^3. Der Schiffskörper sollte 260 m lang sein, einen Durchmesser von 65 m und eine Gesamthöhe von 82 m einschließlich Kiel und Hebebühne haben. Als Traggas war selbstverständlich das unbrennbare Helium vorgesehen. Mehrere mit Luft gefüllte Ballonetts mussten Gas und Tragkörper auf Pralldruck halten, denn ein Gerippe wie beim Zeppelin war nicht vorgesehen. Vier Motoren mit 8200 PS Leistung sollten dem Luftschiff eine maximale Geschwindigkeit von 125 km/h verleihen. Mit einer Durschchnittsgeschwindigkeit von 80 - 100 km/h planten die Konstrukteure des CL 160 eine Reichweite von bis zu 10.000 km.
Der Erstflug war für 2003 vorgesehen, und die Serienfertigung sollte ab 2004/05 mit vier Luftschiffen jährlich beginnen. Von Gablenz hoffte, die Luftschiffe während der Serienfertigung für den Preis eines modernen Großflugzeuges herstellen zu können
Um die Finanzierung des mehrere hundert Millionen teuren Luftschiffprojektes zu sichern, ging von Gablenz am 1. Juni 2000 an die Börse, schon im November notierte das Unternehmen im MDAX.
Binnen kürzester Zeit investierten fast 70.000 Anleger aus mehreren Ländern durchschnittlich 1500 € in das Unternehmen. Doch anders als bei den Zeppelin- und den Eckener-Spenden 1908 und 1925 vertrauten die Anleger bei CargoLifter diesmal mehr dem gigantischen Projekt als der Person, die dahinter stand.
Wie bei Zeppelin und Eckener wollten sich die potentiellen Investoren zunächst von den Ergebnissen eines viel kleineren Versuchsluftschiffes überzeugen, ehe sie sich am eigentlichen Riesenprojekt beteiligen würden.
Dieses Versuchsluftschiff war ein Ei-

genbau der CargoLifter AG und wurde »Joey« genannt. »Joey« war die maßstäbliche 1:8-Verkleinerung des künftigen CL 160 und hatte ein fünfhundertmal kleineres Volumen als CL 160. Sie war nur 32 m lang und 8 m Durchmesser. Im Inneren des mit Luft gefüllten Tragkörpers befanden sich vier Heliumsäcke. An Bord fanden zwei Personen Platz. Sein Erstflug fand am 18. Oktober 1999 unter dem schwedischen Kapitän Mats Bäcklin statt.

Mit »Joey« wollte CargoLifter nicht nur nachweisen, dass die Gesellschaft Luftschiffe bauen kann, sondern man erfüllte damit auch die Anforderungen des Luftfahrtbundesamtes zur Verifizierung der Berechnungen für den CargoLifter als Kielluftschiff. Nachdem dies vom Luftfahrzeug-Bundesamt anerkannt wurde, nutzten die Ingenieure von CargoLifter das Versuchsluftschiff vor allem für diverse Experimente. Mit computersimulierten Daten wurden Flugeigenschaften verschiedener Tragkörperformen untersucht.

Der CL 160 sollte sowohl bei der Be- als auch bei der Entladung des Transportgutes ca. 100 m über der Erde schweben, während das Transportgut in dem spezifisch konzipierten Lastaufnahmerahmen mittels Seilwinden nach oben oder unten gezogen würde. Die gewaltigen Gewichtsunterschiede sollten durch Ballastabgabe oder –aufnahme ausgeglichen werden.

Parallel zu den Experimenten mit der »Joey« entwickelte CargoLifter den mit Heliumgas gefüllten kugelförmigen Fesselballon CL 75 AirCrane. Entwickelt und gebaut wurde er in Zusammenarbeit mit einer amerikanischen Firma. Er hatte wie CL 160 einen Durchmesser von 61 m und war 85 m hoch. Sein Gasvolumen, 110.000 m^3, entsprach dem des LZ 127 »Graf Zeppelin« und war der größte Luftfahrzeug seit dem Ende des Zweiten Weltkrieges.

AirCrane hatte eine Nutzlast von 75 t – daher sein Name. Der »fliegende Kran« sollte mit Lastkraftwagen, Hubschraubern oder Schiffen zu den Einsatzorten, vielleicht Windrädern oder Container-Häfen, transportiert werden und dort seinen zeitlich begrenzten Dienst tun.

Sein Erstaufstieg erfolgte am 12. Oktober 2001. Auf dem Testprogramm des AirCrane standen von nun an die Materialprüfung des Hüllenmaterials und seine Verarbeitung, Variantenuntersuchungen zum Befüllen der Heliumsäcke und vor allem die Suche nach der effektivsten Lastenaustauschmethode mit dem sogenannten Laderahmen.

Während der Internationalen Luftfahrtausstellung 2002 hob CL 75 am 7. Mai in Brand einen 55 t schweren Minenräum-Panzer der Bundeswehr, wobei das höchstkomplizierte Lastenaustauschsystem die Fachleute aus dem In- und Ausland überzeugte.

Für die Ausbildung der künftigen Piloten der CL 160 kaufte die Gesellschaft ein in England entwickeltes Skyship 600B. Es wurde vom damaligen Wirtschaftsminister Clement »Charly - der weiße Wal der Lüfte«

VERSUCHSLUFTSCHIFF »JOEY«, BENANNT NACH EINEM KÄNGURU-BABY.

»JOEY« ÜBER DER WERFTHALLE, DEM HEUTIGEN »TROPICAL ISLAND«.

CL 75 AIRCRANE, DER »FLIEGENDE KRAN«, HATTE EIN VOLUMEN WIE LZ 127 »GRAF ZEPPELIN«: 10.000 M^3.

»Charly – der weisse Wal der Lüfte« diente bei CargoLifter zur Pilotenausbildung.

Der neue »fliegende Kran« während Experimenten an der Göltzschtalbrücke (im Hintergrund).

getauft.

Das Pralluftschiff (Blimp) Skyship 600 war 61 m lang und hatte einen Durchmesser von ca. 15 m. Sein Volumen betrug nur 7000 m^3. Es war mit Helium gefüllt. »Charly« erreichte eine Durchschnittsgeschwindigkeit von 65 km/h. In der Gondel fanden neben dem Kapitän und seinem Kopiloten zehn Passagiere Platz. Die Reisegeschwindigkeit betrug 70 km/h, die Höchstgeschwindigkeit 125 km/h. Das Schiff fuhr in einer Höhe von 300–1000 m und hatte eine Reichweite von 650 km. Angetrieben wurde »Charly« von zwei Porsche 930 Turbo-Motoren mit je 188 kW (255 PS) Leistung.

Der Firmenzusammenbruch wurde von den Aktionären seit der Jahrtausendwende befürchtet. Gerüchte machten immer wieder die Runde, dass das Management falsch aufgestellt sei.

Mit dem Börsencrash 2002 verschloss sich der weitere Weg zum Kapitalmarkt, und als sich auch noch das Wirtschaftsministerium gegen das Projekt aussprach sowie der Bund keine Ausfallbürgschaften leistete, musste im Juni 2002 Insolvenz angemeldet werden.

Dass der Crash mit so hoher Geschwindigkeit und so großer Wucht eintrat, konnte niemand ernsthaft ahnen. Die Aktien fuhren Achterbahn, aber immer nur abwärts, bis sie praktisch bei Null hart landeten.

Nach der Zerschlagung des CargoLifter-Konzerns wurde das Luftschiff für läppische 15.000 € an die Schweizer Firma »Skycruise« verkauft, die es für touristische Rundfahrten einsetzte.

»Joey« wurde samt der hochmodernen Bordelektronik zu einem Schleuderpreis von 13.000 € nach Malaysia verkauft, wo sie nie wieder aufgebaut wurde.

Der »fliegende Kran« wurde infolge grober Unvorsichtigkeiten am 10. Juli 2002 im Unwetter vor der großen Halle zerstört. Der teure und einmalige Laderahmen wurde samt aller Elektronik später verschrottet.

Aus der ehemaligen High-Tech-Halle »Aerium« hat ein malaysischer Unternehmer einen gigantischen Freizeitpark, das »Tropical Islands« gemacht.

Von Gablenz ist nicht nur wegen seines Lebensinhaltes ein »Enkel« des Grafen Zeppelin, sondern auch wegen seiner fast störrischen Verbissenheit, an einem einmal gesteckten Ziel festzuhalten. Noch während der Insolvenzphase versuchte er mit zahlreichen Aktionären der CargoLifter AG eine neue Gesellschaft zu gründen. Am 8. September 2005 erfolgte am Amtsgereicht Berlin-Charlottenburg die Eintragung der CL CargoLifter GmbH & KG a. A. Ziel der Gesellschaft ist es, die »Leichter-als-Luft-Technologie« so weit fortzuführen, dass Lasten und Güter auf dem Luftweg gehoben und transportiert werden können. Das neue Luftschiff soll in Stufen gebaut werden können und letztlich »nur« noch die Größe der »Hindenburg« haben und Lasten bis zu 80 t tragen können. Schwerpunkt der Arbeiten ist aber zunächst die Fortführung des Gedankens der Lastballone, die als sogenanntes Ballonkransystem sich bereits in Praxistests befinden.

Das gesamte Archiv der CargoLifter AG ging nach Friedrichshafen zu den »Zeppelinern«. Die »neue« CargoLifter erwarb die Patente und ist heute im Bereich Ballonkransystem aktiv.

Der Zeppelin NT aus Friedrichshafen

Zeppelin NT – Nur die Wanderung auf dem Mond war schöner!

David Scott, Kommandant der legendären Apollo 15 – Mondlandemission nach einem Flug mit dem Zeppelin NT: »Only the walk on the moon was nicer«.

18. September 1997. Friedrichshafen in hellem Aufruhr. Zehntausende waren bei prächtigstem Spätsommerwetter hinaus geradelt, gelaufen und gefahren auf das Messegelände. Sie strömten zur Messehalle 10, in der ein »richtiger« Zeppelin heute erstmals aufsteigen sollte. Unter den Ehrengästen auch »alte Zeppeliner« der zweiten Generation, die auf den Luftschiffen »Graf Zeppelin«, »Hindenburg« oder »Graf Zeppelin II« fuhren. Sie waren alle um die 90 Jahre alt und hatten insgeheim die Hoffnung längst aufgegeben, jemals wieder einen richtigen Zeppelin fahren zu sehen. Verständlich, dass sie aufgeregter waren als alle anderen.

Dabei ist der Zeppelin NT (Neue Technik) streng genommen gar kein richtiger Zeppelin, denn er ist um 350 kg schwerer als sein Auftrieb, weshalb er in der Luft nicht fährt, sondern fliegt. Und er wird auch nicht getragen durch mehrere hintereinander angeordnete Gaszellen, die von Luft und einer Stoffhülle umgeben sind, sondern von einer einzigen mit Helium gefüllten Hülle von 8200 m³ Volumen. Sie wird durch je ein Luft-Ballonett im Bug und im Heck mit 5 mbar Überdruck prall gehalten. Die 2600 m² große Hülle besteht aus dreischichtigem Laminat aus Polyestergewebe, das die Kräfte aufnimmt und innen mit Polyurethan beschichtet ist. Dieser Kunststoff ermöglicht das Verschweißen und Verkleben. Außen ist das Gewebe mit einer Tedlarfolie kaschiert, in der Titanoxyd eingelagert ist. Diese und die Polyurethanschicht dichten das Gewebe gegen Helium und Luft. Das Titanoxyd schützt die Kunststoffe weitgehend gegen die UV-Strahlung der Sonne.

Die Hülle wird getragen von einem starren Gerüst, das ein räumliches Fachwerk bildet, aber bei weitem nicht so filigran wie bei den klassischen Zeppelinen und auch nicht 36-eckig wie bei LZ 129 »Hindenburg«, sondern dreieckig ist. Es besteht aus zwölf hintereinander angebrachten Dreiecken aus Karbon-Gitterträgern, die mit drei Längsträgern aus Aluminiumrohren miteinander verbunden sind. Alle Gerüstfelder sind mit Kevlar-Zugseilen ausgespannt.

Die Gondel hängt mit Kevlar-Zugseilen an dieser Struktur.

Das starre Gerüst hat nur eine Mas-

Zeppelin NT (Neue Technik) kurz vor der Landung in Friedrichshafen.

Die 2600 m² grosse Hülle des Zeppelin NT umfasst 8200 m³ Volumen.

DAS GERÜST DES NT. DEUTLICH SIND DIE DREI LÄNGSTRÄGER SOWIE DIE DREIECKSTRÄGER ZU ERKENNEN.

BLICK IN DAS GONDELINNERE MIT DEN GROSSEN PANORAMAFENSTERN (FOTO ZLT).

se von 1000 kg. Es ist 75 m lang und maximal 19,5 m breit. Die größte Höhe beträgt 17,4 m, der größte Durchmesser 14,2 m. Der Zeppelin NT ist damit gegenwärtig das größte Luftschiff der Welt.

Die Gondel hat ausreichend Platz für zwölf Passagiere und je einen für den Piloten und den Flugbegleiter. Sie ist knapp 11 m lang. Der große Abstand zu den Antrieben und die gute Geräuschdämmung lassen Motorengeräusche kaum ins Innere.

Der Differenzdruck zwischen dem Innenddruck dem der Hülle und der die Hülle umgebende Außendruck muss immer konstant gehalten werden, um ein Bersten der Hülle oder Ablassen von Traggas zu vermeiden. Hierzu sind zwei luftgefüllte Ballonetts mit je ca. 1100 m^3 in der Hülle eingebaut.

Der Zeppelin NT ist also ein klassisches »halbstarres Luftschiff mit Druck gestützter Hülle«, wie es in der Patentanmeldung von 1990 zugunsten der immer noch existierenden, von Graf Zeppelin 1908 gegründeten, Luftschiffbau Zeppelin GmbH heißt. Vorläufer dieses Schiffstyps waren vor dem Ersten Weltkrieg die Luftschiffe von Lebaudy und von Groß/Basenach sowie zwischen den beiden Weltkriegen das Luftschiff »Norge«, mit dem Umberto Nobile gemeinsam mit dem norwegischen Polarforscher Roald Amundsen am 12. Mai 1926 den Nordpol erreichte. Allerdings hatten diese Schiffe alle nur einen Kiel zur Aufnahme von Lasten. Leitwerke konnten beispielsweise nicht oder nur sehr unzureichend daran befestigt werden.

Die starre Struktur des Tragkörpers bietet ganz wichtige Vorteile gegenüber den Pralluftschiffen, den sogenannten »Blimps«, die keine solche Struktur haben, denn die Propeller müssen nicht an der Gondel angebracht werden, wo sie die Passagiere durch Lärm, Vibrationen und Sichteinschränkungen beeinträchtigen, sondern dort, wo sie die höchste Effizienz aufweisen. Das gleiche gilt für die Motoren, die Leit- und die Fahrwerke. Sie sind unmittelbar an den Längsträgern bzw. den Dreiecken angebracht.

Durch die schwenkbaren Propeller kann die für den Marschflug notwendige Leistung der Antriebsmaschine von ca. 600 PS bei Start und Landung in Auf- und Abtrieb umgewandelt werden. Dadurch wird das Ablassen von Traggas vermieden.

Der Zeppelin NT landet durch seine hervorragende Manövrierfähigkeit punktgenau wie ein Hubschrauber. Hierzu wird kein Flugplatz benötigt. Eine einfache Wiese reicht. Das Festmachen am mobilen Mast und das Einbringen in die Halle kann durch drei Personen bewerkstelligt werden.

Der Antrieb der Zeppeline erfolgt über drei 5,9-Liter Vierzylindermotoren von Lycoming. Sie haben eine Leistung von je 147 kW (200 PS) und ermöglichen eine maximale Geschwindigkeit von ca. 120 km/h. Jedoch wird bei touristischen Rundflügen die optimale Geschwindigkeit von ca. 70 km/h geflogen, damit die Passagiere die Landschaft aus rund 300 m Höhe in Ruhe erleben und den Erläuterungen des Flugbegleiters folgen können. Dabei verbraucht das Luftschiff etwa 40 kg Benzin/h. Der Treibstoff reicht für 28 Stunden und für eine Reichweite von fast 900 km.

Die drei Motoren treiben vier dreiflügelige schwenkbare Luftschrauben an. Die beiden seitlichen Zugpropeller können um ca. 120° gegenüber der Horizontalen nach oben geschwenkt werden, was speziell beim Landen oder Starten von großem Vorteil ist.

Der hintere Antrieb ist erstmals in Zeppelin-Luftschiffen am Heck des Luftschiffes angebracht. Er erfüllt neben dem Vorwärtstrieb zwei weitere Aufgaben. Zum einen ermöglicht der Druckpropeller, wenn er um 90° geschwenkt wird, das Auf- und Absteigen des Zeppelins. Außerdem steuert man mit ihm die Horizontalachse. Schließlich kann ein Querpropeller des Hecktriebwerkes durch Verstellung der Propellerblätter den Zeppelin im Stillstand um die eigene Achse nach links oder rechts drehen.

Insgesamt zeichnet sich der Zeppelin NT durch eine größere Manövrierfähigkeit aus als sie je ein Luftschiff besessen hat. Sein Leitwerk besteht im Unterschied zu den klassischen Zeppelinen aus drei Stabilisierungsflächen mit heckwärts angebauten Steuerrudern in Form eines auf dem Kopf stehenden Y. Sie sind wie die Dreiecksträger jeweils um 120° gegeneinander versetzt. Das hat den Vorteil, dass keine senkrecht stehende Leitwerkfläche beim Landen gefährdet wird.

Die Bordelektronik der Zeppeline ist auf dem neuesten Stand der Technik und kann mit jedem modernen Passagierflugzeug mithalten. Mittels Sidestick steuert der Pilot das Luftschiff.

Während im Ersten Weltkrieg der Flugzeugbau vom Entwicklungsstand der Zeppeline profitierte, konnten sich nun, 60 Jahre nach der von den Nazis befohlenen Zerstörung der beiden Luftschiffe »Graf Zeppelin« und »Graf Zeppelin II«, die »Enkel« des Grafen Zeppelin ihrerseits die Erfahrungen des modernen internationalen Flugzeugbaues zunutze machen.

Waren bei einer Landung mit einem echten Zeppelin umfangeiche Haltemannschaften notwendig, sind es mit einem Blimp immerhin noch mehr als ein Dutzend, schaffen das beim NT schon drei

Heckantrieb mit schwenkbarem Druckpropeller und seitlichem Querpropeller, der es ermöglicht, das Luftschiff im Stillstand um 360° zu drehen.

Die Blumeninsel Mainau mit Luftschiffschatten.

Für Schiffe unpassierbar – für ein Luftschiff seit dem 1. Juli 1908 ein Erlebnis: Der berühmte Rheinfall von Schaffhausen.

DIE DREI STABILISIERUNGS- UND STEUERFLÄCHEN SIND JEWEILS UM 120° VERSETZT.

ERSTER FREIFLUG DES FERNGESTEUERTEN MODELLS DES KÜNFTIGEN NT (ROLF BREITINGER).

Die Geschichte der Zeppeline NT begann gegen Ende der achtziger Jahre. Im Dezember 1990 lagen der Luftschiffbau Zeppelin GmbH als Auftraggeber eine realistische Machbarkeitsstudie und eine viel zu optimistische Marktstudie vor. Darauf basierend wurde 1993 die Zeppelin Luftschifftechnik GmbH (ZLT) gegründet. Ihre Gesellschafter waren die Gesellschaften der Zeppelinstiftung, die 1908 von Zeppelin gegründet wurde: die Luftschiffbau Zeppelin GmbH, die Zeppelin GmbH und die ZF Friedrichshafen AG. Im Januar 2002 wurde die ehemalige Deutsche Zeppelin-Reederei GmbH (DZR) als Betreibergesellschaft des Zeppelin NT wiederbelebt. .

Zuerst bauten die »Enkel« des Grafen Zeppelin um Klaus Hagenlocher, Wolfgang von Zeppelin, Max Mugler und Florian Windischbauer, genau wie die von Gablenzsche »große« Konkurrenz bei CargoLifter (»Joey«), zunächst nur ein verkleinertes ferngesteuertes Modell des künftigen Zeppelin NT. Es war nur 10 m lang und hatte eine Masse von 20 kg. Mit ihm probierte Rolf Breitinger, ein ehemaliger Dornier-Mitarbeiter, vor allem die Manövrierfähigkeit mit verschiedenen Antriebsvarianten aus. Schon sein erster Flugversuch erfüllte alle Erwartungen des ferngesteuerten Luftschiffes.

Alles geschah unter weitestgehendem Ausschluss der Öffentlichkeit. Ganz anders als bei CargoLifter in Brandenburg. Dort baute man als erstes die riesige Halle knapp neben der Autobahn, und alle Welt erfuhr in großangelegten Anzeigen von dem dortigen Vorhaben. Zahlreiche Besuchergruppen pilgerten währenddessen durch die Halle.

Die wenigen eingeweihten Zeppeliner in Friedrichshafen waren verschwiegen. Noch mehr. Sie versteckten ihre Aktivitäten in einer stillgelegten Baracke innerhalb eines militärischen Sperrbezirkes nahe dem Friedrichshafener Flughafen. Nicht einmal einen Mietvertrag mit der zuständigen Bundesvermögensverwaltung gab es. Dafür eine hochwillkommene Lieferung »einiger Kartons Bodenseewein zur Auflockerung der Garnisions-Weihnachtsfeier«. Manfred Sauter, ein Wegbegleiter des Zeppelin NT der ersten Stunde, erinnerte sich noch an folgende weitere Episode: »Beim Betreten des Geländes mussten wir mit Maschinenpistolen bewaffnete Wachposten passieren«.

Der Bau des Versuchsluftschiffes (Prototyp) Zeppelin NT 07 (Nr. 1) begann 1995 und dauerte zwei Jahre. Für die Jungfernfahrt wurden die Friedrichshafener und die Medienvertreter rechtzeitig zum 18. September zur Messehalle 10 in der Nähe des Flughafens eingeladen.

In seiner Festrede sprach Wolfgang von Zeppelin die Hoffnung aus, dass »auf den Tag genau 69 Jahre nach der ersten Fahrt des Zeppelin-Luftschiffes LZ 127 ‚Graf Zeppelin' wir auf den glücklichen Beginn einer neuen Zeppelin-Ära« vertrauen dürfen.

Schon kurz danach ging die »Friedrichshafen« auf ihre erste große Deutschlandfahrt und besuchte am 21. Juli die EXPO in Hannover, wo sie großes Aufsehen erregte.

Zum eigentlichen Zweck der DZR, dem kommerziellen Passagierdienst, wurde der Prototyp »Friedrichshafen« nicht eingesetzt. Vielmehr diente er der Pilotenausbildung, Produktwerbung und als wissenschaftliche Station in der Luft.

Im April 2001 erhielt das Schiff nach zahlreichen erfolgreichen Fahrten und technischen Prüfungen die Zulassung als Passagierluftschiff. Mit dieser Auszeichnung an der Brust besuchte es vom 17. – 24. Juni 2001 die größte Luftfahrtmesse der Welt in Le Bourget und stahl zahlreichen anderen luftfahrttechnischen Neuentwicklungen die Show.

Erste Piloten auf einem NT 07 waren als Chefpilot Scott Danneker und als Copilot Stefan Unzicker. Der wohl bekannteste Ballonfahrer, der den Pilotenschein für einen Zeppelin NT erworben hat, war der 14. überhaupt, nämlich der amerikanische Multi-Milliardär und Weltumsegler Steve Fossett. Er hatte mit einem Ballon die Welt erstmals allein in einem Nonstop-Flug umrundet.

Graf Zeppelin wollte seine Luftschiffe, noch bevor das erste überhaupt gebaut war, auch für Forschungsexpeditionen in Afrika und in der Arktis einsetzen. Solche Ideen griffen die Zeppeliner der dritten Generation natürlich gern auf. Die interessanteste, wenngleich auch die letzte, Forschungsreise der »Friedrichshafen« fand im Jahre 2005 statt und führte nach Südafrika. Hier sollte es zwei Jahre lang im Auftrag des weltgrößten Diamantenkonzerns De Beers nach Vorkommen von wertvollen Edelsteinen suchen. 5,5 Millionen € war diese Aufgabe dem Unternehmen wert. Dabei wurde natürlich nicht nach einzelnen Diamanten gesucht, sondern das Gravitationsfeld wurde genauestens gemessen. Dort, wo dieses verstärkt auftritt, könnten unterirdische erloschene Vulkane liegen. Und es besteht dann die Wahrscheinlichkeit, dass man Diamanten findet.

Monatelang scannte nun der Zeppelin die endlosen Grassteppen und Wüsten Botswanas ab. Wegen der großen Hitze tagsüber konnte er nur

Wegen der grossen Tageshitze konnte der Zeppelin seine Forschungsaufgaben nur nachts ausführen.

Das Luftschiff »Friedrichshafen« (NT Nr. 1) wurde per Schiff von Amsterdam nach Kapstadt gebracht.

DIE »BODENSEE« (NT NR. 2) WURDE AN EINE JAPANISCHE GESELLSCHAFT VERKAUFT UND FLOG DORT UNTER DEM NAMEN »YOKOSO!JAPAN«.

ZEPPELIN NT (NR. 3), BEMALT MIT DEM KUNSTWERK »MAINAU« VON SZCZESNY.

NOCH BIS ZUM MAI 2012 WIRBT DER ZEPPELIN FÜR »T-CITY FRIEDRICHSHAFEN«. HIER AM FAHRBAREN MAST ZWECKS NACHTANKENS.

nachts tätig werden.
Am 20. September 2007, zehn Jahre und zwei Tage nach dem Erstflug, endete diese Mission samt dem Luftschiff selbst. Eine plötzlich aufkommende Windhose zerstörte das am Ankermast in Sekoma/Botswana hängende Luftschiff so stark, dass es abgewrackt werden musste und nie wieder zusammengebaut wurde. Wäre das Luftschiff zu diesem Zeitpunkt in der Luft gewesen, hätte es problemlos der Windhose ausweichen können.

Inzwischen hatte das erste Serienluftschiff, der Zeppelin NT (Nr. 2) mit der Registration D-LZZR, am 19. Mai 2001 seinen Erstflug. Es erhielt den Namen »Bodensee«.
Die »Bodensee« stieg am 15. August 2001 in das kommerzielle Geschäft der Passagierluftschifffahrt ein. Noch im selben Jahr beförderte das Luftschiff während 431 Fahrten 3169 Fahrgäste. Im Jahr 2002 stieg die Zahl der Fahrten auf insgesamt 1484, 2003 auf 2467 und bis zum Mai 2004 auf 2851 Fahrten. Fast immer war der Zeppelin ausgebucht.
Bereits im März 2004 wurde die »Bodensee« an die japanische Firma Nippon Airships Coporation Nagoya für sieben Millionen € verkauft. Sie war der erste deutsche Zeppelin, der je ins Ausland verkauft wurde.
Die Überführung sollte in Anlehnung an die legendäre Weltumfahrt der »Graf Zeppelin« im Jahr 1929 auf einer ähnlichen Route und entlang der Trans-Sibirischen Eisenbahn erfolgen. Selbstverständlich nicht in einem Nonstop-Flug, sondern mit ca. 20 Zwischenlandungen. Im September stand das Luftschiff an der russisch-finnischen Grenze und erhielt keine Einfluggenehmigung. Offensichtlich erachteten die russischen Behörden das Risiko eines Scheiterns für zu hoch. Damit dürften sie recht gehabt haben, denn der sibirische Winter stand vor der Tür und die Infrastruktur auf der geplanten Strecke wäre bei Havarien völlig unzureichend gewesen. So wurde entschieden, die »Bodensee« per Schiff zu verfrachten. Am 8. Januar 2005 kam der Zeppelin tatsächlich im japanischen Hafen von Kobe an.
Die spektakulärsten Fahrten des Zeppelins »Yokoso!Japan« fanden während der EXPO 2005 statt. Doch insgesamt war der Erfolg des Luftschiffes in Japan eher bescheiden. Im Mai 2010 stellte die Betreibergesellschaft den Flugbetrieb gänzlich ein, und so entschloss sich die ZLT GmbH im Sommer 2010 zum Rückkauf, anschließender Demontage und zum Rücktransport der »Bodensee« nach Friedrichshafen. Die ersten Teile trafen noch im September hier ein. Zurzeit wird das Schiff wieder aufgebaut, wobei die technischen Verbesserungen der letzten Jahre gleich realisiert werden, so dass es 2012 auf dem neuesten Stand der Technik in den Dienst der DZR geht.
Das bisher erfolgreichste Luftschiff aller Zeiten trägt die Seriennummer 3, die offizielle Registration D-LZZF und heißt »Baden-Württemberg«. Es stieg am 1. März 2003 erstmals auf. Der 100.000. Gast auf einem Zeppelin NT wurde von der Deutschen Zeppelin-Reederei am 22. 6. 2010

Der Zeppelin NT aus Friedrichshafen

begrüßt. Fast alle flogen auf der »Baden-Württemberg«. Damit hatte das kleine Luftschiff mehr Passagiere in seiner Gondel als alle Zeppeline von LZ 1 bis LZ 130 zusammen. Nie war ein Unfall passiert.

Mehrere interessante Einsätze machte die »Baden-Württemberg« im Dienste der Umweltforschung, insbesondere im Auftrag des Forschungszentrums Jülich. Gegenstand der Untersuchungen waren u. a. chemische Veränderungen in Abluftfahnen von Städten und Industrieanlagen. Hierzu wurde auf dem First des Zeppelins eine besondere Plattform angebracht.

Der Zeppelin NT Nr. 4 mit der Registration D-LZNT, der bislang letzte dieser Serie, machte seinen Jungfernflug am 21. Mai 2008. Die lange Zwischenzeit seit dem Bau seines Vorgängers hatten die Zeppeliner genutzt, um das Luftschiff um 200 kg leichter zu machen, bzw. die Nutzlast um 200 kg zu erhöhen und technisch noch besser auszustatten.

Es war bereits während der Bauphase durch die amerikanische Airship Ventures Inc. reserviert und am 9. Mai 2008 gekauft worden. Die Überführung nach Amerika erfolgte Ende September.

Am 14. Oktober 2008 traf der Zeppelin Nr. 4 nach einer 15-tägigen Seereise in der texanischen Hafenstadt Beaumont ein, wo er umgehend für den Flug nach San Francisco vorbereitet wurde. Seinen künftigen Heimathafen auf dem historischen Moffet-Flugfeld, nahe der Millionenstadt, erreichte das Luftschiff am 25. Oktober nach einem viel beachteten Flug über mehrere Bundesstaaten.

Seine Taufe auf den Namen »Eureka«, in Anlehnung an den Archimedesschen Ausruf als er vor mehr als 2000 Jahren die Gesetzmäßigkeiten des Auftriebes entdeckte, erfolgte am 21. November 2008. Thomas Brandt, Geschäftsführer der ZLT, erzählte in seiner Rede folgende Anekdote: »Eines Tages entstieg ein älterer amerikanischer Herr dem Luftschiff (Nr. 3) nach einem schönen Flug und sagte: ‚Only the walk on the moon was nicer.' Es stellte sich dann heraus, dass der begeisterte Herr David Scott war, der im Verlauf der Apollo-15-Mission tatsächlich auf dem Mond herumspazierte«.

Sehr erfreulich ist, dass die Goodyear Tire & Rubber Company, Akron/Ohio sich entschlossen hat, statt der selbstgebauten Blimps (kleine Prall-Luftschiffe) in Zukunft den Zeppelin NT einzusetzen. Zunächst wurden drei Luftschiffe bestellt. Die Bauteile der Zeppeline werden in Friedrichshafen hergestellt und nach Akron/Ohio verschifft, wo in der dortigen Luftschiffhalle die Endmontage er-

Zeppelin NT (Nr. 4) ist im Passagierluftverkehr in Amerika im Einsatz.

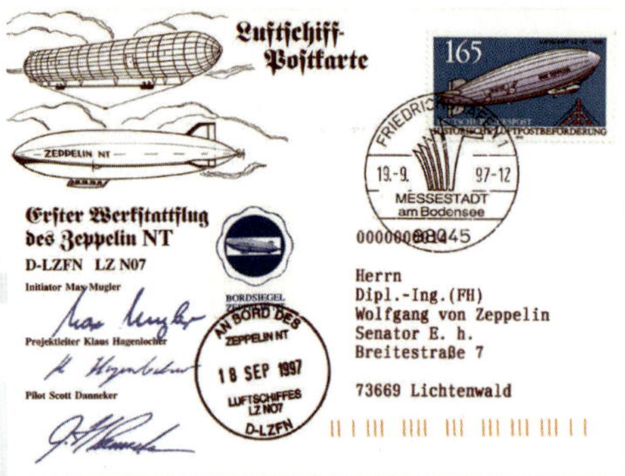

Flugpostkarte zu Gunsten des Kinderdorfes Wahlwies.

Wolfgang von Zeppelin, Urgrosscousin des legendären Luftschiffbauers Ferdinand Graf von Zeppelin.

Modell des Z-Schiffes

DER ZEPPELIN NT A

Ein Zeppelin NT über dem Zeppelin-Museum (früher Hafenbahnhof) Friedrichshafen.

Heute noch eine Vision: Zeppelin-Reisen durch ganz Europa.

folgt. Der Plan sieht vor, 2014 das erste Schiff fertigzustellen.

Im Januar 2003 hatte der Vorsitzende des Fördervereins Zeppelin-Touristik e. V., Wolfgang von Zeppelin eine Vision, die möglicherweise eine neue Ära in der Geschichte der Zeppelin-Luftschifffahrt eröffnen und die vierte Generation nichtmilitärischer Zeppeline einläuten könnte. Gemäß dem Slogan »Europa neu entdecken – der Weg ist das Ziel« geht es ihm um die ganzheitliche Tourismusentwicklung in mehreren europäischen Ländern.

Die sogenannten Z-Schiffe sind 125 m lang und haben einen maximalen Durchmesser von 27 m. Dank ihres großen Volumens von 50.000 m^3 Gas könnten sie bis zu 45 Passagiere aufnehmen. Die insgesamt zehn Zeppeline sollen einen Rundkurs mit ebenso vielen Stationen in einem regelmäßigen Turnus fliegen. Zusätzlich werden Rundflüge über den Städten und Regionen angeboten, aber auch Theater-, Museen-, Tierpark- und andere Besuche. In den Pauschalangeboten sind selbstverständlich auch Hotelübernachtungen und Transfers inbegriffen.

Einen ersten Vorgeschmack auf solche Reisen konnten sich Interessierte schon im Jahre 2008 mit dem NT Nr. 4 holen, bevor dieser nach Amerika verschifft wurde. Damals führte die ZEPPELIN EUROPE TOURS in vier Tagen von Cardington (der Wiege der englischen Luftschifffahrt) über London, den Kanal, Calais, Brüssel, Antwerpen, Rotterdam bis nach Den Haag. Den zehn Passagieren war dieser »Schnupperkurs« immerhin stolze 6500 € wert. Nach eigenen Aussagen haben sie keinen Euro bereut.

Danksagung und Literaturverzeichnis

Danksagung

Als ich vor 30 Jahren begann, mich auf Anregung von Prof. Dr. Eberhard Wächtler (Freiberg/Dresden) mit Zeppelin und seinem Werk zu beschäftigen, konnte ich nicht ahnen, welch langen Weg ich noch beschreiten musste, um dieses Buch zu verfassen. Und hätte mich nicht meine Frau Regina so überaus verständnisvoll begleitet, wäre es auch nie entstanden. Deshalb gilt ihr mein Dank an erster Stelle.

Es war unerwartet schwierig, geeignetes Bildmaterial zusammen zu tragen. Daran wäre das Vorhaben fast gescheitert. Erst durch die wunderbare Unterstützung der Herren Albrecht Graf von Brandenstein-Zeppelin (Mittelbiberach), von Gablenz (Berlin), Krug (Dresden), Provan (Kelkheim bei Frankfurt am Main) und Wolfgang von Zeppelin (Markdorf bei Friedrichshafen) konnte ich diese Hürde überwinden. Auch Herr Urban vom Zeppelinmuseum in Meersburg war mir sehr behilflich. Nochmals vielen Dank für Ihre Hilfe.

Das Werk Zeppelins ist so vielgestaltig, dass der Rat der Fachleute unabdingbar ist, um es auch nur halbwegs zu erfassen. Deshalb habe ich mich besonders über die tiefgründige und kritische Analyse des Textes sowie die fruchtbaren Hinweise und zielgerichteten Fragen durch die Herren Horn (Basel), Krug und Lohse (beide Dresden), Provan (Kelkheim) und Wolfgang von Zeppelin gefreut, die mir mit immer neuen Ratschlägen vor allem in der Endphase weiterhalfen. Und mich nicht selten an den Rand der Verzweiflung brachten, wovon mich Herr Alexander Burden, der Programmleiter für Luft- und Raumfahrt im Motorbuch Verlag Stuttgart, in seiner optimistischen Art immer wieder befreite. Ihm gilt mein ganz besonderer Dank, ebenso dem Grafiker Luis dos Santos für die ausgezeichnete Zusammenarbeit über viele Monate hinweg.

So gesehen ist das Buch ein Gemeinschaftswerk Vieler. Die Genannten und Ungenannten wird es in dieser Form hoffentlich für ihre Mühen entschädigen.

Tharandt, im März 2012

Literaturverzeichnis

Das Werk Zeppelins hat ein ganzes Jahrhundert die Menschen fasziniert. Schon zu Lebzeiten des Grafen († 1917) gab es eine unermessliche Fülle von Büchern, Zeitschriften- und Zeitungsartikeln über Zeppelin und seine Zeppeline. Das hat sich bis heute fortgesetzt. Deshalb kann es in diesem Rahmen nur um eine Auswahl solcher Bücher gehen, die dem interessierten Leser möglicherweise leichter zugänglich sind. Falls von den Erstauflagen neuere Herausgaben existieren, wurden letztere erfasst.

Die Dutzenden Archive zu benennen, würde den Rahmen erst recht sprengen. Stellvertretend für diese möchte ich lediglich das Verkehrsmuseum und das Armeemuseum in Dresden hervorheben.

Archbold, R.: Luftschiff Hindenburg, München 1994

Bauer, M.: Luftschiffhallen in Friedrichshafen, Schriften zur Geschichte der Zeppelin-Luftschifffahrt, Nr. 2, Friedrichshafen 1985

Belafi, M.: Ferdinand Graf von Zeppelin, Leipzig 1990

Berg, C.: David Schwarz – Carl Berg – Graf Zeppelin. Ein Beitrag zu Geschichte der Luftschifffahrt, München 1926

Botting, D.: Der große Zeppelin. Hugo Eckener und die Geschichte des Luftschiffs, München 2002

Breithaupt, J.: Mit Graf Zeppelin nach Süd- und Nordamerika, Lahr 1930

Burger, O.: Zeppelin und die Rüstungsindustrie am Bodensee. In: Zeitschrift für Sozialgeschichte des 20. und 21. Jahrhunderts Hefte 1 und 2, 1987

Chant, C.: Der Zeppelin. 100 Jahre Luftfahrtgeschichte, London 2000

Clausberg, C.: Zeppelin. Die Geschichte eines unwahrscheinlichen Erfolgs, München 1979

Colsman, A.: Luftschiff voraus!, München 1983

Dürr, L.: 25 Jahre Zeppelin-Luftschiffbau, Berlin 1925

Eckener, H.: Graf Zeppelin, Wiesbaden 1996

Eckener, H.: Im Zeppelin über Länder und Meere, Flensburg 1949

Eckener, H.: Die Amerikafahrt des »Graf Zeppelin«, Berlin 1938

Engelsing, T.: »Geliebter Ferdi, schreibe mir sobald du kannst«, Faude 1988

Geisenheyner, M.: Mit »Graf Zeppelin« um die Welt, Frankfurt/M. 1929

Goebel, J.: Afrika zu unseren Füßen, Leipzig 1925

Goote, T.: Peter Strasser der Führer der Luftschiffe

Gütschow, F.: Das Luftschiff. Geschichte – Technik – Zukunft., Stuttgart 1985

Haaland, D u.a.: Leichter als Luft – Ballone und Luftschiffe, Bonn 1997

Hildebrandt, A.: Die Luftschifffahrt nach ihrer geschichtlichen und gegenwärtigen Entwicklung, München und Berlin 1907

Hildebrandt, H.: Zeppelin – Denkmal für das deutsche Volk, Stuttgart 1925

Italiander, R.: Ferdinand Graf von Zeppelin, Konstanz 1981

Kleinheins, P./Meighörner, W.: Die großen Zeppeline, Berlin 2005

Kleinheins, P.: LZ 120 »Bodensee« und LZ 121 »Nordstern«. Luftschiffe im Schatten des Versailler Vertrages, Friedrichshafen 1994

Knäusel, H.: Die große Verheißung, Bonn 2000

Krusche, P.: Graf Zeppelins Idee, Bad Krozingen 1995

Langsdorff, W.: LZ 127 »Graf Zeppelin«, Frankfurt/M. 198

Langsdorff, W.: LZ 129 »Hindenburg«, Frankfurt/M. 1936

Lehmann, E.: Auf Luftpatrouille und Weltfahrt. Erlebnisse eines Zeppelinführers in Krieg und Frieden, Leipzig 1938

Loeff, W.: Der geniale Narr, Leipzig 1934

Lohse, T.: Der Zeppelin kommt. 100 Jahre Luftschiffe über Dresden, Dresden 2010

Meyer, P.: Luftschiffe, Bonn 1996

Provan, J.: Ferdinand Graf Zeppelin, Bielefeld 2009

Provan, J.: The German Airship-Sheds, Frankfurt o. J.

Rosenkranz, H.: Ferdinand Graf von Zeppelin, Berlin 1931

Santos-Dumont, A.: Im Reich der Lüfte, Stuttgart und Leipzig 1905

Schiller, H. v.: Zeppelin, Wegbereiter des Weltluftverkehrs, Bad Godesberg 1966

Schnell, K.: Zeppelins Fernpatrouille, München 1996

Schwipps, W.: Riesenzigarren und fliegende Kisten, Berlin 1986

Tittel, L.: Graf Zeppelin – Leben und Werk

Toland, J.: Die große Zeit der Luftschiffe, Bergisch Gladbach 1978

Urban, H.: Zeppeline der kaiserlichen Marine 1914-1918, Friedrichshafen 2008

Vömel, A.: Graf Ferdinand von Zeppelin. Ein Mann der Tat, Konstanz 1909

Zigarettenbildersammelalben: Zeppelin Weltfahrten. Herausgegeben von der Zigarettenfabrik Greiling Bände 1 – 3, Dresden 1937

75EME ANNIVERSAIRE DES ZEPPELIN
FIRST ROUND THE WORLD FLIGHT
by
GRAF ZEPPELIN
TOKIO. O.P.O. 1929
POSTES
40Fmg
REPOBLIKA MALAGASY
Vasarhelyi
von Zeppelin LZ-1
10B
AIRMAIL
State of Oman